空间生命科学与技术丛书

名誉主编　赵玉芬　主编　邓玉林

国家出版基金项目
NATIONAL PUBLICATION FOUNDATION

"十四五"时期
国家重点出版物出版专项规划项目

太空飞行生命保障与生物圈科学

Spaceflight Life Support and Biospherics

［美］皮特·艾卡特（Peter Eckart）　著

郭双生　译

北京理工大学出版社
BEIJING INSTITUTE OF TECHNOLOGY PRESS

内 容 简 介

受控生态生命保障系统（controlled ecological life support system，CELSS，俗称太空农场）是人类进行月球或火星基地建设等太空活动所必需的关键技术之一，也是人类实现长期载人飞行的根本保障。本书对太空飞行生命保障系统的设计原理、结构组成和操作运行等关键问题与技术进行了详细讲解，并对地球生命保障系统和地外环境等相关知识进行了介绍。本书将专业与科普知识相结合，以尽可能做到通俗易懂。本书既可供科研院所和大专院校作为科研和教学参考用书，也可供广大航天爱好者和对未来太空农场感兴趣的有识之士阅读。

版权专有　侵权必究

图书在版编目（ＣＩＰ）数据

太空飞行生命保障与生物圈科学/（美）皮特·艾卡特著；郭双生译. —北京：北京理工大学出版社，2023.3
书名原文：Spaceflight Life Support and Biospherics
ISBN 978-7-5763-2243-9

Ⅰ. ①太… Ⅱ. ①皮…②郭… Ⅲ. ①星际站-航天生保系统-研究 Ⅳ. ①V423.7

中国国家版本馆 CIP 数据核字（2023）第 059435 号

北京市版权局著作权合同登记号 图字：01-2022-6163
First published in English under the title
Spaceflight Life Support and Biospherics
by P. Eckart, edition:1
Copyright © Springer Science+Business Media B.V. and Microcosm, 1996*
This edition has been translated and published under licence from
Springer Nature B.V..
Springer Nature B.V. takes no responsibility and shall not be made liable for the accuracy
of the translation.

出版发行 / 北京理工大学出版社有限责任公司
社　　址 / 北京市海淀区中关村南大街 5 号
邮　　编 / 100081
电　　话 / （010）68914775（总编室）
　　　　　（010）82562903（教材售后服务热线）
　　　　　（010）68944723（其他图书服务热线）
网　　址 / http://www.bitpress.com.cn
经　　销 / 全国各地新华书店
印　　刷 / 三河市华骏印务包装有限公司
开　　本 / 710 毫米×1000 毫米　1/16
印　　张 / 27
字　　数 / 520 千字
版　　次 / 2023 年 3 月第 1 版　2023 年 3 月第 1 次印刷
定　　价 / 118.00 元

责任编辑 / 李颖颖
文案编辑 / 李颖颖
责任校对 / 周瑞红
责任印制 / 李志强

图书出现印装质量问题，请拨打售后服务热线，本社负责调换

译者序

受控生态生命保障系统（controlled ecological life support system，CELSS），也叫生物再生生命保障系统（bioregenerative life support system，BLSS），其基于"植物—动物—微生物"生态链构成，是目前世界上最先进的闭环生命保障系统，是人类进行月球或火星等长时间和远距离地外深空活动所必需的关键条件之一，是实现长期载人深空飞行的根本保障。

本书由美国国家航空航天管理局（NASA）约翰逊航天中心（Johnson Space Center）的资深专家皮特·艾卡特（Peter Eckart）博士编著，是本领域我所见到的第一本专著。全书共分为9章，从基本原理开始，分别介绍了地球生命保障系统和外星环境的基本情况，帮助读者了解一些关于地球和外太空的基础知识；循序渐进地介绍了太空受控生态生命保障系统所涉及的各个方面内容以及不同阶段的发展情况；深入浅出地介绍了太空生命保障系统、物理-化学生命保障子系统及生物再生生命保障子系统等之间的关系。

本书从微生态系统到地球生物圈，从小到大，详细介绍了关于不同规模的生命保障系统的基本问题。该书是第一本将"太空飞行生命保障"与"生物圈科学"联系在一起的专业著作，虽然是多年前就已出版，但在关于太空生命保障系统研究方面仍是一本既经典又权威的著作，到现在仍然具有深远影响。

本书得到了中国航天员科研训练中心人因工程国家级重点实验室和国家出版基金的资助；得到了单位领导和同事的大力支持；得到了家人的默默关心与支持。在此一并表示衷心感谢！

本书翻译由郭双生全面负责，熊姜玲和夏循华参加了部分翻译，并由熊姜玲、夏循华、王鹏和王振负责校对。本书专业词汇较多，在翻译和校对过程中，逐字逐句进行了反复推敲，力求能完整而准确地表达原意。但由于水平有限，在遣词造句方面可能还存在一定不足，敬请广大读者批评指正！

序

我要祝贺皮特·艾卡特关于人类在外星环境中的"太空飞行生命保障与生物圈科学"的不朽研究（事实上，他的许多结论也同样适用于地球环境）。

尽管目前在近地轨道之外的载人太空探索存在一定的空白，但这只是一种暂时的状态。在下个世纪初，更高效和完全可重复利用的太空运输系统的发展将再次开辟通向月球的道路——然后是火星，以及更远的世界……

人们通常没有意识到，将一个人送入太空的能源成本不到100美元，而我们现在不得不支付高出其数百万倍的费用，这一事实仅仅反映了我们目前的不成熟。总有一天，太空飞行将会像今天的喷气式飞机运输一样便宜。

我希望艾卡特先生——我很高兴地提到他是国际空间大学的毕业生——能够亲自见证这一天的到来。当那一天到来的时候，他的书很可能会成为标准的教科书，因为他是我们地球以外第一个家园的先驱者。

亚瑟·C.克拉克（Arthur C Clarke）
英国帝国高级勋位获得者
伦敦国王学院研究员
国际空间大学校长
莫拉图瓦大学校长
1994年5月23日作于斯里兰卡科伦坡

前　言

大约两年前，我在找概述生命保障系统基本知识的书——它们的历史、需求和组成部分。此外，我对讨论生命保障系统和生物圈研究之间联系的书也很感兴趣。我想知道未来在太空中应用的生命保障系统是什么样的。同时，我很想知道对生态问题的研究达到了什么程度，以及在未来太空生命保障系统的发展中哪些是相关的。在访问了欧洲航天局欧洲空间技术研究中心（ESA-ESTEC）、美国NASA 马歇尔航天飞行中心（NASA-MSFC）、波音公司和其他机构并进行讨论之后，我知道这样的书并不存在。

因此，我决定撰写《太空飞行生命保障与生物圈科学》这本书，该书由赫伯特·乌茨出版社（Herbert Utz Publishers）于 1994 年年底出版。仅仅一年之后，由于第一版的成功和 Kluwer 学术出版商 Microcosm 公司的努力，我对其进行了修订，最终出版了现在的《太空飞行生命保障与生物圈科学》。撰写该书的目的是"介绍太空生命保障系统"，这是一直缺乏的。该书旨在一步一步回答关于任何规模的生命保障系统的基本问题——从小的微生物系统到地球的生物圈。这些问题与以下各章有关。

第 1 章　为什么要开展生命保障系统和生物圈研究？

第 2 章　我们的自然生命保障系统及生物圈是如何工作的？

第 3 章　太空生命保障系统中的环境条件是什么？

《太空飞行生命保障与生物圈科学》旨在为参与生命保障系统设计和开发过程中的每个人，以及所有仅仅是对这一令人兴奋的学科感兴趣的人提供信息来源。我希望，它不仅是一种有用的工具，还可能被每一个对保护地球和未来探索地外环境感兴趣的人所喜爱。

就像人类创造的一切一样，这本书不可能是完美的。我确信在我们星球上的某个地方正在进行着非常令人兴奋的研究项目，这里应该被提及。但我没有意识到这些，我想在这一点上表示抱歉。另外，关于如何改进这本书的任何未来版本，我想鼓励每个人提出其意见和建议。

当然，我必须在结尾说一声"谢谢"——如果没有世界各地的相关机构、熟人和朋友的宝贵帮助与支持，我是不可能完成这项工作的。因此，我要向他们表示深深的谢意。

O. Ruppe 教授/博士——我的老师和倡导者，德国慕尼黑工业大学航天系主任，感谢他对我不断的支持并给予我最大的工作自由。

Herbert Utz——赫伯特·乌茨，出版社总裁，德国慕尼黑工业大学航天系研究员，感谢他无限耐心地绘制所有图片和重读文稿，感谢他在各方面都与我成为朋友。

Thomas Neff——托马斯·耐福，出版社财务总监，德国慕尼黑工业大学轻质结构系研究员，他为本书做了所有的排版工作，并做了许多大大小小的工作。

Ursula Kiening——我们宇航学研究所出色的秘书，特别感谢她所有的支持。

Susan Doll——波音公司的生命保障工程师，她是一位出色的东道主、支持者和朋友——我们的"美国女性"（Woman in the U.S.）。

James Wertz 博士——Microcosm 公司一位非常合作的出版商，他让《太空飞行生命保障与生物圈科学》得以有机会出版。

Wiley Larson 博士——位于科罗拉多州斯普林斯市的美国空军学院所属人员，感谢他与 James Wertz 博士取得联系，而促成了该书的出版。

Bernd Zabel——"生物圈人"及生物圈 2 号建设的总经理，他也是我的东道主，带我参观了生物圈 2 号。

Christian Tamponnet 博士——在位于荷兰诺德韦克市（Noordwijk）的 ESA-ESTEC 的生命保障部工作，感谢他鼓励我的工作，并花时间来支持我。

Arthur C. Clarke 博士（英国帝国高级勋位获得者）——感谢他对我工作的鼓励，并亲自为该书作序。

感谢我在国际空间大学（International Space University）和约翰逊空间中心的所有朋友的鼓励。

最后，还要感谢我的妻子纳斯琴（Nuschin）。

皮特·艾卡特

1995 年 8 月作于德国慕尼黑

目　录

第 1 章
基本原理

从太空拍摄的地球照片向我们展示了我们的星球是多么的独特和美丽，而它在太空中又是多么的脆弱和孤独。今天为我们提供空气、水（H_2O）、食物和能源的全球生命保障系统（life support system，LSS）正遭受污染、管理不善和人口等所带来的压力。很多地方已出现许多早期预警迹象，如最好的农业土壤（soil）受到过度侵蚀，而工业区的树木则不断枯死。

1970 年 4 月 13 日晚上 10 时 13 分，阿波罗（Apollo）13 号宇宙飞船在接近月球时其服务舱（service module）突然发生爆炸，随之指挥舱（command module，CM）控制面板上的警灯开始闪烁。很明显，爆炸把一个或两个氧气罐炸裂了。任务控制中心的电脑和工作人员正忙着设计各种救援方案——计划利用登月舱（lunar module，LM）作为救生艇，因为登月舱具备自己的生命保障装置。由于有关"消耗品"的信息是零零碎碎的，没有完整的信息可以用来估计有多少时间可以让航天员安全返回地球，所以无法确切地知道在指挥舱中还可以居住多久。把所有的碎片信息拼在一起浪费了宝贵的时间，这也提醒我们，在地球上同样存在类似的情况。我们不知道生命保障"消耗品"的整体情况，也不知道它们是如何相互作用的。

到目前为止，在载人航天飞行中使用的生命保障系统是机械控制的"储存系统"。在大多数情况下，重要的必需品，如氧气（O_2）和食物，在地球上生产然后被储存在航天器上，而不是像在地球上那样被进行再生。同样，像二氧化碳（CO_2）

和尿液这样的废物是用化学方法储存的，而不是被回收利用。相反，在地球上是进行生物再生的，如植物、动物以及尤其是微生物能够再生和控制生活必需品。

■ 1.1 生物圈科学——一门新的学科

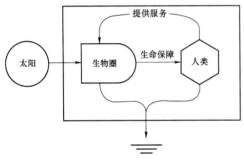

图 1.1 一种生命保障模型

图 1.1 显示，由太阳滋养的生物圈为人类提供了生命保障，包括使我们生活丰富和舒适的所有人工制品。如果我们想继续得到它的产品和服务，就必须为这个奇妙的生物机器的服务付费。在这种情况下，"服务"包括保护重要部分、维护重要功能，以及当我们过度利用了生物圈的自修复能力时需要进行修复。人类正进入一个必须为"免费"商品和服务付费的新时代，因为数十亿人正在生下更多的数十亿人，他们对生命保障系统的期望和需求正在增长。由于人类没有建立起地球上的生命保障系统，而这些系统又涉及一系列复杂的子系统，所以人类对整个系统是如何工作的还没有一种清晰的认识。但是，作为一个整体来了解生物圈的发展和运作规律的必要性正变得越来越明显和紧迫。

生物圈是如此珍贵和脆弱，它不能接受任何可能伤害它的直接研究。因此，这门科学依赖于对类似物和小模型的研究，如具有不同复杂和密闭程度的人工生态系统（artificial ecosystem）。利用这样的生态系统模型，可以研究生态系统个别元素和组成部分的发展以及整个生物圈系统更替的一般原理。在地球和太空的极端条件下，研究的主要对象是密闭生态系统，范围包括从简单的微系统到复杂的人类生命保障系统。

1987 年 7 月，英国皇家学会在伦敦举办了首届密闭生命系统国际会议（International Conference on Closed Life Systems），会上首次讨论了这个新学科的名字——"生物圈科学"（biospherics）。生物圈科学被视为一门吸收了许多独立学科成果的综合性学科。1989 年 9 月，在苏联西伯利亚克拉斯诺亚尔斯克举行的第二届密闭生命系统国际会议上，来自俄罗斯、欧洲航天局（ESA）、英国和美国的代表一致通过了"生物圈科学"一词。会议上的一项决议确定了这一新学科的目标：

（1）建立地球生物圈及其生态系统的工作模型，从而更好地了解控制地球生命的规律和定律。

（2）创造超越地球生物圈极限的人类生命保障生态圈。

（3）在地球生物圈的极端条件下，如在极地、沙漠、山脉或水下，创建地面生命保障系统，以提供高质量的生活。

（4）利用密闭生态系统（closed ecological system，CES）开发解决城市污染问题和发展高产可持续的农业技术。

由于到目前为止，在不从地球进行补给的情况下，所有在地球上建立，以支持太空中多人的大型生物再生生命保障系统（bioregenerative life support system，BLSS）的尝试都失败了，因此人类在太空中的停留规模和时间仍然受到可携带的保障生命消耗品数量的限制。人类在月球或火星上执行任务的特点是任务持续时间长，而从地球获得补给的机会非常有限。这导致了对高度自给自足生保系统的需要，而目前在载人工程的生命保障子系统中应用的技术均无法满足这一点。未来的太空生命保障将会逐步将生物部件纳入生命保障系统，逐步取代物理-化学部件，即第一代子系统，从而形成一种完全密闭的系统，即所谓的受控生态生命保障系统。CELSS 技术的发展是一项复杂而长期的实践活动。由于这种复杂性导致对这种密闭生态系统的演化进行理论预测非常困难，因此需要通过地面和太空实验与观测来进行支持与纠正。到目前为止，至少在地面上已经进行了许多研究这些系统的实验，如 BIOS-1 至 BIOS-3 以及生物圈 2 号，这里只提到了最庞大和最突出的系统。

以上所述表明，建立任何一种生命保障系统的工作是多么具有挑战性和重要性。在这一点上，两个乍一看似乎没有太多共同点的学科却相互融合在了一起。生态学为这种理解提供了背景。但是，1866年由恩斯特·海克尔（Ernst Haeckel）提出的生态学概念，指的是地面、海洋和大气环境之间的相互作用。这是一种以地球为中心的观点，即使在今天仍然支配着环保主义者的思想。然而，它完全忽略了这样一个事实，即地球并不是孤独的，也不是宇宙的中心，而事实上地球是嵌在太空中的。通过在地面、海洋和大气中添加空间作为第四种状态，则会创建一种新型的超级生态学（super-ecology），其引入了许多互动性更强的循环，如图1.2所示。需要铭记的是，地球的生物圈和外太空并不是分开的。在这一点上，由于忽视外太空对地球生物圈影响的生态学是不完整的，因此传统生态学应该向那些推动太空中生命保障系统发展的生态学学习。

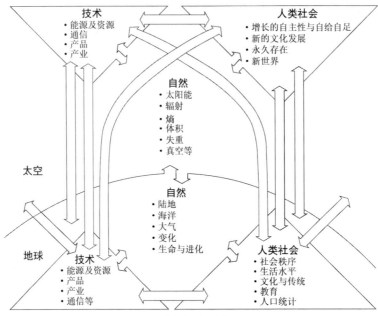

图 1.2　超级生态学基本原理

1.2　载人航天的未来

　　根据美国太空探索计划（Space Exploration Initiative，SEI）的发展规划，如图 1.3 所示，关于人类在太空存在的第一阶段是实现便利进入太空和从太空返回。第二阶段是通过空间站实现在太空的永久驻留。空间站将作为一个实验室平台和试验台，在此基础上开发技术，以进入下一个阶段——拥有超越地球轨道而到达月球和火星的能力。

　　国际空间站将在未来几年建成，首先，它将被设计成一个科研实验室，以用于研究生命科学和材料加工。在 2000 年以后，拟将国际空间站逐步扩展成为轨道发射台，即一种太空港基地。从这个基地，人类可以在 LEO（近地球轨道）和 GEO（地球静止轨道）上组装平台、天线和其他应用设施。到那时，人类可以在月球上建立一个永久性的载人基地，也可以飞往火星。假如这样，则必须使用生物再生生命保障系统，如图 1.3 所示。

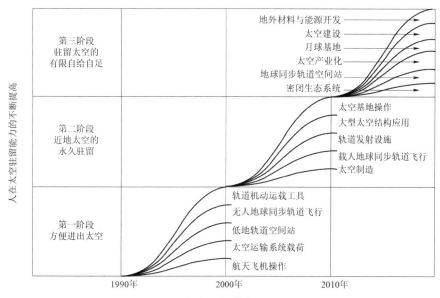

图 1.3 太空飞行基本发展历程

虽然上述说明了生态学家和太空生命保障系统工程师有许多共同的目标，但他们之间仍然存在着一种很大差异。保护人类存在的基础——生物圈 1 号的必要性显而易见，但人类在实现太空永久驻留的目标时总会提出一个大的问题：为什么在地球上面临着更迫切需要解决的问题时，要把金钱和人力花在这样一场没有把握的冒险上呢？作者很清楚，要找到一个真正令人满意的答案并不容易，尤其假定它不应当是一个关于悬而未决的经济学理由和推断的答案。不幸的是，这类理由在过去被提得过于频繁。因此，在太空爱好者学会了不要做出这种不确定的承诺之后，现在流行的是提出新的"为何理由的报告"（reason-why reports）。一般来说，后者并不能，或者最多只能提供令人怀疑的证据来证明载人航天的必要性。

原则上，太空飞行有三种潜在的好处，具体见表 1.1。在不久的将来，所有这些，甚至只是少数的好处，在什么程度上可能成为现实都是无法估计或推断的，因为在这条道路上可能会出现太多的技术、经济和政治问题。事实上，对太阳系的载人探索是一种文化挑战——不多不少。总有一天，人类将到达月球、火星和更远的地方。是今天还是明天有关系吗？这取决于我们。至少，在下面的章节中描述的领域具备了许多跨学科和国际合作的潜力，这些合作的重点是保护我们的自然环境和推动载人太空探索——不多不少。

表 1.1　太空飞行的潜在益处

潜在好处	说　明
智力方面	源于科学的新知识和新技术
实用主义/唯物主义方面	工业产品、地面应用及商业化
人文主义方面	来自空间的通信和信息，如社会和卫生服务、国际合作、文化和精神影响

第 2 章

生物圈 1 号——地球生命保障系统

2.1 地球环境

本章概述了地球环境的基本特征，给出了许多关于地球的地质和大气的数据。此外，还讨论了来自外太空进入地球的辐射、磁场和重力。

2.1.1 地质情况

行星地球并非是一个精确的球体。虽然地球的平均半径被定为 6 370 km，但事实上，其赤道半径为 6 378 km，而两极半径则为 6 356 km。地球表面积为 5.1×10^8 km^2。地球的重量为 5.97×10^{24} kg，体积为 1.083×10^{21} m^3，因此其平均密度为 5 514 kg $\times$ m^{-3}。地球主要包含三个不同层次：地核（$0 < r < 3\ 600$ km）、地幔（$3\ 600$ km $< r < 6\ 330$ km）和地壳（$6\ 330$ km $< r < 6\ 370$ km，即地球表面）。其特点归纳见表 2.1。

表 2.1　地球各层的基本特征

参数	地壳	地幔	地核
温度/℃	27～1 127	1 127～3 727	3 727～6 727
压强/bar	1～0.2×10^6	0.2×10^6～1.5×10^6	1.5×10^6～4×10^6
主要成分	氧、硅、铝、铁	氧、硅、镁、铁	铁、镍、钴

化学上，地球主要由氧（O，49.4%）、硅（Si，25.8%）、铝（Al，7.5%）、铁（Fe，4.7%）、钙（Ca，3.4%）、钠（Na，2.6%）、钾（K，2.4%）、镁（Mg，1.9%）、氢（H，0.9%）和钛（Ti，0.6%）等元素构成。70.7%的地球表面被水覆盖（3.61×10^8 km²），而只有29.3%的被地面覆盖（1.49×10^8 km²）。所有海洋的总水量约为1.37×10^9 km³，这大概是地球上所有水的97.2%。另外，约2.8%的水在地下或冻结在冰川中，而存在于河流、湖泊和大气中的水只占地球上所有水的0.01%（1.4×10^7 km³）。

2.1.2 大气

地球上的大气层可分为四层，分别为对流层（0～11 km）、平流层（11～50 km）、中间层（50～80 km）和热层（>80 km），其温度、压力和密度分布如图2.1所示。

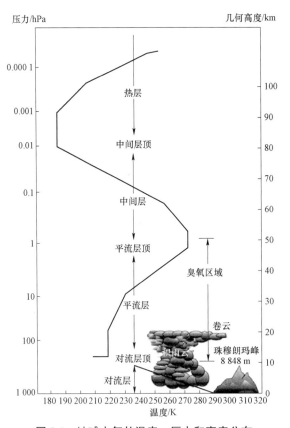

图 2.1 地球大气的温度、压力和密度分布

地面大气由 78.08%的 N_2（氮气）、20.95%的 O_2、0.93%的 Ar（氩气）、0.03%

的 CO_2 和其他气体组成。其他成分包括微量污染物、灰尘和烟雾颗粒。水蒸气的含量也达到饱和水平。大气中水饱和度，即相对湿度（RH），取决于温度和压力，如在 15 ℃时，水蒸气的饱和压力为 1.7 kPa，绝对湿度为 12.8 $g \times m^{-3}$。

大气压是由大气本身的重量引起的。因此，它随着与地球表面距离的增加而减少。海平面上的标称大气压为 $p_0 = 101.3$ kPa。对于高度 a 高达 11 000 m 以上的大气压，可以用以下公式计算：

$$p = p_0 \left(1 - \frac{0.006\ 5a}{288} \right)^{5.255} \text{kPa} \qquad (2.1)$$

表 2.2 为地球大气的其他特征。

表 2.2　地球大气的其他特征（标称即指在 0 ℃和 p_0 处的测量值）

特性	符号	参数
密度/（kg·m^{-3}）	r	1.29
动力黏度/（mPa·s）	h	0.018 1
气体常数/（J·mol^{-1}·K^{-1}）	R	287
比热容/（kJ·kg^{-1}·K^{-1}）	c_P/c_v	1.009/0.72
导热系数/（W·m^{-1}·K^{-1}）	I	0.02

2.1.3　重力

地球上的许多物理过程和大多数生物过程，都非常依赖于地球重力场的存在。当然，这也包括全人类的生命和健康。作用于地球重力场中任意质量 m 的重力 F 的计算公式为

$$F = mg \qquad (2.2)$$

地球表面上（$r_0 = 6\ 370$ m）的重力常数，即重力加速度平均值为 $g_0 = 9.81$ m·s^{-2}，因此，对于处于高海拔的物体，可以采用以下公式求其重力加速度：

$$g = g_0 \left(\frac{r_0}{r} \right)^2 \qquad (2.3)$$

以上公式中，r 为从地球表面到地球中心之间的距离。重力在自由空间中的作用，特别是零重力的影响，将在 3.2 节中做进一步讨论。

2.1.4　辐射

　　地球经常受到各种辐射的冲击。基本上，人们可以分辨电磁辐射和电离辐射。地球上的大气层和磁场阻挡了大部分的有害成分，如大部分的电离成分，在 3.1 节中将会有详细论述。部分主要由太阳发射的电磁辐射被大气过滤掉了。图 2.2 比较了外太空和地球表面的电磁波谱曲线。特别需要注意的是，大部分紫外线（UV）（0.01～0.4 μm）被大气所过滤，主要是通过平流层中的臭氧。有关电磁辐射的详情可进一步参阅 3.1.1 小节。

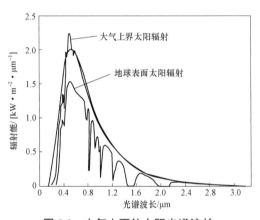

图 2.2　大气上下的太阳光谱波长

2.1.5　磁场

　　虽然地球磁场对地球环境没有直接影响，但它对地球上生命的存在是至关重要的，这是由于磁场屏蔽了大部分来自外太空的电离辐射。然而，在外太空缺乏这种防护，因此给载人航天飞行造成了巨大困难（见 3.1 节）。

2.2　生态学原理

　　根据对地质历史最好的理解，地球在一开始并不保障生命。最早出现于20多亿年前的微生物必须在缺氧、充满致命的紫外线辐射和有毒气体以及遭遇极端温度变化的环境中生存，而这种条件对于今天的生命来说是致命的。经过数百万年的进化，与地质和化学过程相互作用的生物体通过将氧气释放到大气中，并在地球表面形成绿色的地幔而逐渐改变了环境。在那里，阳光可以被转化成各种各样的食物，从而供养越来越多的生物，并最终包括人类。詹姆斯·洛夫洛克（James Lovelock）讨论了这些事实，他在《盖亚假说》（*Gaia Hypothesis*）（见2.2.6小节）中说："生物圈是一个自我调节的实体，它能够通过控制物理和化学环境来保障我们星球的健康。"事实上，人类之所以能够在舒适的环境中呼吸、饮水和进食，是因为在这个环境中，数以百万计的有机体和数以百计的过程以协调一致的方式进行着。生命保障由一个庞大、分散、并在不同时间尺度上运行的过程网络提供。不幸的是，人们倾向于认为大自然的服务是理所当然的，因为大多数服务都不需要成本。

尽管可以确定提供生命保障的生态系统和过程，然而要做到这一点，则必须把环境作为一个整体来考虑，并以某种系统的方式将景观划分为若干功能单元。从飞机上拍到的鸟瞰图可被分为三类：人造的（artificial）、驯化的（domesticated）和自然的（natural）。用不太正式的语言表达，景观可被分为被开发场地（developed sites）、栽培场地（cultivation site）和自然场地（natural sites）。被开发场地包括城市、工业园区和交通走廊。从能源使用的角度来看，这种环境包括燃料动力系统。栽培场地包括农田、受监管的林地和森林、人工池塘和湖泊。这部分景观是由生态学家所说的受到补贴的由太阳能驱动的系统组成。太阳提供了基本的能量，但这些能量通过以人力劳动、机器、肥料等形式的人所控制的工作能而得到补充。自然场地包括天然溪流、河流、林地、草原、山脉、湖泊和海洋。"自我保障"和"自我维持"是描述自然场地的关键词。自然场地没有人类直接控制的能量或经济流动。这些都是基本的受太阳能驱动的来源，其依赖于太阳光和其他太阳能间接形式的其他自然力，如风和雨。

保障生命的三种基本介质是空气（大气圈）、水（水圈）和土壤（土壤圈）。土壤是地壳物理风化和生物（特别是植被和微生物）活动的产物。土壤由不同层次组成，它们的颜色往往不同。这些层次叫作土层（soil horizons），土层的序列被叫作土壤剖面（soil profile）。A土层（表土层）是由动植物的身体分解而成的精细有机物，与黏土、沙子、淤泥和其他矿物质混合而成。B土层由矿物质土壤组成，其中的有机质被矿化。C土层为或多或少未经改造的母质材料（parent material），即正在原地解体的原始地质材料。

生命保障环境可被定义为地球上用于提供生命生理必需品的那一部分，即食物与其他能量、矿质养分、空气和水。"生命保障系统"这一功能术语被用于描述环境、生物体、过程和资源，它们相互作用以提供这些物质必需品。这里，过程指的是诸如食物生产、水循环、废物同化、空气净化等操作。其中一些过程由人工组织和控制，但大部分是由太阳能或其他自然能源所驱动。所有保障生命的过程都涉及人类以外植物、动物和微生物等生物体的活动。在景观方面，农业系统+自然系统=生命保障系统。地球的生命保障环境显示出相当大的能力，可以从周期性的短时间干扰中恢复，如风暴、火灾、污染事件或收割清除，因为生物体和生态系统过程能够适应自然干扰。近年来，所出现的新情况是人为干扰强度出现增加和地理范围正在扩大，而且新化学毒物已大规模进入环境。

由于地球上的生命保障系统不是由人类建造的，而且它们涉及一系列复杂的子系统，因此我们还未能够清楚地了解整个系统是如何运行的。这也是到目前为止所有试图建立一个大型生物再生生命保障系统的努力都失败了的主要原因。在这一点上，人类在太空驻留会受到航天器所能携带保障生命的"消耗品"数量的限制。

然而，在 1987 年，人们开始建立一个试验性的生物再生地基试验舱——生物圈 2 号。除了在诸如生物圈 2 号中开展试验外（在第 7 章有更详细的描述），而更需要了解当前生物圈 1 号的现实生命保障系统是如何运行的。因此，不仅这些系统的质量可以得到保护和维护，而且有朝一日可能会建造自我保障的系统，并可以考虑大规模建立太空殖民地。更重要的是，可能需要了解如何保障非市场化（non-market）的生活，即自然环境提供的不受珍视和理所当然的商品与服务，是如何与经济、社会、文化和大多数其他人类活动相互作用而为之提供保障的。从广义上讲，生态学为这种理解提供了背景。本章将概述生态学的基本概念及其表达方式。另外，这里概述的术语和事实对任何想要为未来太空飞行设计生物再生生命保障系统的工程师来说都很重要。

2.2.1 生态层级

为了在地面水平上更好地了解复杂的生态世界，那么从组织层级的角度进行思考会很有帮助。一种层级被定义为一系列分级隔间的排列。生态层级（ecologieal hierarchy）分类见表 2.3。

表 2.3　生态层级分类

生态层级序号	每个生态层次的名称
8	生物圈
7	生物地理区域
6	生物群系
5	景观
4	生态系统
3	生物群落
2	种群
1	生物体

在生态学中，"种群"一词指的是在某一特定区域内生活在一起的任何物种的个体群体。"群落"是指生物群落，包括生活在指定区域的所有种群。群落与非生物环境共同构成一种生态系统。生态系统的群落和人造物体组成了景观，而景观又属于大型区域单元生物群系的一部分，如海洋或草原区域。海洋的主要内容是生物地理区域，每一区域都有其特有的动植物群。生物圈是一个被广泛使用的术语，指地球上所有的生态系统在全球范围内共同运转。生物圈逐渐并入岩石圈（即岩石、地幔和地核）、水圈（即地表和地下水）及大气圈。层级结构中的每一层次都会影响相邻层次的运行。在较低层次上的运行过程通常在某种程度上会受到在较高层次上运行过程的约束。因此，对任何一个层次的研究或管理，只有在对邻近层次的有关方面完成研究或管理之后才会被完成。在这方面，也许有趣的是，经济学（economics）这个词与生态学（ecology）是由同一个词根"oikes"（家庭）衍生而来的。因为词根"nomics"的意思是"管理"，那么经济学则可被译成"家庭的管理"。因此，至少在理论上生态学和经济学应该是相辅相成的学科。

分层组织的一个重要结果是，当组成部分被组合起来而形成更大的功能整体时，新的特性就会出现，而这些特性在下一层次中并不存在或并不明显。因此，一个生态层次的突显特性（emergent property。也叫应变特性）是各组成部分功能相互作用的结果，是一种不能通过研究与整个单元分离或解耦的组成部分来预测的性质。这一原则是对"整体大于部分之和"这一事实的更正式表述。

生态学是一门既强调局部研究又强调整体研究的学科。在整体大于部分之和的概念被广泛认可时，它往往被现代科学与技术所忽略，因为后者强调应按照专业化处理复杂问题的途径这一理论而对越来越小的单元开展详细研究。在现实世界中，真实的情况是尽管对任何一个层次的研究结果都有助于对另一个层次的研究，但它们并不能完全解释在另一个层次上发生的现象，因此也必须对另一个层次的现象进行研究才能了解全貌，就像要了解和管理森林，不仅要对树木有一定的认识，而且要了解森林作为一个整体运转时所具有的特点。

层次组织、功能整合和体内平衡的现象表明，可以从任何一个层次开始生态学的研究，而不必学习关于相邻层次的所有知识。所面临的挑战是需要认识到所选层次的特点，然后能够设计出适当的研究和（或）行动的方法。在不同层次上所开展的研究需要不同的工具。为了得到有用的答案，则必须提出正确的问题。否则，因为提出了错误的问题，或者关注了错误的层次，那么解决环境问题的尝试则可能会失败。

2.2.2　生态系统和生态系统模型

为了描述像生态系统这样复杂的东西，我们必须首先定义该真实世界的简化版本，即模型，它只包含较重要的或基本的属性或功能。模型是一种简化的方程，它模拟真实世界的现象，从而能够理解复杂的情况并做出预测。在其正式版本中，一种生态环境的工作模型可能由表 2.4 所述的五个部分组成。

表 2.4　生态系统模型的主要组成部分

组成部分	符号	描述
特性	P	状态变量
力	E	强制函数，例如，外部能源或驱动系统的因果力（causal force）
流动路径	F	显示能量或物质相互传递的联系和力
相互作用	I	交互作用函数，显示修改、放大或控制流动的力和属性的交互作用
反馈回路	L	输出回路返回以影响"上游"组件或流量

建模通常从图的构建开始，图的形式可能是区划图，如图 2.3 所示。图 2.3 中显示了两个特性 P_1 和 P_2，当系统由一个强制函数 E 驱动时，它们在 I 处相互作用而产生或影响第三个特性 P_3。图 2.3 中显示了五个流动路径，其中 F_1 代表整个系

统的输入，而 F_6 代表整个系统的输出。这里还显示了一个反馈回路，它表示一个下游输出或它的一部分被反馈回来，也就是被循环，从而影响或控制上游部件或过程。为了任何理论或实践目的而利用该模型进行试验时，则必须将图表模型转换为数学模型，方法是对特性进行量化，并为流动及其相互作用绘制方程。

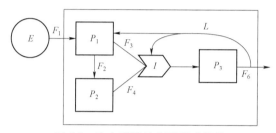

图 2.3　生态系统的主要组成部分

E—力；P—特性；F—流动路径；I—相互作用；L—反馈回路

像与生物系统的所有种类和层次一样，生态系统是开放系统，这意味着物质可以不断地进入和离开，即使整体外观和基本功能可能会在很长一段时间内保持不变。输入和输出是这一概念的重要部分。一个生态系统的图形模型可以由一个可以标记系统的方框（代表感兴趣的区域）和两个可以标记输入环境和输出环境的大漏斗组成。系统的边界可以是任意的，也可以是自然的。能量输入是必要的。太阳能是生物圈能量的最根本来源，其直接保障生物圈内的大多数自然生态系统，但也有其他许多对生态系统可能很重要的能源，如风、雨或水流。能量以热和其他被转化或加工的形式流出，如有机物和污染物。生命所必需的水、空气和营养物质，以及各种其他物质，会不断地进入和离开生态系统，当然，还有生物体及其繁殖体，如种子，也会不断地进入或离开。

生态系统有两种主要的生物成分。第一种是自养生物（autotroph），即自养组件（self-nourishing component）。自养生物能够从其所含有的无机化合物（如水、二氧化碳和亚硝酸盐）合成有机化合物。根据用于有机合成的能量来源，它们可被分为：①光养（phototrophic）型，在可见光谱区利用电磁辐射；②化学自养（chemotrophic）型，它们接收不同物质氧化所释放的能量，如铁、硫、氢和硝酸盐。一般来说，绿色植物，如地面上的植被、藻类和水生植物，构成自养组件。这些生物可以被认为是生产者。它们在太阳能最充足的上层形成了"绿化带"。

第二种是异养生物（heterotroph），即他养部件（other-nourishing component），

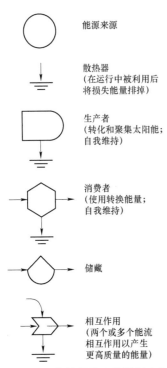

能源来源

散热器
(在运行中被利用后
将损失能量排掉)

生产者
(转化和聚集太阳能;
自我维持)

消费者
(使用转换能量;
自我维持)

储藏

相互作用
(两个或多个能流
相互作用以产生
更高质量的能量)

图 2.4　H.T. 奥德姆的"能量语言"符号

其利用、重组和分解由自养生物合成的复杂物质。真菌、非光合细菌和其他微生物,以及包括人类在内的动物,构成了异养生物,它们将其活动集中在绿色树冠下的土壤和沉积物的"棕色带"及其周围。这些生物可以被认为是消费者,因为它们不能生产自己的食物,所以必须通过消费其他生物来获得食物。异养生物可以根据其食物能量的来源进一步细分。因此,有以植物为食的食草动物,有以其他动物为食的食肉动物,有既以植物为食又以动物为食的杂食动物,还有以腐烂的有机物为食的小动物(主要是微生物)。了解这一点,并使用 H.T. 奥德姆(H.T.Odum)自主开发的"能量语言"符号(图 2.4),根据其基本功能(用不同形状的图形表示),则可绘制生态系统功能图。图 2.5 为生态系统的功能图。在这里,圆圈代表可再生能源,

子弹形状的模块是自养生物,六边形是异养生物,坦克形状的盒子是储藏库,箭头插入地面的图形是散热器。在图 2.5 中,自养(A)和异养(H)部件在一个能量传递网络中相互连接,这个能量传递网络被称为食物网。

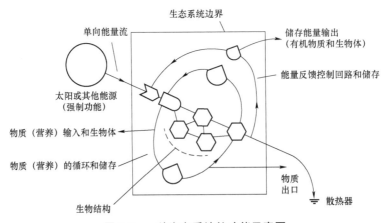

图 2.5　一种生态系统的功能示意图

　　地面生态系统和水生生态系统是两种截然不同的类型。地面生态系统和水生生态系统通常由不同种类的生物体组成。尽管在物种组成上有很大的差异，但在两个生态系统中存在着相同的基本生态部件，并以相同的方式发挥作用。在地面上，主要的自养生物通常是有根植物，大小从草到森林树木不等。在浅水环境中有扎根的水生植物，但在广阔的水域中，自养生物是被称为浮游植物（phytoplankton）的微型悬浮植物，后者包括各种藻类、绿色细菌和绿色原生动物（protozoa）。由于植物的大小不同，因此地面系统的生物量可能与水生系统有很大的不同。在森林中，植物的生物量干重可能为每平方米 10 kg 或更多，而在开阔水域，其生物量干重则为每平方米 5 g或更少。尽管存在这种生物量差异，但 5 g 浮游植物在给定时间内生产的食物与 10 kg大型植物在相同的光能和营养输入下生产的食物一样多。这是因为小型生物每单位体重的新陈代谢率比大型生物要大得多。此外，像树木这样的大型陆生植物主要由木质组织组成，因此它们的光合作用（photosynthesis）相对不活跃。在森林中，只有树叶可以进行光合作用，而树叶只占植物总生物量的 1%～5%。因此，可以引入周转率（turnover）的概念。周转率是生物或非生物成分存量的被替换量与存量之间的比值。在地面上，植物的生物量往往会随着时间的推移而积累，以便在大量或最大限度的现存作物积累后其能被方便收获。因此，在地面上生产的基本人类食物是植物类。与此相反，海洋中自养层的更替速度非常快，因此积累的生物量很少。海洋中积累的是动物生物量。

　　在包含多种生态系统的自然和半自然景观中，自养和异养生物的活性总体上趋于平衡。所产生的有机物被用于生产和维持整个年度循环。有时生产量会超过利用量，那么在这种情况下，有机物可被储存或输出到另一个生态系统或景观。相比之下，城市消耗的食物和有机物比它们生产的要多得多，因此是异养生态系统。在许多地方，大自然的支持能力随着城市的日益扩张和不断增大的需求而已经达到极限。因此，循环利用水和废物，在屋顶上种植粮食，以及使用太阳能直接为建筑物供暖和发电，这些工作都需要在更大范围内进行。

　　使生态系统运行的两个基本的非生物功能是能量流和物质循环。能量来自太阳或其他外部来源，通过生物群落及其食物网，并作为热量、有机物和系统中产生的有机体而流出生态系统。虽然能量可以被储存并在之后可被利用，但能量流是单向的，因为一旦能量被利用，它就会被由一种形式转换成另一种形式而不能被再次利用。如果要连续进行粮食生产，则阳光就必须能够持续照射进来。相反，化学元素可被重复利用而不会失去效用。在一个秩序井然的生态系统中，许多物质在非生物成分和生物成分之间反复循环。这就是生物地球化学循环（biogeochemical cycle）。在地球表面或附近发现的大量元素和简单的无机化合物中，有些是生命所必需的。这些物质被称为生物物质（biogenic substance）或营养物质。在生物系统中，这些物质往往比非必要物质能够在更大程度上得到保留和循环利用。碳、氢、氮、磷和钙等元素的需要量较其他元素相对较大，因此它们被称为大量营养元素（macronutrient）。它们大量存在于简单的化合物中，如二氧化碳、水和硝酸盐，这些物质对生物体来说很容易获得。然而，它们也以不易获得的化学形式出现，例如，空气中气态形式的氮只有通过特殊的微生物或其他方法被转化为硝酸盐和铵（NH_4^+）等无机盐形式时才能被植物利用。土壤中的磷也可能以植物根系无法利用的化学形式存在。其他元素被称为微量营养元素（micronutrient）或痕量营养元素（trace nutrient），其重要性不亚于大量营养元素，但生物体只需要少量，其中包括一些金属离子，如铁、镁、锰、锌、钴或钼。组成生物体的碳水化合物、蛋白质和脂质也广泛地以非生物形式分布在环境中。这些化合物和其他数以百计的复杂化合物共同构成了非生物环境的有机组成部分。当生物体腐烂时，它们分解成碎片和溶解物，其被统称为有机残渣。有机残渣不仅是食腐生物的食物来源，还能改善土壤质地，并增强水分和矿物质的保留能力。不幸的是，近几十年来，包括石化产品在内的工业副产品越来越多，毒性也越来越强，而废物管理技术远远落后于有毒物质的生产。

　　生态学家们使用的其他重要术语有"栖息地"（habitat）和"小生境"（ecological niche，也叫生态小生境或生态位），前者用于描述某一物种生存的地方，后者用于描述某一生物在群落中的生态作用。栖息地是"生存地址"，而小生境是"专业技能"，即它是如何生存的，包括它是如何与其他物种相互作用以及是如何受到其他物种限制的。大自然，就像秩序井然的人类社会一样，当其涉及小生境或专业技能时则也有它的专家和通才。一般来说，专家能够有效利用它们的资源。因此，在资源充足时，它们通常会变得丰富。然而，专家易于受到对狭窄小生境产生不良影响的变化或扰动的干扰。由于非专业物种的小生境往往更广，因此它们更能适应变化或波动的环境，尽管它们在局部并不像专业物种那样丰富。我们在农业上也看到了同样的模式。最好的解决办法是保持作物种和作物品种的多样性，这样无论在什么情况下，都不会出现全面作物歉收。这就是"大自然的计划"。

　　在一个特定群落中，极少见的物种被称为生态优势种（ecological dominant）。虽然优势种可能占了现存作物和群落代谢的大部分，但这并不意味着稀有物种不重要。具有某种支配性影响的物种，不管它们是否是优势种，都被称为关键物种（keystone species。也称基石物种）。总体而言，稀有物种具有相当大的影响，它们决定了整个群落的多样性。如果条件对优势种不利，那么适应或容忍这种变化的稀有物种数量可能就会大量增加，并接替优势种所发挥的重要功能。因此，生物群落的冗余有助于生态系统的恢复。总的说来，必须认识到多样性的两个方面：①物种丰富度或品种组成，可表示为单位空间的种类数量或种类与数量的比率；②相对丰度组成（abundance component），或个体在物种间的分配。因此，两个群落可能具有相同数量的物种，但在每个物种的相对丰度或优势度方面却可能会有很大差异。在自然条件限制生命生存的地方，生物多样性往往最低，而在有利于大量生物生存的良性环境中，生物多样性则往往最高。生物多样性不仅丰富了人类的生活，还具有非常实用的价值。拥有一种以上能够发挥重要功能的生物体要安全得多。目前，人们不仅关注物种多样性的丧失，也关注人类活动导致的遗传多样性的丧失。在景观中，许多不同物种的存在增强了复原稳定性（resilience stability。也叫恢复力稳定性或恢复稳定性）。一种高物种多样性是否会增加对抗稳定性（resistance stability。也叫抵抗力稳定性或抗干扰稳定性），即生态系统在面临干扰时保持不变的能力，这是生态学家们争论不休的问题，也是为太空飞行设计生物再生生命保障系统时所面临的最为重要的问题。

2.2.3　能量学与光合作用

在地球上，对生命的每一项活动中都是绝对必要的东西，那就是能量。异养生物的主要能量来源是食物。对于自养生物，光合作用需要光和间接的太阳能，如风和雨。此外，人类社会需要大量以燃料形式存在的集中能源（concentrated energy。也叫浓缩能源）。

能量的行为受两个热力学定律支配。第一定律指出，能量可以从一种形式（如光）转化为另一种形式（如食物），但它永远不会被创造或消灭。第二定律指出，除非能量从集中的形式（如燃料）降解为分散的形式（如热量），否则不会发生涉及能量转换的过程。因为一些能量总是分散成不可利用的热能，所以自发的转换不可能达到 100% 的效率。第二定律也被称为熵定律（entropy law）。熵是在密闭热力学系统中不可用能量的无序度量。因此，尽管能量在转化过程中既不被创造也不被消灭，但当被利用时，其中一些能量会被降为不可用或极少可用的形式。通过将能量从高效用转化为低效用状态，则生物体和生态系统可保持高度组织化及低熵的状态，也就是低无序状态。无论如何，熵不会是负的。由于能量在连续的转移中会下降，那么剩余物的质量可能会被大大提高。如前所述，地球上进行的所有过程的主要能源是太阳能。太阳发出辐射能，即电磁辐射，电磁辐射波谱和部分吸收区域如图2.6所示。

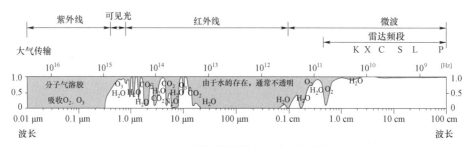

图 2.6　电磁辐射波谱和部分吸收区域

太阳辐射处于该光谱的中间范围，波长主要在 0.1～10 μm。它由可见光和两种不可见光组成，即紫外线（UV）和红外线（IR）。长波红外辐射是阳光的"加热"部分。可见的范围是被用于光合作用的能量。大部分到达上层大气的紫外线被臭氧层阻挡，这是幸运的，因为紫外线对暴露在外的原生质是致命的。太阳辐射进入生物圈时被大气吸收，这样就大大降低了紫外线，并大幅减少了可见光和无规则地减少了红外线。在晴朗的白天，到达地球表面的辐射能约有 10% 是紫外线，45% 是可见光和 45% 是红外线。植物吸收蓝色和红色的可见光（这是光合作用最有效的波长），并强烈吸收远红外线，但不太吸收绿光及很少吸收近红外线。通过反射近红外辐射（太阳的大部分热能都位于这一波段），陆生植物的叶片即可避免致命温度（它们也被水的蒸发所冷却）。由于绿光和近红外光可被植被反射，因此这些光谱波段可被用于航空和卫星遥感及摄影，以揭示自然植被的模式（图2.7）。

以 1 m² 为单位，那么太阳能每年的射入量为 2 100 万 kJ。这一能量流在通过大气层时呈指数递减，所以每年实际达到自养层生态系统的能量只有 400 万～800 万 kJ·m⁻²。在这一能量中，大约有一半是被丰富的绿色层吸收，而其中平均约有 1% 由光合作用转化为有机物。大约 1/4 的太阳能被用来循环利用水，这是生物圈最重要的非市场服务功能（nonmarket services）之一。正是能量的流动推动了物质的循环。要循环利用水和营养物质需要大量的能量，而这些能量是不可被循环利用的。正因为如此，水、金属或纸张等资源的人工回收并不是解决短缺问题立竿见影的办法。图 2.8 给出了入射太阳能分布的详细情况。

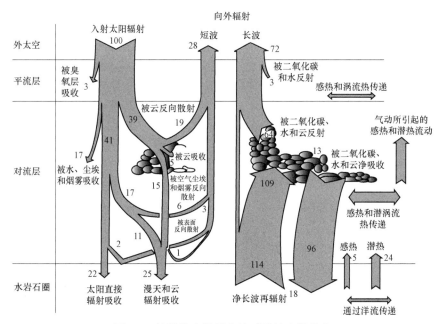

图 2.7　被吸收太阳能在地球系统中的分布

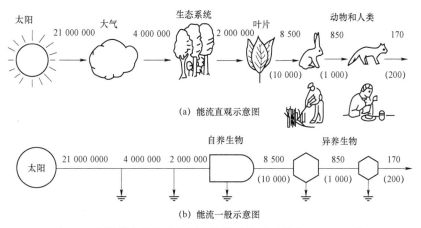

(a) 能流直观示意图

(b) 能流一般示意图

图 2.8　太阳能在生物食物链中的流动途径（单位：$kJ \cdot m^{-2}$）

大自然基本上充分利用了太阳能。与化石燃料相比，太阳能的一个优点是它可被再生。然而，太阳能要稀淡得多，也就是说，它必须被聚集，而在此转化过程中存在一定的熵成本（entropy cost），也就是说，随着能量数量的减少，其"质量"会相应提高。在自然食物链中，能量的总量随着每一步骤都在减少，但是就太阳能被耗散的数量而言，能量的聚集度则会增加。因此，太阳能首先被绿色植物进行聚集，然后在形成煤炭的石化过程被进一步聚集，最后在发电的过程中在一定程度上又被聚集。这是一种来自太阳能的能量形式，但其被聚集了成千上万倍。这种能量聚集过程如图 2.9 所示。

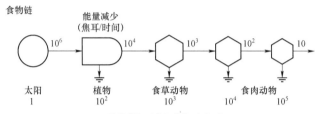

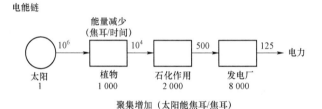

图 2.9　食物链和电能链比较

光合作用是利用一小部分太阳辐射的最有效过程，这些辐射可被转化为高实用的有机物。在化学上，基本的光合作用过程是一种氧化还原反应：

$$6CO_2 + 6H_2O \xrightarrow{\text{光}} C_6H_{12}O_2 + 6H_2O$$

自养生物在一定区域和一定时期内固定的有机物的量被称为初级生产量（primary production）。总初级生产量（gross primary production，P_g），是指总量，包括被植物出于自身代谢需求而利用的量；而净初级生产量（net primary production，P_n），是指储存在植物体内而超过其呼吸需求的总量，因此可能会被异养生物利用。在生物群落之后所留下的量，也就是自养生物和异养生物食用了其所需要的全部食物，那么这个量被称为净群落生产量（net community production）。在消费者层面的能量储存，如牛或鱼，被称为次级生产。在自然生态系统和人工生态系统中，当物理因素（如水和营养物质等）有利时，特别是当系统外部的辅助能量降低了维护成本时，它们的初级生产率都会很高。补充太阳光并使植物储存和传递更多光合产物的次级能量，可被认为是能量补贴（energy subsidy）。

在大多数植物中，二氧化碳的固定始于三碳化合物的形成，但最近发现某些植物以不同的方式还原二氧化碳，即从四碳羧酸（carboxylic acid）开始。这两种植物被分别命名为 C_3 植物和 C_4 植物。C_4 植物叶片内叶绿体的排列方式不同，因此对光、温度和水的反应不同，如图 2.10 所示。

C_3 植物的光合速率在适中的光照强度和温度条件下往往会达到峰值，并受到高温和强光的抑制。相比之下，C_4 植物能够适应强光和高温条件，在这些条件下会更有效地利用水分。C_4 植物在温带和热带的荒漠与草原

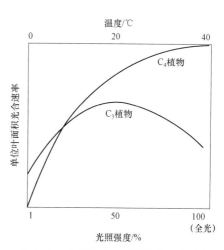

图 2.10　C_3 植物和 C_4 植物的光合反应

群落中占主导地位，而在森林和多云的北部地区则很少见。C_3 植物占据了世界上大部分的初级生产量，这大概是因为它们在所处的光和温度等都比较普通而不极端的混合物种群落中更具有竞争力。人类食用的主要植物，如小麦、水稻、马铃薯和大部分蔬菜等都是 C_3 植物。起源于热带的作物，如玉米、高粱和甘蔗，为 C_4 植物。

在这方面，了解初级生产量在世界上的一般分布格局可能是有趣的。如图 2.11 所示，大部分开阔海域和地面沙漠的年生产能力在 $4\,000\ kJ \cdot m^{-2}$ 或以下。海洋受到养分限制，而沙漠受到水资源限制。在草地、沿海海域、浅湖和普通种植区的年生产能力为 $4\,000 \sim 40\,000\ kJ \cdot m^{-2}$，而在河口、珊瑚礁、湿润森林、湿地、肥沃平原上的集约化农业和自然区，其年生产能力为 4 万～10 万 $kJ \cdot m^{-2}$。

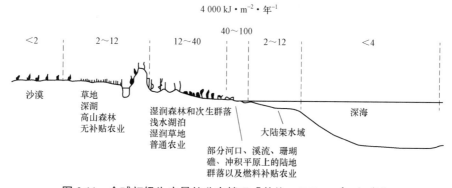

图 2.11　全球初级生产量的分布情况 ［单位：$(kJ \cdot m^{-2} \cdot 年^{-1})$］

近几十年来，随着机械化、化肥、灌溉和农药等使用量的逐渐增加，单位面积的粮食产量已得到很大提高。提高收获指数的遗传选择，即作物可食用部分与不可食用部分的比例，是提高产量的另一种方式。在地球上，用来播种作物的良田供不应求，即最多只有 24%的土地是可耕种地，而其中大部分已被用于农作物栽培和放牧。

2.2.4　物质循环

化学元素在生物与环境之间或多或少的循环路径被称为生物地球化学循环（biogeochemical cycle）。这里，"bio"指的是生物体，而"geo"指的是地球上的岩石、土壤、空气和水。因此，生物地球化学研究的是生物圈中生物成分与非生物成分之间的物质交换。典型的生物地球化学循环途径如图 2.12 所示。这里，就地球上最重要的物质循环概述如下。

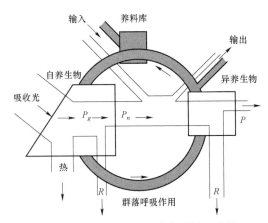

图 2.12　典型的生物地球化学循环途径

P_g—总初级生产量；P_n—净初级生产量；P—次级生产量；R—呼吸作用

自然循环主要由太阳光等自然能源驱动。为了使人工循环获得净利润，那么工作能的成本不得超过被循环产品的价值。像水一样，重要的营养物质，如碳、氮、磷等，在整个生态系统中并不是均匀分布，或者并不是以同一化学形式存在。相反，物质存在于隔间或水池中，它们之间的交换率各不相同。在图 2.13 中，大水库是标有"养料库"的盒子，而快速循环的物质用阴影圈表示，其箭头方向从自养生物到异养生物，然后再回来。分解不仅释放矿物质，还有可能释放有机副产品，这样有可能会影响矿物质对自养生物的有效性。其中一种方式是通过一种被称为螯合的过程，在这个过程中有机分子"紧抓"（grasp）或与钙、镁、铁等形成复合物。螯合矿物质比同一元素的某些无机盐溶解性要更强，而且毒性通常会更小。从整个生物圈的观点来看，生物地球化学循环可被分为两类：一类是在大气中储量很大的气态物质，而另一类是在石油和地壳沉积物中储藏的沉积物质。在生物圈中，按照一般方式所进行的这些主要循环如图 2.13 所示。

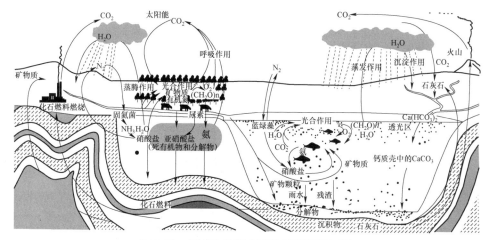

图 2.13　地球生物圈主要物质循环原理图

1. 水循环

水是大气的主要组成部分，是一种重要的生命保障物质，它在生物体和非生物环境之间循环往复。当水被利用时，它从植被、湖泊和其他表面蒸发，在大气中冷凝而变成雨水后通过土壤渗透到地下水中，然后通过小溪和河流流入大海。无论水是如何离开生态系统的，但它最终必须被雨水所取代。水文学循环或水循环被分为两个阶段：由太阳能驱动的上游阶段及提供人类和环境所需的商品与服务的下游阶段（图 2.14）。从海洋蒸发的水比作为降雨返回的水要多，那么对于陆地反过来也一样。因此，支持地面生态系统和大多数人类粮食生产的相当一部分降雨来自从海洋蒸发的水。到达地球表面的太阳能，大约有 1/3 在驱动水循环过程中被耗散。

2. 氮循环

氮不断地从大气储藏库和与生物相关的快速循环池中进出。生物和非生物作用都会涉及脱氮作用（denitrification。也叫反硝化作用或脱硝作用），即把氮释放到空气中，以及固氮作用（nitrogen fixation），即把不能被自养生物直接利用的气态氮转化为可用的氨、亚硝酸盐和硝酸盐。在氮循环的大部分步骤中，特殊的微生物起着关键作用，例如，只有少数原始细菌，即包括蓝绿藻在内的原核生物（prokaryote）可以固氮。豆科植物和其他一些高等植物仅通过原核细菌（prokaryotic bacteria）来固氮，这些原核细菌生活在它们根上的特殊根瘤中。图 2.15 为地球生物圈氮循环原理图。

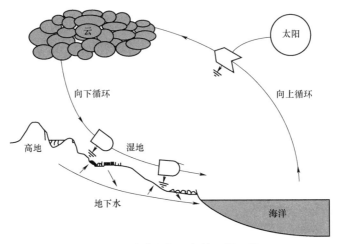

图 2.14　地球生物圈水循环原理图

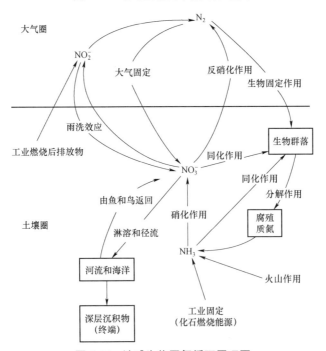

图 2.15　地球生物圈氮循环原理图

3. 碳循环

地球生物圈碳循环的基本原理如图 2.16 所示。二氧化碳主要分布在五个主要区域：大气、海洋、地面生物量、土壤和化石燃料。各区域间的物质流动方向用箭头表示。与其他区域的数量相比，大气中的二氧化碳储量并不大，但它非常活跃，因为燃烧化石燃料和清理及耕种农田等均在不断增加其储量。虽然空气中更多的二氧化碳对增加初级生产量应该会有积极影响，但它引起了人们对温室效应可能导致的气候不良变化的担忧。除了二氧化碳，大气中还有含量较少的其他两种形式的碳：一氧化碳（CO）和甲烷（CH_4）。两者都源于有机物的不完全分解或厌氧（anaerobic）分解。

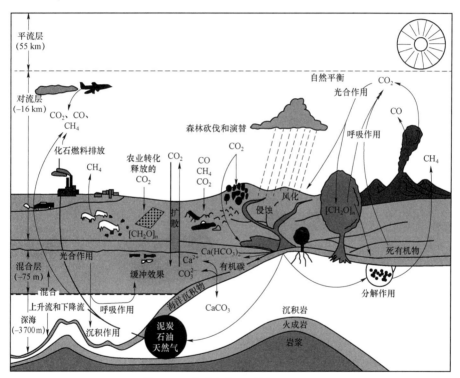

图 2.16　地球生物圈碳循环原理图

4. 磷循环

磷循环是极其重要的沉积循环的一个例子。磷对可区分生物原生质和非生物物质的能量转化过程（energy transformation）是必需的。生物有机体已经具备了储存这种元素的各种机制。因此，1 g 生物量中磷的浓度通常是其周围环境中磷浓度的数倍。地球生物圈磷循环原理图如图 2.17 所示。

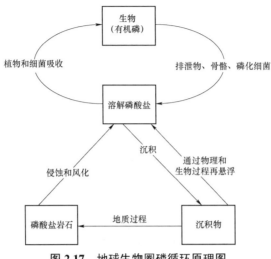

图 2.17　地球生物圈磷循环原理图

2.2.5　再利用途径与限制因素

地球生物圈资源再利用的几种方式如图 2.18 所示。许多重要营养元素的循环再利用会涉及微生物和有机物分解产生的能量（路径 1：M=微生物，D=腐殖质消费者）。在如草或浮游植物等小型植物被大量食用的地方，通过动物（A）排泄的方式进行循环可能很重要（路径 2）。在营养不良的情况下，由成为自养生物（植物）一部分的共生微生物（S）实现直接返回（路径 3）。许多物质都通过利用物理能量的物理手段得到再利用（路径 4）。最后，燃料能被人类用来循环利用水、肥料、金属和纸张（路径 5）。请注意，每种回收方式都需要来自某些来源的能量耗散（energy dissipation），如有机物（路径 1、2、3）、太阳能（路径 4）或燃料（路径 5）。

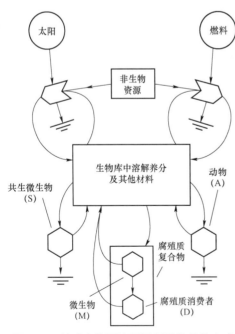

图 2.18　地球生物圈资源再利用的几种方式

生物可能由生态需求链中最薄弱的

一环控制的观点，可被追溯到尤斯图斯·冯·李比希（Justus von Liebig）。李比希最小值定律（Liebig's law of the minimum）的意思是生长受到需求量最低的养分限制。关于限制性因素的一种拓展概念可被重述如下：一种生物、种群或群落的成功取决于条件的复杂性。任何接近或超过该生物个体或群体耐受限度的情况都可被称为限制性因素。李比希的最小值定律最适用于流入与流出达到平衡的稳定状态，而最不适用于流动出现不平衡的瞬时状态，即一旦在这种状态下，流动的速度可能取决于迅速变化的浓度和许多因素的相互作用。

地理分布范围广的物种，往往发展出适应当地的遗传种或亚种，被称为生态型（ecotype），它们具有不同的生长形式或对温度、光照、营养等具有不同的耐受限度。许多物种的耐受性范围较窄，因此对变化很敏感。这些物种可以成为环境条件变化的有用生态标志。生物不仅能够适应物理环境，而且还会利用物理环境中的自然周期性（periodicity）来安排它们活动的时间，并"编排"它们的生活史，从而使它们能从有利条件中受益。它们通过生物钟，即测量时间的生理机制来达到这一目的。最常见和最基本的表现形式是昼夜节律，或者是即使在没有明显的环境线索（如日光）的情况下，也能在大约 24 h 的时间间隔内实现计时和重复功能。生物钟将环境和生理节律结合起来，从而使生物能够预测每日、季节、潮汐和其他周期性。在温带，被生物用来对其季节活动进行定时的一种可靠线索是日照长度或光周期。

2.2.6　盖亚假说

詹姆斯·洛夫洛克（James Lovelock）的盖亚假说（Gaia Hypothesis。盖亚是希腊神话中的大地女神）提道："生物圈是一个自我调节的实体，它能够通过控制物理和化学环境来保持我们星球的健康。"换句话说，地球是一个超级生态系统（superecosystem），其中具有许多相互作用的功能和反馈回路，从而能够调节极端温度，并保持大气和海洋的化学成分相对恒定。同时，这也是盖亚假说中最具争议的部分，在其中洛夫洛克认为生物群落在生物圈稳态（biospheric homeostasis）中发挥主要作用，而且在 30 多亿年前地球上出现第一种生命后不久生物就开始确立了控制权。相反的假说是，纯粹的地质（非生物）过程产生了有利于生命生存的条件，而生物只是适应了这些条件。

在行星地球的演化过程中，最初的或初级的大气由从地球热核升起的气体形成，地质学家称该过程为释气（outgassing）。相反，根据盖亚假说，现在的大气，即次级大气（secondary atmosphere），是一种生物产物。这种重建始于第一个生命不需要氧气的原始微生物，即厌氧微生物（anaerobe）。当该绿色厌氧微生物开始向空气中输送氧气时，需要氧气的需氧微生物，即植物和动物开始进化，而这时厌氧微生物则撤退到土壤和沉积物的缺氧深处，在那里，它们继续茁壮成长，并在各种生态系统中扮演着重要角色。地球大气与火星和金星大气之间的对比为盖亚假说提供了有力的间接证据（表 2.5）。同样，这一假说是关于其他星球，特别是火星的地球化改造想法的基础。

表 2.5　地球、金星、火星的大气层以及无生命地球上的大气条件比较

大气条件	火星	金星	地球	假想地球
CO_2 含量/%	95	98	0.03	98
N_2 含量/%	2.7	1.9	79	1.9
O_2 含量/%	0.13	痕量	21	痕量
温度/℃	−53	477	13	290±50

如果没有早期生命形式的关键缓冲活动以及植物和微生物持续的协调活动来抑制物理因素的波动，那么地球上的条件将与目前金星上的条件类似。总之，根据盖亚假说，生物圈是一个高度集成和自我组织的自动化（cybernetic）系统或受控系统。然而，在生物圈水平上的控制并非由外部面向目标的恒温器、化学调节器或其他机械反馈设备所完成。相反，控制发生在内部并且是扩散的，包括成百上千的反馈回路和在子系统中的协同作用，如控制氮循环的微生物网络。由于人类并未建立该系统，因此对其并不完全了解，甚至不可能为太空旅行建立一个简化的生物受控的生命保障系统。因此，还需要大量了解关于海洋中不可穿透的网络中以及土壤和沉积物的"棕色带"中究竟发生了什么，因为这些"棕色带"决定了在何时、何地以及以何种速度使养分得到循环利用及气体进行交换。

▮ 2.3　地球的濒危生命保障系统

在地球上，是时候把整个景观作为一个整体来看待和管理了。这正是生态学可以提供帮助的地方，因为它研究的是人与自然的相互联系。如前所述，"生态学"这个词来源于希腊语，字面意思是"对家庭的研究"。它的研究对象包括在地球号宇宙飞船（Spaceship Earth）上作为独立生物而生活的植物、动物、微生物和人类。

人类在该环境室（environmental house）中安置了人造结构并操作机器，从而提供了最重要的生物必需品。因此，生态学可被看作是对地球生命保障系统研究的一门学科。

在地球这一星球上，肥沃的农田是有限的。在世界范围内，只有大约 1/4 的地面面积具有适宜的土壤、水和气候来维持高水平的粮食生产，从而养活了地球上数十亿的居民。重要的是要认识到，城市是自然环境的寄生虫，因为它不生产食物，不净化空气，净化不了多少水而使之达到可被重复利用的程度。城市越大，就越需要未开发或欠发达的农村来为城市寄生虫提供必要的宿主。在寄主－寄生虫关系中，如果寄生虫杀死或破坏了寄主，那么它也活不了多久。目前，人类在保护生命保障环境方面做得还不够，例如，所产生的废水被排入河流，每年有数百万吨的固体废物被倾倒。由于大片水体具有生物与生理活性，因此迄今为止，它还能够"消化"全部或大部分这种巨量的排放物。但近年来，自然废物处理系统已经在超负荷运转。因此，目前只有两种选择：①增加昂贵的人工处理；②减少需要弃置或处理的废物量。土壤侵蚀和有毒化学物质的径流随着农业生产的增加而在增加。目前的困境是，努力改善生命保障环境的一部分，即农业所做的努力，已破坏了其他同样重要的组成部分，即自然系统。

有关管制工业、发电厂和污水处理厂等排放法律的相继通过与出台，确实减少了大气和许多小溪及河流中的点源污染。然而，非点源污染，如土壤和农用土地上的农药径流或汽车尾气已经增加，所以在水和空气质量方面几乎没有或根本没有得到整体改善。大气中二氧化碳、甲烷、氯氟烃（CFCs。又叫氟利昂）和氮氧化物（NOx）等人为来源的温室气体积累可能已经开始改变全球气候。在工业化前的大气中，二氧化碳含量约为 280 μmol·mol^{-1}，而在 20 世纪 90 年代初升至 355 μmol·mol^{-1} 左右。如果这种上升趋势继续下去，那么到 2020 年，全球平均气温可能会上升 1.3～2.5 ℃。温室气体及其可能导致的气候变化将影响地面生态系统。这些生态系统对全球气候变化过程的反馈可能会显著影响气候变化的速度和幅度。因此，正在出现关于如何减轻对地球生命保障环境施加压力的观点。可以通过加强管理来控制非点源污染，例如，降低用于农田化学品的使用量和毒性，在发电厂燃烧煤之前去除硫和其他污染物，或者回收纸张而不是将其倾倒在垃圾填埋场。另外，必须更加重视提高资源的利用效率，从而减轻制造和驯养环境对生命保障环境的有害影响。

第 3 章
地外环境条件

地外环境与我们熟悉的地球环境在很多方面都不同，主要体现在辐射、重力、大气组成和磁场。具体情况如下。

1. 辐射

可以说，与在地球上的不同，在外太空和太阳系的其他星球上，存在着各种广谱粒子辐射和电波辐射。

2. 重力

在自由空间中，自由飞行的航天飞行器上基本没有重力载荷。另外，其他星球上的重力加速度相差很大。

3. 大气

自由空间是真空而几乎没有大气。其他星球上大气的结构和行为在物理与化学方面都与地球上的大气不同。

4. 磁场

太阳系中每个星球的磁层在方向和强度上都是不同的。另外，还存在星球际磁场（interplanetary magnetic field，IMF）。

地外环境的不同和极端条件对任何种类的航天器，特别是载人飞行任务所需要的生命保障系统，在设计和技术开发及影响上都有很大的不同。在第 4 章中，将介绍外太空不同环境影响的若干特征。

3.1　自由空间辐射

国际上，对空间辐射的研究始于 20 世纪初。然而，自从 20 世纪 50 年代末发射第一颗人造卫星以来，人们已经获得了大量的知识。此外，载人航天的出现提供了大量的观测资料，其成为分析处理空间辐射危害的基础。尽管研究工作对这些危险有了基本了解，但仍有大量未知的情况。地球不断受到各种辐射的袭击。空间辐射基本上可被分为电磁辐射和电离辐射两种辐射。

地球大气层阻挡了大部分有害成分，但在太空中没有这种防护盾。在太空中发现的辐射对于未来的长期载人飞行任务，以及在太空中任何种类的微生物、藻类或植物等培养都是一个严重的问题。

3.1.1　空间电磁辐射

基本上，太阳系中所有的电磁辐射都是由太阳发出的。太阳电磁辐射在地球附近的能量密度约为 $1\,390\ \text{W}\cdot\text{m}^{-2}$，而星光的能量密度几乎不超过 $10^{-9}\ \text{W}\cdot\text{m}^{-2}$。在可见光区域，太阳辐射强度相当于一个表面温度为 $5\,427\ ℃$ 的黑体的辐射强度。一般来说，可以将太阳辐射强度写成与太阳距离的函数：

$$I = \frac{I_0}{r^2} \tag{3.1}$$

这里，r 为从地球到太阳之间的距离，单位为 AU（天文单位，是一种长度单位，约等于地球与太阳的平均距离）；I_0 为在 1 AU 处的太阳辐射能通量（radiation energy flux），等于 $1\,390\ \text{W}\cdot\text{m}^{-2}$。

因此，太阳系中星球和卫星上的太阳辐射强度相对于地球大气顶层处的太阳辐射强度，见表 3.1。太阳辐射的波长区域和电磁波谱见表 3.2 和图 3.1。

表 3.1　太阳系星球及其卫星上的太阳辐射强度与地球上的相对值比较

太阳系星球名称	相对于地球上的太阳辐射强度
水星	666
金星	1.91
地球	1
火星	0.43

续表

太阳系星球名称	相对于地球上的太阳辐射强度值
木星	0.04
土星	0.01
天王星	0.003
海王星	0.001
冥王星	0.000 6
地球卫星	1
火星卫星	0.43
小行星	0.28

表 3.2 太阳电磁辐射频谱的波长范围

辐射	γ – 射线	X – 射线	紫外光	可见光	红外线	无线电波
波长/m	$10^{-14}\sim$ 10^{-12}	$10^{-12}\sim10^{-8}$	$10^{-8}\sim10^{-7}$	10^{-7}	$10^{-6}\sim10^{-3}$	$10^{-3}\sim10^{4}$

对于在星球轨道上的任何一种航天器，还必须考虑星球发出的电磁辐射。地球的平均辐射能约为 225 W · m^{-2}。地球辐射处于红外区，相当于黑体处在 290 K 时的辐射。因此，3.3.1 小节给出了一种计算轨道航天器暴露于电磁辐射时的平衡温度（equilibrium temperature）的方法。

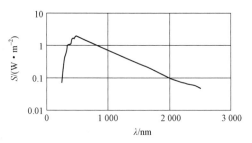

图 3.1 太阳辐射的电磁波谱

3.1.2 空间电离辐射

在空间，共有三种不同的电离辐射。

（1）太阳宇宙射线（solar cosmic rays，SCR）。太阳宇宙射线可被分为有规则和无规则两部分。有规则的部分，即太阳风（solar wind），是一种由质子和电子组成的气体（proton-electron gas），并以径向远离太阳。太阳风的存在是因为太阳的日冕非常热（接近 2×10^{6} ℃），简直就是"汽化"了其外层大气。无规则的部分为太阳耀斑，由太阳磁层中的"风暴"产生。这些喷发在很短的时间（数小时到数天）内就会产生很高的辐射剂量。太阳耀斑的出现与 11 年的太阳活动周期有关。最强活动通常发生在太阳黑子活动极大期之后的几个月内。每次太阳活动在粒子成分、能谱和粒子通量等方面均会存在显著差异。

（2）银河宇宙辐射（galactic cosmic radiation，GCR）。银河宇宙辐射是由遥远的恒星甚至更遥远的星系发出的。它们在空间中进行扩散，并从各个方向到达太阳系。

（3）范艾伦带（Van Allen belts）。范艾伦带由粒子组成，也就是被地球磁场所捕获的质子和电子。

电离辐射是高能粒子和光子的总称，它们在近距离通过时会将电子从分子中分离出来。它由许多具有不同能谱的粒子组成（图 3.2）。GCR 由于其带有高能量而最具有穿透力。与太阳耀斑事件相关的强辐射可能是致命的，而长时间停留在范艾伦带内也是如此。

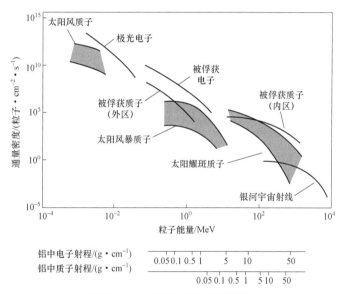

图 3.2　自由空间中的电离辐射

1. 太阳风与太阳宇宙射线

太阳风是一种等离子体风（plasma wind），基本上由质子-电子气体组成，平均流速为 $400 \sim 500 \ \mathrm{km \cdot s^{-1}}$，平均质子和电子密度约为 5 个 $\cdot \mathrm{cm^{-3}}$。流动的太阳等离子体与地球的固有磁场相互作用，由此产生的辐射带（范艾伦带）对在近地环境中运行的空间系统具有重大影响。

太阳宇宙射线是自然空间辐射中最易变的成分，其由质子、电子或其他重原子核组成，在每 11 年左右的太阳周期中发生一到两次的太阳耀斑时，这些成分的能量被加速到 $10^7 \sim 10^9$ eV。这些粒子可以在短时间内使辐射剂量增加 1 000 倍。由于在事件中的"个性"，所以太阳质子累积的辐射剂量可能会从微不足道到足以致命。太阳耀斑的发生基本上不可预测，预警周期只有几分钟到几个小时。对太阳耀斑所释放的总能量进行区分，则发现最终释放的总能量会成为影响耀斑严重程度的决定性因素。太阳耀斑的辐射从无线电频率延伸至 X–射线频率。对耀斑的亮度是通过光学波段和 X–射线波段这两个频段来测量的。虽然耀斑的可见光发射最多增加几个百分点，但 X–射线发射可能会增加多达 4 个数量级。耀斑期间释放的总能量范围为 $10^{21} \sim 10^{25}$ J，这集中在耀斑的三个阶段：前期阶段、闪光阶段和主阶段。前期阶段可能持续几分钟到几小时。闪光阶段开始时，在 $1 \sim 5$ min 内，光和 X–射线的辐射至少比背景辐射高出 50%。在闪光阶段可能会有微波和 X–射线的脉冲爆发。主阶段可以持续数小时，其特征是缓慢衰减到耀斑前水平。图 3.3 给出了 20 世纪 50 年代早期以来太阳耀斑质子事件的测量值。另外还应该指出，太阳耀斑活动的强度会影响被俘获粒子的水平和银河宇宙辐射的水平。

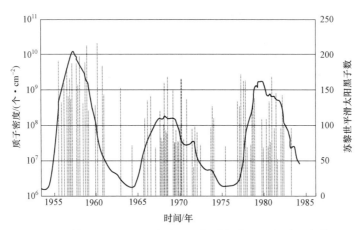

图 3.3　第 19、20 和 21 个太阳周期时的太阳耀斑质子事件

2. 银河宇宙辐射

银河宇宙辐射是一种由来自太阳系外的粒子组成的永久辐射。GCR 由原子序数 Z 大于或等于 1 的粒子组成，这些粒子包括高能（>0.1 GeV）质子（85%）、α

粒子（=^{4}He–原子核，14%）和重原子核（1%）。为了建模，我们可以把重原子核定义为所有原子的原子核，其原子序数为 $2 < Z < 29$，即从锂（Li，$Z=3$）到镍（Ni，$Z=28$）。图 3.4 给出了偶数银河宇宙射线原子核的相对丰度（relative abundances）。为了便于比较，由空心柱状图给出这些被粒子电荷的平方进行加权过的相对丰度，从而给出每种元素的致电离能力的测量值。

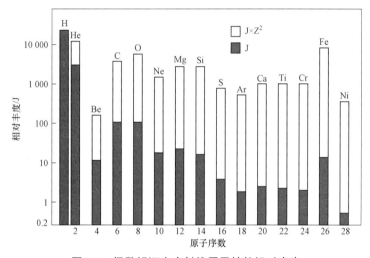

图 3.4　偶数银河宇宙射线原子核的相对丰度

由遥远的恒星和更遥远的银河系发出的 GCR 在太空中扩散，并从各个方向到达地球。通量中最重要的时间变化与约 11 年的太阳周期有关。在太阳活动极大期，当星球际磁场强度最大时，宇宙射线粒子就从地球散射出去，这样，则产生了一个 GCR 通量最小值。

相反，在太阳活动极小期，GCR 通量则能达到最大值。图 3.5 为在太阳活动极小期的 GCR 粒子光谱。位于地球同步轨道上，在太阳约 11 年的活动周期内，GCR 的剂量会有 2 倍的差距。然而，在低空及低倾角轨道上几乎没有剂量变化，这是由于大气层和地磁场共同作用而产生的强屏蔽作用所致。

这些粒子虽然数量不是很多，但由于其极高的能量，因此它们是穿透性很强的辐射。航天器的屏蔽在减小变异剂量（variation dose）方面效果并不理想。不过幸运的是，GCR 通量相对较低，因此对人类不会构成严重威胁。例如，自从你开始阅读这部分内容以来，一些粒子可能已经穿过了你的身体。在所有轨道上，5%～

10%的总有效辐射剂量是由 GCR 造成的。这一小部分有时被称为背景辐射。如前所述，GCR 的水平受到太阳活动强度的影响。图 3.6 给出了与太阳活动最小条件（即 GCR 通量达到最大）相比，太阳活动最大条件（即 GCR 通量达到最小）时的 GCR 通量降低系数（flux reduction factor）。

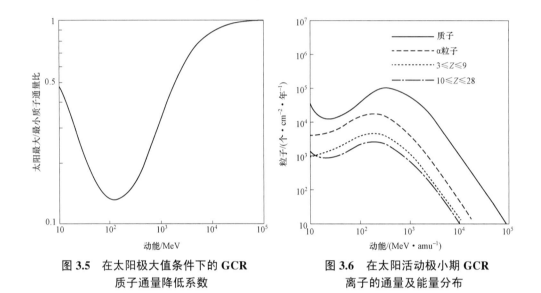

图 3.5　在太阳极大值条件下的 GCR
质子通量降低系数

图 3.6　在太阳活动极小期 GCR
离子的通量及能量分布

3. 范艾伦辐射带

范艾伦辐射带是环绕地球的环状区域。它们由高能（keV 到 MeV）粒子组成，即被地球磁场捕获的电子和质子。它们沿着磁场线绕地球振荡。范艾伦辐射带分为两个同心带，即一个内带和一个外带，如图 3.7 所示。

外带由太阳粒子输入提供能量，内带则主要是由中子反射和衰变来提供能量，而这里的中子是宇宙辐射与上层大气相互作用的结果。被捕获的粒子以回旋加速器的速度在电场线附近振荡，当它们的速度分量纬线（speed component parallel）距离电磁线为零时，所被捕获的粒子则在镜像点（mirror point）得到反射，并根据它们的电荷向东或向西漂移。该带呈现出一种异常，而在该异常中可以发现高浓度的粒子。这种异常是由于地球偶极场（dipole field）的偏移造成的，其发生在南大西洋的垂直面上，因此，将这称为南大西洋异常区（South Atlantic Anomaly，SAA）。SAA 的位置如图 3.8 所示。

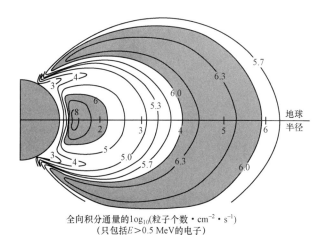

全向积分通量的$\log_{10}$(粒子个数·cm^{-2}·s^{-1})
(只包括$E > 0.5$ MeV的电子)

图 3.7　范艾伦带

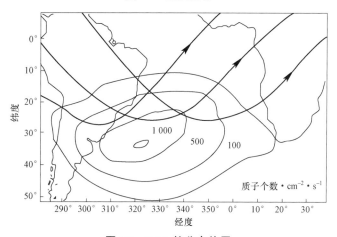

图 3.8　SAA 的分布位置

1）内部辐射带

被捕获在内部辐射带中的高能质子是 500 km 以上地球轨道航天器的主要辐射来源。辐射量随纬度和经度的变化而变化（内带延伸到大约纬度 45°处）。国际空间站（ISS）的预期轨道将在 520 km 的高度和 28°的倾角，因此，达到了 SAA 内部辐射带建成后 ISS 的边缘（译者注：建成后 ISS 的实际高度为 400 km 左右）。辐射暴露的主要部分是被南大西洋异常区所捕获的质子。内部辐射带中的质子密度也容易受到太阳所诱导的辐射变化的影响。质子密度的变化与 11 年的太阳活动周期不一致，因此在太阳活动极小期内，内部辐射带的膨胀程度最大。粒子数量的这种变化导致低轨道航天器在太阳周期内所受到的辐射剂量增加到原来的两倍。

2）外部辐射带

外层的范艾伦辐射带包含电子和质子。然而，电子的数量密度要高得多，并占到该区域内的大部分辐射剂量。外层带是不对称的，其阴面被拉长，而阳面被压扁。一般情况下，粒子能量和外边界的位置会随 11 年周期而发生变化。在太阳活动极大期，电子带的外边界更靠近地球，并含有高能电子。相反，在太阳活动极小期，电子带的外边界则向地外移动，且很少含有高能电子。外层电子密度在几周内会发生数量级的变化。这些短期变化可引起显著的辐射剂量变化，并与地球的物理活动水平有关。

3.1.3　辐射剂量的概念

吸收剂量（D）提供了一种量化吸收辐射并与辐射效应相关的测量方法，它是用来测量经过辐射而沉积于组织中的能量。吸收剂量的标准（SI）单位称为戈瑞（Gray，简称为 Gy）：

$$1\ Gray = 1\ J/kg = 100\ rad = 1\ 000\ ergs/g \tag{3.2}$$

1 G 是 1 kg 物质吸收 1 J 对应的电离辐射量。注意，高能质子的 1 Gy 剂量与 X-射线的 1 Gy 剂量相同。G 表示吸收的辐射能量，而不是辐射源或辐射类型。

引入相对生物学效应（relative biological effectiveness，RBE）的概念来量化辐射对生物组织的影响。为了定义这一单位，给每一种类型的辐射都赋予一个 RBE，并与一束强度为 200 keV 的 X-射线相比较。根据这些 RBE，可以将 GCR 的复杂域划分为以下三类。

（1）稀疏电离组分（sparsely ionizing component），又被称为背景组分（background component），主要由电磁辐射、电子和快速穿透质子组成（RBE=1）。

（2）具有中级或中等高度电离力的中子和阻止质子（stopping proton），将其称为中子组分（RBE=1～20）。

（3）高密度电离组分（densely ionizing component），被称为 HZE（=High atomic number Z and high Energy，高原子序数 Z 与高能量）。由宇宙辐射中的重离子或 HZE 粒子组成，它们能产生极高的电离密度。对于该分量，吸收剂量作为辐射暴露量度的概念被打破，因此 RBE 失去了其意义。

从表 3.3 中可以看出，质子的破坏力是 200 keV γ-射线的两倍，因此，1 Gy 质子剂量的破坏力则是 1 Gy X-射线的两倍。对于人体照射，通过引入品质因子（quality factor）Q 来定义剂量当量 H，其中品质因子 Q 与 RBE 基本相同。

表 3.3　RBE 与出现的不同类型辐射

辐射	RBE	出现的不同类型辐射
X－射线	1	辐射带，太阳辐射，韧致辐射
5 MeV γ－射线	0.5	辐射带，太阳辐射，韧致辐射
1 MeV γ－射线	0.7	辐射带，太阳辐射，韧致辐射
200 keV γ－射线	1.0	辐射带，太阳辐射，韧致辐射
电子	1.0	辐射带
质子	2～10	宇宙辐射，内部辐射带
中子	2～10	接近地球、太阳和任何物质
α粒子	10～20	宇宙辐射
重粒子	—	宇宙辐射

$$H = D \cdot Q \tag{3.3}$$

剂量当量的 SI 单位为西韦特（Sievert，Sv）：

$$1\,\text{Sievert} = 1 \text{ J/kg} = 100 \text{ rem} = 10\ 000 \text{ ergs/g} \tag{3.4}$$

例如，200 keV X－射线的 1 Gy 剂量对应的生物等效剂量为 1 Sv，而质子的 1 Gy 剂量对应的生物等效剂量为 2 Sv。质子的大 Sv 值说明了生物损伤的增加。

一般来说，品质因子 Q 是线性能量传递（linear energy transfer，LET）的函数，而线性能量又是粒子类型和能量的函数。LET 通常以组织的 keV·μm^{-1} 表示，表示不同性质的电离辐射在辐照材料中产生的电离空间密度。具有不同 LET 的辐射会引起不同的生物效应和物质缺陷。

品质因子 Q 存在一定的不确定性。国际辐射防护委员会（International Commission on Radiation Protection，ICRP）第 26 号文件采取了保守立场，即规定对所有 LET 大于 175 keV·μm^{-1} 的辐射均匀吸收 Q 值为 20，以便为辐射防护提供一个标准。然而，星球际飞行任务的总剂量主要是由 GCR 所引起，并且是根据 LET 大于 170 keV·μm^{-1} 的重离子的 Q 值为 20 时计算得出的。然而，实验结果对这一假设的有效性提出了严重质疑。

Q（或 RBE）与 LET 之间的关系并不简单。当 LET 达到 $10\sim200\,\mathrm{keV\cdot\mu m^{-1}}$ 时，Q 增加，然后在细胞失活和致瘤性转化时稳定下降到 1.0 以下。实验数据很好地支持了 Q 与 LET 曲线上约 $100\,\mathrm{keV\cdot\mu m^{-1}}$ 的区域。然而，对于在 GCR 中发现的高能 LET 重离子，实验结果不支持 $Q=20$ 的高原假设。因此，1990 年在 ICRP 第 60 号文件中提出了 Q 和 LET 之间的新关系，如图 3.9 所示。

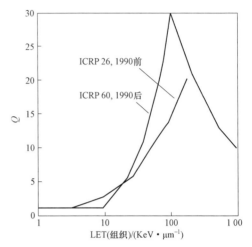

图 3.9　Q 和 LET 之间的新关系

为了描述植物因辐射而引起的损伤，如在空间所诱导的基因突变、染色体畸变或细胞致死等，引入了用于概括损伤的参数 D 的计算方法。它对敏感的生物效应进行了分类和总结，是一种生物物理方法，用于初步估算密集电离辐射的品质因子 Q。为了计算 D，定义了以下公式，其中包括针对一定损伤的五个经验权重因子（empirical weight factors）：

$$D = \sum_{i=1}^{5} d_i (n_i / n_0) \tag{3.5}$$

式中：d_i 为某些损伤的权重系数；n_i 为受损植物数量；n_0 为受检植物数量。

3.1.4　辐射监测和剂量测定

太空飞行中，复杂的辐射环境给放射剂量测定带来了诸多问题，主要包括 GCR、SCR 及范艾伦带在内的大量辐射源，以及由质子、α-粒子和重原子核等高能带电粒子在航天器材料中产生的辐射。这些辐射的通量和能谱取决于高度、轨道倾角、太阳活动、航天器在轨道上的位置和方向以及在航天器中被采用的屏蔽材料类型等。

在美国和苏联，过去和现在的太空飞行剂量测定主要是使用被动探测器，它能够生成积分剂量谱和积分 LET 谱（integrated dose and integral LET spectra）。生物学相关的当量剂量测量需要 LET 谱的资料。为了确定吸收剂量，在太空飞行剂量测定中通常使用的仪器为热发光剂量计（thermoluminescent dosimeter，TL）。重带电粒子通常用核径迹探测器来探测，如径迹蚀刻箔、乳胶以及裂变和径迹蚀刻箔的组合。主动探测器只在几种情况下被使用过，并提供了太阳耀斑和来自范艾伦带的电子沉淀的光子爆发数据。由于在空间环境中存在大量的 LET 粒子，因此，了解品质因子是辐射防护的重要目的之一。为了达到这一目的，法国的 CIRCE 实际计划（Compteur Integrateur de Rayonnement Complexe dans I'Espace）记录了和平号空间站（Mir Space Station）内的剂量当量和品质因子。CIRCE 能够测量出 $1\ \mu Gy \cdot h^{-1}$ 至 $5\ mGy \cdot h^{-1}$ 范围内吸收剂量 D_0 剂量当量 H 在 $2\ \mu Sv \cdot h^{-1}$ 至 $20\ mSv \cdot h^{-1}$ 范围内，品质因子范围为 1～20，精度为 10%。1988 年 12 月，苏联－法国联合任务组发现，和平号空间站内的剂量当量为 $0.6\ mSv \cdot d^{-1}$，吸收剂量为 $0.3\ mGy \cdot d^{-1}$。从 1988 年 12 月到 1989 年 4 月，对和平号空间站进行的长期测量得出的平均品质因子为 1.9，平均高 LET 因子为 7.7。通过 SAA，剂量当量迅速增加到 $1.2\ mSv \cdot h^{-1}$，品质因子等于 1.4。即使跨越 SAA 的时间只有 8～10 min，但每天仍有总剂量的 30% 以上是由于 SAA 辐射造成的。表 3.4 比较了不同航天器轨道上的平均测量值。

表 3.4　不同飞行任务中的辐射测量情况

任务	轨道参数	剂量当量 H/（$mSv \cdot d^{-1}$）	吸收剂量 D/（$mGy \cdot d^{-1}$）	中子剂量/（$mSv \cdot d^{-1}$）	品质因子 Q	最大吸收剂量/（$mGy \cdot h^{-1}$）
天空实验室 2 空间站（1976）	430 km 50°	—	0.570	—	—	0.828
发现者号航天飞机（1985）	297 km× 454 km 28.5°	—	0.544	—	—	—
亚特兰蒂斯号航天飞机（1985）	380 km 28.5°	—	0.208	—	—	—
礼炮 6 号空间站（1980）	350 km 51.5°	0.216	0.146	—	—	—
宇宙 936 号生物卫星（1983.12）	419 km× 224 km 62.8°	—	0.256	0.071	—	—
和平号空间站（1988）	350 km 51.5°	0.617	0.322	0.023	1.9	0.755
和平号空间站（1989.3~4）	350 km 51.5°	0.799	0.451	—	—	—

3.1.5　辐射效应

当高能粒子遇到人体内原子或分子时，就会发生原子间的相互作用，即电离作用。当一个粒子由于碰撞而突然停止时，就会发生直接的相互作用，这种碰撞会释放出能量而可能会把附近原子或分子中的电子带走，从而产生离子。当高能粒子（通常是电子）被另一个带电粒子引起偏转时，就会发生间接碰撞。偏转引起能量的释放，即辐射，这也可能产生电离作用。近距离碰撞过程通常被称为轫致辐射（bremsstrahlung）。在这两种相互作用中，电离辐射的影响与周围物质吸收的能量多少成正比。如前所述，为了量化被吸收的辐射，定义了一个测量单位，称为 Gray（Gy）。为了表示辐射对人体的影响，使用了剂量当量 H（见 3.1.3 小节）。

在地球上，一个人平均每年从他周围的土壤、岩石和木材中接受大约 0.4 mSv 剂量的放射性元素。该数字会因地而异。另外，穿过身体的宇宙射线每年的剂量约为 0.4 mSv（如果住在高山上，则为 1.6 mSv）。而且，不可避免的食物和水源放出的辐射剂量为 0.2～0.5 mSv，从而使地球人的年接受剂量约达到 1.7 mSv。再者，对于每架跨大西洋飞行的航班接收到的辐射剂量约为 0.04 mSv。

与此相反，太空旅行者将会受到更多的辐射。所接受的剂量随任务时间、轨道轮廓和防护程度而变化。执行月球或火星飞行任务的航天员在通过范艾伦带和 GCR 区域时，将不可避免地暴露于电离辐射下，并有可能暴露于太阳粒子事件（solar particle events，SPE）产生的质子辐射中。采用吸收剂量和 LET 相关品质因子（ICRP 26），可估算下列剂量当量。

（1）在太阳活动极小期，在铝壁厚为 0.75 cm（2 g·cm^{-2}）的航天器中，其月球往返剂量当量小于 0.05 Sv。

（2）在火星任务期间，剂量当量的估算值为

出发（范艾伦带）	＜0.02 Sv
地球到火星（205 d 暴露于自由空间 GCR）	0.32 Sv
火星表面 30 d（GCR）	0.023 Sv
火星到地球（225 d 暴露于自由空间 GCR）	0.35 Sv
返回（范艾伦带）	＜0.02 Sv
总量	≈0.73 Sv

按照惯例，在超过 460 d 的时间内剂量当量总量约为 0.73 Sv，预计会使 35

岁男性航天员罹患癌症的风险增加约 1%。然而，自由空间剂量当量的 3/4 分别来自平均品质因子为 10.3 和 20 的高能 LET 重离子（$Z>3$）和目标碎片（target fragments）。如前所述，人们对这些辐射的 RBE 了解甚少，因此将品质因子保守地设置得很高。鉴于此，必须重新整体考虑适用于 GCR 的吸收剂量–品质因子–剂量当量的概念。

　　研究表明，根据性别和耐力的不同，个体具有不同程度的耐受性，这使得评估生物受损害的难度进一步加大。为了避免这个问题，大多数辐射效应的估计都是基于一个种群样本，其中受影响个体的数量以百分比表示。因此，表 3.5 概述了某些辐射剂量对人体健康可能产生的影响。然而，表 3.5 不包括长期影响，如癌症。

表 3.5　辐射剂量对人体健康可能产生的影响

剂量/Sv	可能造成的影响
0～0.5	没有明显的影响；可能是轻微的血液变化
0.5～1	5%～10%的受试人员患有辐射病，但没有严重残疾
1～1.5	约 25%的受试人员患有辐射病
1.5～2	约 50%的受试人员患有辐射病，但预计不会有死亡
2～3.5	几乎所有受试人员均患有辐射病，其中死亡率约为 20%
3.5～5	所有受试人员均患有辐射病，其中死亡率约为 50%
10	可能没有幸存者

　　因此，辐射对人体的影响一般可分为两类。

　　（1）辐射暴露的急性早期效应。这些都发生在几天或更短的时间内。它们通常与短时间内暴露于高剂量辐射有关。急性辐射暴露下会出现辐射病的症状，如恶心、呕吐，并伴有不适、食欲不振和疲劳。在较高的剂量（>2 Sv）下，也可能出现腹泻、出血及脱发等症状，潜伏期可能长达两周。

　　（2）辐射暴露的迟滞后期效应。这些症状发生在经受长时间低剂量辐射的多年后。后期影响包括肺癌、乳腺癌、消化系统癌和血癌。作为经验之谈，航天员在其职业生涯中，每接触 0.5 Sv 的辐射，其罹患致命癌症的概率就会增加 2%～5%。

　　另外，辐射对植物和材料的影响如下。

　　（1）辐射对植物的影响。研究表明，由受辐射的种子胚胎长成的幼苗一般致死率和概述损伤（summarized damage）D 都显著提高。其原因被认为是 DNA（脱氧核糖核酸）缺失和染色体断裂的增加所致。此外，基因突变和染色体畸变的增加可能会使太空驻留的风险增大。

（2）辐射对材料的影响。辐射对材料也有许多影响，如气体析出（gas evolution）以及机械、电学和光学性质的变化，甚至完全发生机械故障。材料的损伤不仅取决于辐射剂量和辐射材料，还取决于辐射种类、应用频率、材料的负荷和温度等因素。在测量中，人们必须区分由总吸收辐射造成的剂量效应、由单位时间吸收辐射造成的速率效应和由吸收辐射迅速变化造成的瞬时效应。

3.1.6　辐射防护

太空任务所关切的两个主要辐射源是 SCR 和 GCR。航天员必须受到保护，以免受严重的生命威胁和重带电粒子辐射对太空作业的影响。为了在最低的航天器质量成本前提下提供必要的辐射保护，可考虑几种主动和被动屏蔽方法。

1. 被动整体屏蔽

屏蔽会使高能粒子在遇到较敏感的人体组织之前停止或改变其轨迹。铝由于兼具高密度和轻便性而被广泛用作屏蔽材料。在航天器的外部，通常每平方厘米具有数克铝屏蔽层。低轨道，特别是那些局限于赤道平面的轨道，其危险性远小于极地轨道。前者利用了地球的自然屏蔽，而后者则将航天器暴露在自然屏蔽作用有限的高能粒子环境中。屏蔽对地球同步轨道尤为重要。屏蔽效果因屏蔽成分和辐射能谱的不同而异。轻元素（如氢、碳和氧）以及它们的化合物（如水和塑料），是单位质量最有效的屏障。在带电粒子屏蔽应用中，铅和其他重元素的屏蔽性差。这也可以从图 3.10 和图 3.11 中的示值看出。对于给定的材料和屏蔽厚度，聚乙烯（0.192 g·cm^{-3}）的单位面积质量最佳，而铅（Pb，1.246 g·cm^{-3}）的单位面积质量最差。

SCR 在短期任务和较薄屏蔽层情况下的影响较大，但随着任务时间和屏蔽层厚度的增加，其作用与 GCR 的相比会降低。一项关于深空辐射暴露的研究清楚地表明，通常具有密度为 1～2 g·cm^{-3} 铝屏蔽的航天器将无法为长期太空飞行任务中的航天员提供充分保护。除了特殊的被动屏蔽外，针对航天器的设计还应适当利用航天器的船上质量进行辐射屏蔽。在月球或火星的表面上，有可能会通过利用风化层（regolith。也叫月球土壤或火星土壤，分别被简称为月壤或火壤。译者注）来保护栖息地免受 GCR 的侵害。据估算，5 m 厚的土壤相当于地球大气层的保护效果（见 9.3 节和 9.4 节）。

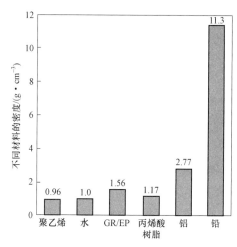

图 3.10　不同种类材料的密度比较

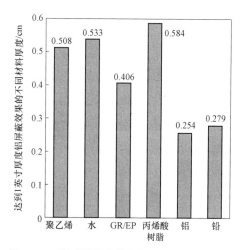

图 3.11　达到铝屏蔽效果的不同材料厚度值

2. 电磁屏蔽

20 世纪 60 年代初,人们认识到电磁场使航天器免受 SCR 干扰的可能性。因此,根据粒子电荷、质量、动能和磁场强度,定义了环面磁屏蔽结构的截止能量(cut-off energy)。动能大于截止能量的粒子通过磁屏蔽体进行传输,而动能小于截止能量的粒子则受磁场偏转而不会与被屏蔽的内部空间相交。对于一种所建议的屏蔽(质子的截止能量为 200 MeV),人们发现,带多重电荷的重离子通过磁场时几乎没有发生偏转。因此,GCR 暴露在很大程度上不受磁屏蔽的影响。无论如何,对于同一种屏蔽,太阳耀斑的大多数质子都会发生偏转。由此可以得出结论,磁屏蔽对于防止太阳耀斑暴露似乎非常有效,但实际上对 GCR 暴露几乎没有影响。此外,据估计,通过选择适当的材料和适当的整体屏蔽结构设计,可以通过与磁屏蔽结构所需的总屏蔽质量相同的被动屏蔽而实现较低暴露。

3. 静电屏蔽

同样,人们已经对静电屏蔽(electrostatic shielding)宇宙辐射进行了广泛的研究。然而,遗憾的是目前仍无法获得关于这些研究的详细资料。

4. 化学辐射防护

对于人类而言,化学辐射防护剂(chemical radioprotectants,CRP),如氨丙基–氨乙基硫代磷酸(aminopropyl-aminoethyl thiophosphoric acid,APAETF),在美国和苏联都已得到开发。高效 APAETF 的剂量降低系数为 3。这种小剂量的化合物可以防止相对高水平的辐射。关于 CRP 设计的主要标准是必须将它们内服,由胃肠道迅速吸收并分配到组织中，并且它们无不良副作用，而且在短期和长期辐射中同样有效。

■ 3.2　重力

重力场在载人航天飞行中起着非常重要的作用。从存在之初，人类、动物和植物就习惯了地球上的重力影响。因此，太空飞行最引人注目的环境特征是飞行在自由空间的微重力（"失重"）状态，或是当暴露在太阳系其他星球上时的低重力状态，这对身体、生理和心理等均会产生广泛影响。

3.2.1　在星球上和自由空间中的重力

表 3.6 为太阳系中星球和其他天体上相对于地球上重力水平的重力常数（gravity constant 也叫重力加速度）。

表 3.6　太阳系中星球和其他天体上相对于地球上重力水平的重力常数

星球或其他天体名称	重力加速度/（m·s^{-2}）	相对于地球的重力
水星	3.53	0.36
金星	8.83	0.9
地球	9.81	1
火星	3.73	0.38
木星	26	2.65
土星	11.18	1.14
天王星	10.5	1.07
海王星	13.24	1.35
冥王星	2.16	0.22
月球	1.67	0.17
火卫一号	0.02	0.002
大的小行星	0.02	0.002

对于星际轨道上的飞行，可以假设处于基本恒定的微重力条件。然而，对于在星球表面附近轨道上运行的卫星，可以注意到在径向方向上存在一个重力梯

度。在星球轨道上的卫星或空间站上，以给定的速度 v，基本上有两种力起作用：向心力和重力（图 3.12）。

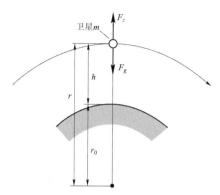

图 **3.12**　施加于轨道卫星上的作用力

在质心，这两种力处于平衡状态，主要产生零重力。不过，在卫星的其他所有点上，确实会产生一些小的加速度。这可以用点 1 来表示，它在点 0 的质心径向距离 h 处。对于任意一点，这种平衡状态可按如下等式表示：

向心力：
$$F_z = \frac{mv^2}{r} \tag{3.6}$$

万有引力：
$$F_g = -\gamma \frac{mM}{r^2} \tag{3.7}$$

式中：m 为卫星质量；M 为星球质量；r 为轨道半径；v 为卫星速度；γ 为重力常数；a^* 为加速度。

如前所述，在质心 $a_0^* = 0$ 处，对于任何其他点的加速度都可以写成

$$a_1^* = \frac{v^2}{r_0 + h} - \frac{\gamma M}{(r_0 + h)^2} \tag{3.8}$$

这些加速度使重力达到稳定，但在设计卫星或空间站时也必须予以考虑。

3.2.2　低重力效应

这里只介绍微重力对人体生理过程的影响，而微重力对植物生长的影响将在第 6 章中予以讨论。在微重力环境下，人体血管内和血管外的液体会发生明显转移。这种转移表现为小腿围长减小了近 30%、头部充血和相关的面部浮肿。为了适应这种转移，身体的自我平衡系统会通过增加排尿量来做出反应，但这将会导致严重的直立性低血压和返回地球后的大量利尿。在飞行中，心脏承受了过多的血液负荷，并通过肾脏排出液体和盐。这种利尿结合口渴减少，会导致血管内空间明显缩小。在补偿发生后，心室空间的减小则与心肌萎缩 10%有关。这将导致整个任务期间心率加快。

过去的载人飞行任务也表明，航天员的骨骼和肌肉萎缩程度与他们在微重力环境下停留的时间长短成正比。一般来说，肌肉萎缩先于骨骼萎缩，且在第一个月

肌肉量减少最多。钙流失（骨质疏松症）在第一周开始时缓慢，但在接下来的几个月后会逐渐加快（平均每月流失 0.5%，但某些骨骼的流失峰值达到 3%～5%）。这种规模的损失只会持续一年到两年。绝大多数的钙流失来自负重的骨骼。与其他的生理适应不同，这种钙流失似乎不会达到一个平台期。因此，必须为长期载人飞行采取措施，例如提供人工重力（artificial gravity）（见 3.2.3 小节）。

然而，目前尚不清楚必须保持多大的应力，即重力，才能防止负重骨骼的破骨细胞脱盐。微重力会导致骨髓和免疫系统萎缩，从而导致所谓的"空间贫血"和 T 淋巴细胞缺陷。可能的空间免疫抑制的意义超出了简单感染的危险。特别是，T 淋巴细胞也有助于抵抗生长中的肿瘤，那么，抑制该系统可能会妨碍航天员在轨道上抵抗癌症。高辐射的太空环境对人体具有严重危害。不过人们发现，T 淋巴细胞可以通过人工重力来维持它们在太空中的正常功能水平。

3.2.3　人工重力

正如第 2 章所讨论的，可能有必要在空间站甚至月球或火星基地引入人工重力。人工重力基本上可以通过旋转栖息地或空间站来实现。有四个主要特征导致人工重力不同于已知的地球重力。它们分别是：人工重力水平、重力梯度、科里奥利力（Coriolis Force）和交叉耦合角加速度（Cross-coupled Angular Acceleration）。所谓的人工重力，实际上是一种向心加速度 α（m・s^{-2}），由旋转产生：

$$\alpha = \omega^2 gr \qquad (3.9)$$

式中：角速度为 ω（1・s^{-1}），半径为 r（m）。

如以上方程所示，可以通过增加半径或角速度来实现人工重力水平的比增长（specific increase）。这意味着，要在成本和复杂性之间进行权衡，这取决于 r，而生理/心理控制则取决于 ω。被诱导的重力水平作为旋转速率和直径的函数如图 3.13 所示。

由于向心加速度是半径的线性函数，所以从栖息地中心到外边缘有一个线性的重力梯度。任何物体在栖息地中心的重量基本上都比

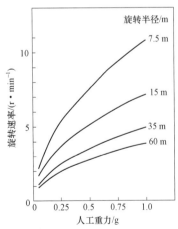

图 3.13　旋转速率、旋转半径与所诱导重力水平之间的关系

较轻，而在外缘的重量最大。物体在从任意外半径 R_a 向任意内半径 R_b 的平移过程中，所经历的重量变化百分比 $\Delta G/G$ 可以用以下公式表示：

$$\frac{\Delta G}{G} = \frac{R_a - R_b}{R_b} \tag{3.10}$$

到目前为止，旋转栖息地最显著的影响是由科里奥利力（F_c）引起的。科里奥利力作用于在旋转系统中随速度 v 线性运动的任何物体，其大小为：

$$\overline{F_c} = 2(\overline{w} \times \overline{v}) \tag{3.11}$$

因此，任何在不平行于旋转轴方向上运动的物体，都会以表 3.7 所示的方式受到科里奥利力的作用。科里奥利加速度（A_c）被定义为：

$$A_c = \frac{F_c}{m} \tag{3.12}$$

表 3.7　物体在旋转栖息地中运动时的科里奥利力方向

物体运动方向	科里奥利力的方向
从 R_a 径向至 R_b	旋转方向
从 R_b 径向至 R_a	与旋转方向相反
与旋转方向相切	径向向外（"物体变重"）
与旋转方向反向相切	径向向内（"物体变轻"）

在图 3.14 中，科里奥利加速度是旋转半径、人工重力水平和旋转速率的函数。

受试者在旋转环境中的运动会引起身体感官系统的特殊刺激。当围绕不平行于系统旋转轴的轴进行角运动时（$\overline{\omega}_1 < \overline{\omega}_2$），科里奥利交叉耦合角加速度会在旋转环境中产生。这将产生回转力，从而会引起眩晕、定向障碍或恶心等症状。这些症状被称为运动病。迄今为止，对旋转栖息地最完整的模拟是由北美罗克韦尔空间部（North American Rockwell Space Division）进行的。该部门以 22 m 为旋转半径，让 4 个人旋转了 7 d。我们为了持续获得最大角速度，拟提出以下三点建议。

（1）1 r/min 的速度甚至对那些易受前庭效应影响的受试者没有影响。

（2）在 4 r/min 的速度下，有些人会自然地对运动病有免疫，而有些人会得运动病，但几天后就会适应。

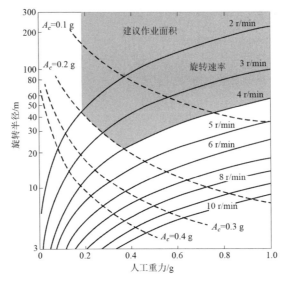

图 3.14　科里奥利加速度（A_c）与人工重力、旋转半径及旋转速率之间的关系

（3）如果从静止环境到 10 r/min 环境的转变是突然的，那么 10 r/min 的速度会导致大多数人出现科里奥利病。如果逐步增加角速度，则受试者可以适应 10 r/min。

显然，如果要认真考虑为未来的空间栖息地提供人工重力，就必须研究以下几个问题。

（1）对于任何生物系统，需要或可接受的重力水平和重力梯度是多少？

（2）旋转半径和角速度的生理限制即科里奥利效应是什么？

（3）旋转半径和角速度的工程/成本限制是什么？

（4）所有工程系统在这种情况下还能正常运行吗？

（5）需要采取什么对策？

■ 3.3　真空

由于自由空间为真空条件，因此必须考虑以下因素：①传热只能通过辐射实现；②耐压外壳对于容纳设备、材料和航天员是必要的；③材料会受到以下几个方面的影响。

3.3.1　温度影响

真空，对自由空间的主要影响之一是传热只能通过辐射实现。下面给出一种确定航天器或空间站温度的方法。

首先，平衡温度受到航天器座舱内部产生的能量、来自外部的能量和向外部排出能量等的影响。基本上，在太阳系的自由空间中，太阳是电磁辐射的唯一来源。

能量可被从航天器辐射出去。可以假设自由空间的背景温度 $T_{太空}=4\,\mathrm{K}$。然而，在较低的星球轨道中，也必须考虑到反射太阳能输入。因此，将任何航天器在任何星球的低轨道上飞行时的能量平衡可以写成

$$Q_{太阳}+Q_p+Q_i=Q_{s,太空}+Q_{s,p} \tag{3.13}$$

航天器太阳能输入　　　　　$Q_{太阳}=\alpha_s A_\perp I_{太阳}$

星球反射的太阳能输入　　　$Q_p=a\alpha_s f_{s,p} A_s I_{太阳}$

内部生成的能量　　　　　　Q_i

航天器向太空辐射的能量　　$Q_{s,太空}=\sigma\varepsilon_s f_{s,太空} A_s(T_s^4-T_{太空}^4)$

航天器向星球辐射的能量　　$Q_{s,p}=\sigma\varepsilon_s f_{s,p} A_s(T_s^4-T_p^4)$

星球反照率（表 3.8）　　　a

表 3.8　星球反照率比较

太阳系星球名称	反照率
水星	0.096
金星	0.76
地球	0.39
月球	0.07
火星	0.25
木星	0.51
土星	0.42
天王星	0.66
海王星	0.62
冥王星	0.63

航天器表面吸收率　　　　　α_s

航天器表面发射率　　　　　ε_s

航天器到太空的视角系数	$f_{s,空间}$
航天器温度	T_s
空间背景温度	$T_{空间}$
太阳能通量	$I_{太阳}$
航天器面积	A_s
航天器投影面积	$A_\perp$
航天器到星球的视角系数	$f_{s,p}$
星球温度	T_p
斯蒂芬 – 玻尔兹曼常数	σ [$\sigma = 5.67 \cdot 10^{-8}$ W/ (m² · K⁴)]

假设 $T_{空间} \approx 0$ 和 $F_{s,太空} + F_{s,p} = 1$，那么在平衡条件下，能量平衡方程则是：

$$\sigma \varepsilon_s A_s F_{s,p} T_p^4 + Q_{太阳} + Q_p + Q_i = \sigma \varepsilon_s A_s T_s^4 \qquad (3.14)$$

在自由的太空环境条件下，该方程可被简化为：

$$Q_{太阳} + Q_i = \sigma \varepsilon_s A_s T_s^4 \qquad (3.15)$$

进而得出航天器的平衡温度：

$$T_s = \sqrt[4]{\frac{\alpha_s A_\perp I_{太阳} + Q_i}{\sigma \varepsilon_s A_s}} \qquad (3.16)$$

3.3.2　建立加压环境的必要性

由于自由空间为真空条件，因此有必要提供加压的外壳，以容纳设备、材料，当然还有航天员。这种加压外壳的设计应该具有自动防止故障的功能。特别是，不能因为一个洞而导致舱室完全解体，因为航天员在航天器突然降压后只能生存大约 15 s。另一个重要的方面是，任何加压航天器或空间站在自由空间真空中的泄漏问题。像任何压力容器一样，它会通过多种过程释放气体，例如，通过舱壁扩散，通过密封垫泄漏，通过气闸舱操作放气或开孔泄漏。重要的是要注意，一般来说，气体损失率与内部压力成正比，因此从这一观点来看，内部压力应该尽可能低。事实上，任何气体泄漏均会导致需要重新补给气体，即使在未来的生物再生生命保障系统中也是如此。当然，这种再供应必须要在质量计算中将其考虑进去。

3.3.3　材料特性

由于自由空间是真空状态，所以材料会受到以下几个方面的影响。

（1）释气。附着在材料表面的气体层会消失。

（2）升华蒸发。材料的蒸汽压越高，那么每秒从单位面积表面升华的质量就越大。

（3）扩散。由于它们之间没有气体层，所以固体材料可以紧密接触。这可能会导致一种通过材料相互扩散的冷焊过程（cold welding process）。

因此，为了避免材料的失效，那么对暴露于自由空间真空中材料的选择、表面状况和表面处理等则至关重要。

3.4　磁场

地球所具有的磁场（以下简称为地磁场）可以近似地被描述为偶极磁场（dipole magnetic field），其位于离地球中心约 500 km 处，并向旋转轴倾斜 11.5°。该磁场在几个月的时间内都会相当稳定，但是一些干扰会导致其在几天、几小时或几分钟内发生变化。地磁场对太空飞行的主要效应是捕获带电粒子，因此就会导致在地球周围出现范艾伦带。地磁场的次级效应是在运动物体中进行电磁和磁诱导。

如果没有星际间的等离子体，地球的偶极磁场将会向各个方向无限延伸。然而，地磁场对太阳风造成了一种半透性障碍，由此产生的相互作用会导致形成一个空腔，而大部分等离子体在这个空腔周围流动，此即为磁层（magnetosphere）。磁层顶（magnetopause）是被压缩的地磁场的向外力与等离子体风（plasma wind）的力相平衡的"表面"。当太阳风遇到磁层时，则会在磁层顶的前方形成一种被称为弓形激波（bow shock）的冲击波（shock wave）。大部分太阳风等离子体（solar wind plasma）直接围绕着磁层，而且其并不比磁层更接近地球。由此产生的磁层形状像一颗子弹，其在向阳的一侧相当钝，而在背阳的方向上几乎是一个很长的圆柱形。磁层顶发生在朝向太阳一侧大约 10 个地球半径（10 RE）处，而地磁尾远远超出了月球轨道（60 RE）。弓形激波的鼻部大约在 15 RE 处形成（图 3.15）。

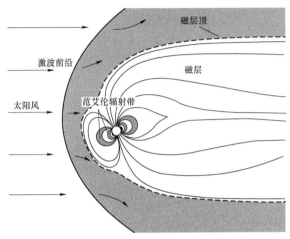

图 3.15　地磁层结构示意图

与太阳风等离子体相互混合的是太阳的背景日冕磁场（background coronal magnetic field），它被不断膨胀的太阳风捕获或"冻结"。这种所谓的星际磁场的磁力线呈螺旋状。这是由于太阳风将磁场的两端带出，但仍然被旋转的太阳所吸引。在地球上，星际磁场的强度约为 5×10^{-5}G，这大约是地球表面磁场的万分之一倍。

3.5　星球当地环境

本节概述了月球和火星的参数、表面环境、表面的物理性质与资源。这两个天体是未来载人航天的主要目标。太阳系的其他星球和卫星不在此介绍之列，因为在可预见的未来，前往这些星球和卫星的载人任务，要么不可能，要么是不予考虑。

3.5.1　月球

1. 月球参数

月球约每 4 周绕地球运行一圈。由于月球的公转周期和自转周期重合，所以月球总是同一面对着地球。准确的月球及其轨道特征见表 3.9 和表 3.10。

表 3.9　月球的基本物理学特征

质量/kg	平均密度/ （kg·m⁻³）	半径/km	重力加速度/ （m·s⁻²）	逃逸速度/ （km·s⁻¹）	反照率
7.359×10^{22}	3 340	1 738	1.62	2.38	0.07

表 3.10　月球轨道参数

参数类别	参数值
半长轴平均值/km	384 400
近地点/km	364 400
远地点/km	406 730
椭圆率	0.002
轴向黄道的倾角	1°32′
月球赤道向月球轨道平面的倾角	6°41′
月球轨道平面向黄道的倾角	5°9′
恒星月/d	27.32
朔望月/d	29.53

2. 月球表面环境

这里，就月球表面环境的典型特征概括如下。

1）电磁辐射和光照条件

月球表面太阳辐射的总输入与地球大气层以上的辐射总输入相等，即为 1 390 W·m^{-2}。在赤道和离两极很近的高纬度地区以外的其他所有地区，均有一个 14 d 黑夜和另外一个 14 d 光照的循环周期。在两极，由于轨道参数的关系，太阳高度角只有±1°32′，因此其周期为 1/2 年为昼而 1/2 年为夜。

2）大气

月球上基本不存在大气（压力小于 10^{-13} bar），这是由于月球的低重力无法留住像氢或氧这样的轻原子。因此，在月球上发现的轻原子基本上是由太阳风提供的。

3）温度

在月球赤道，温度（$T_{赤道}$）在一个太阴日的变化范围在 $-193 \sim 117$ ℃。温度的变化取决于热力参数 γ。该参数决定了材料的加热或冷却速度。在 1 m 深度以下，温度可被假设恒定在 -43 ℃左右。在高纬度地区，美国 NASA 建议对给定纬度 β 进行以下近似计算：

$$T = T_{赤道} \cos^{1/4} \beta \tag{3.17}$$

月球两极的温度基本上是未知的，但估计在一些永久性的阴影区域温度会低至 -233 ℃。

4）紫外辐射

在月球表面输入的总紫外线辐射大约是地球表面的两倍,这与近地轨道上的一样。而一些材料, 如塑料, 可被紫外线破坏,因此植物可能需要屏蔽保护。

5）电离辐射

月球没有大气,因此在月球表面上电离辐射无法被自然屏蔽。然而, 月球本身就是一个屏障,因为在它的表面上辐射不像在自由空间中那样来自四面八方。因此,在太阳活动极小期月球表面上的大致剂量如下:

太阳风	0.5 Sv/年
GCR	0.2 Sv/年
太阳耀斑	1～50 Sv/事件

尽管如此, 月球基地中的乘员仍然需要防护。植物可能需要较少的防护。月球风化层可以起到屏蔽作用。尽管该物质不是一种理想的屏蔽材料,但它存量丰富且可免费获取。

6）陨石环境

对于月球环境, NASA 给出了以下每年陨石的累积模型:

$$\log N_t = -14.597 - 1.213 \quad \log m \quad 10^{-6} < m < 1 \qquad (3.18)$$

$$\log N_t = -14.566 - 1.584 \quad \log m - 0.063 \quad \log m^2 \quad 10^{-12} < m < 10^{-6} \qquad (3.19)$$

式中:N_t 为每平方米每秒钟质量为 m 或更大时的粒子数;m(g)为质量。

由于月球的屏蔽作用,因此月球基地只接收到一半的粒子数。

7） 磁场

月球上没有偶极磁场,其实际磁场很小,因此可被忽略不计。

3. 月球表面的物理性质

测量结果表明, 上述的月球风化层（regoliths）, 又叫月球土壤（lunar soil）,简称月壤, 主要由氧（42%）、硅（21%）、铁（13%）、钙（8%）、铝（7%）和镁（6%）组成。热惯性参数 γ 决定土壤的冷却速率,例如, 岩石较风化层冷却和升温得都要快。其导热系数很低［与聚苯乙烯泡沫塑料（Styrofoam）的相似］。月壤的比热容（specific heat capacity）与砖块的相当, 约为水比热容的 1/5。在表 3.11 中,列出了月球表面的几种物理特性。

表 3.11 月球表层特性

热惯性参数 γ/ $(cm^2\ s^{1/2}\ K\cdot J^{-1})$	密度 ρ/ $(kg\cdot m^{-3})$	比热容 c/ $[J\cdot(kg\cdot K)^{-1}]$	导热系数 k/ $[W\cdot(m\cdot K)^{-1}]$
5.97～334	500～3 000	755～1 007	2.14×10^{-3}～1.13

从地质学上讲，人们可以区分月海（marae）和月陆（terrae）（高原地区）。月海是黑暗平坦的平原（盆地的底部）。它们通常只能在月球的近侧被发现，因为月陆比月海更亮也更古老，而且有密集的陨石坑。它们覆盖了整个远侧和部分近侧。月海和月陆的土壤都由级配良好的砂质粉土组成，平均粒径为 0.04～0.13 mm。在表 3.12 中，汇总了阿波罗任务期间采集的样品组成分析结果。

表 3.12 月球土壤（月海和月陆）的基本化学组成分析结果　　单位：%

化合物	月海岩石	月陆岩石
二氧化硅（SiO_2）	37.6～48.8	44.3～48.0
二氧化钛（TiO_2）	0.29～12.1	0.06～2.1
三氧化二铝（Al_2O_3）	7.64～13.9	17.6～35.1
氧化亚铁（FeO）	17.8～22.5	0.67～10.9
氧化锰（MnO）	0.21～0.29	0～0.07
氧化镁（MgO）	5.95～16.6	0.8～14.7
氧化钙（CaO）	8.72～12.0	10.7～18.7
氧化钠（Na_2O）	0.12～0.66	0.12～0.8
氧化钾（K_2O）	0.02～0.096	0～0.54
五氧化二磷（P_2O_5）	0～0.15	—
陨石硫（S）	0～0.15	—
三氧化二铬（Cr_2O_3）	0～0.7	0.02～0.26

4. 月球资源

如前所述，至少从理论上许多物质在月球上是可以得到的，如水、氧化钙、二氧化硅、氧化铝、玻璃和金属（如铝、铬、铼、镁、镍、钛）。风化层可被用作辐射屏蔽层和隔热层。

钛铁矿（ilmenite）的还原是一种很有前途的加工方法。以下所提出的两种与氢和甲烷的反应，可分别产生铁、水和二氧化碳：

氢还原：$FeTiO_3 + H_2 \rightarrow Fe + TiO_2 + H_2O$ （3.20）

碳甲基还原：$4FeTiO_3 + CH_4 \rightarrow 4Fe + 4TiO_2 + 2H_2O + CO_2$ （3.21）

电解水可产生氢和氧。表 3.13 总结了几种提取氢、氧和水的主要技术。

表 3.13　月球土壤中氢、氧和水提取备选技术

项目	提取备选技术	基本要求
氢提取	微波降解	大功率需求
	微生物提取	取决于氢化酶是否能够得到分子氢；此外，月球土壤不得对细菌有毒
	气体热释放	大功率需求
氧提取	碳热处理（在钛铁矿加工中利用碳代替氧）	大功率需求；高压
	硅酸盐电解	大功率需求
	分解蒸馏	极高温
水提取	钛铁矿的氢还原	大功率需求

3.5.2　火星

1. 火星参数

红色的火星是离太阳第四远的星球，其基本特征为小型、寒冷、干燥且大气稀薄。尽管如此，它拥有太阳系中最温和的非地球环境，也是人类最有可能进行长期载人探索的星球。准确的火星及其轨道特征分别见表 3.14 和表 3.15。

表 3.14　火星的基本物理学特征

质量/kg	平均密度/ $(kg \cdot m^{-3})$	半径/km	重力加速度/ $(m \cdot s^{-2})$	逃逸速度/ $(km \cdot s^{-1})$	反照率
6.418×10^{23}	3 933	3 397	3.72	5.04	0.25

表 3.15　火星轨道参数

半长轴平均值/km	$2.279\ 4 \times 10^8$
近日点/km	$2.066\ 5 \times 10^8$
远日点/km	$2.491\ 8 \times 10^8$

续表

椭圆率	0.093 387
轨道倾角	1° 50′ 59.28′
旋转轴倾角	25°
轨道平面向黄道的倾角	5° 9′
恒星年/d	686.98
会合周期（地球-火星之间的对立时间）/d	779.95
恒星日（自转周期）	24 h 37 m 22 s
太阳日（昼夜交替周期）	24 h 39 m 35 s
地球-火星相对距离/km	40.1×10^7（最大值） 5.6×10^7（最小值）

2. 火星表面环境

这里，就火星表面环境的典型特征概括如下。

1）太阳辐射

火星表面太阳辐射的总输入强度平均约为 615 W·m^{-2}。近日点最大辐射输入强度为 718 W·m^{-2}，远日点最小辐射输入强度为 493 W·m^{-2}。

2）大气

火星大气的标称压力为 7 mb。由于极地冰帽的凝结，所以压力会随季节发生变化，变化率约达到 25%。火星大气基本上由二氧化碳组成。火星低层大气的详细组成见表 3.16。地面风速平均水平为 2～9 m·s^{-1}。大气的最大风速可达到 60～80 m·s^{-1}。均质大气高度（scale height）为 11 km。

表 3.16　火星低层大气的详细组成

气体	二氧化碳/%	氮气/%	氩气/%	氧气/%	一氧化碳/%	水/%	氖气/(μmol·mol^{-1})	氪气/(μmol·mol^{-1})	氙气/(μmol·mol^{-1})
体积	95.3	2.7	0.16	0.13	0.07	0.03	2.5	0.3	0.08

3）温度

在火星表面，不同地区的环境温度差异很大。标称温度值为 −58 ℃，温度范围为 −143～27 ℃。

4）紫外辐射

在火星表面，太阳紫外线的标称总通量为 $10 \text{ J} \cdot \text{m}^{-2} \cdot \text{s}^{-1}$。

5）电离辐射

火星周围的自由空间环境由不断流动的太阳风粒子和 GCR 组成，偶尔会因随机的太阳耀斑事件而增强。由于火星没有足够强的磁场来使带电粒子发生偏转，因此许多高能粒子都能到达外层大气。火星大气起到了对 GCR 和 SCR 的屏蔽作用，其屏蔽量取决于大气的组成和结构。对于低密度模型，假设表面压力为 0.59 kPa，那么在垂直方向可提供 $16 \text{ g} \cdot \text{cm}^{-2}$ 的屏蔽。对于高密度模型，假设表面压力为 0.78 kPa，则在垂直方向可提供 $22 \text{ g} \cdot \text{cm}^{-2}$ 的屏蔽。

6）磁场

测量结果表明，火星的磁偶极矩（magnetic dipole moment）小于 $10^{22} \text{ G} \cdot \text{cm}^{-3}$。

3. 火星表面的物理性质

按照地球或月球的标准来衡量，目前尚缺乏对火星表面岩石和沉积物的矿物学与组成的了解。在海盗 1 号着陆点，大约 50% 的火星土壤成分没被直接测定出来。被检出的元素主要有硅（21%）、铁（13%）、镁（5%）、钙（4%）、铝（3%）、硫（3%）。火星土壤的一些参数见表 3.17。

表 3.17　火星表层特性

热惯性参数 γ/ $(\text{cm}^2 \text{ s}^{1/2} \text{ K} \cdot \text{J}^{-1})$	密度 ρ/ $(\text{kg} \cdot \text{m}^{-3})$	比热容 c/ $[\text{J} \cdot (\text{kg} \cdot \text{K})^{-1}]$	导热系数 k/ $[\text{W} \cdot (\text{m} \cdot \text{K})^{-1}]$
24～144	3 933	625～800	8.5×10^{-3}～8.5×10^{-2}

从地质学上说，在火星表面上人们可以分辨出一个大圆的南北两个半球，这个大圆大约向赤道倾斜 35°。在这条边界以南，以古老的坑洼高地为主，而在这条边界以北，则主要是年轻的坑洞和平坦平原。海盗 1 号所进行的火星土壤样品化学成分分析的简要结果见表 3.18。

表 3.18　海盗 1 号登陆处火星土壤的化学成分简要分析结果　　　　（单位：%）

化合物	二氧化硅	氧化铝	氧化铁	氧化镁	氧化钙	氧化钾	二氧化钛	三氧化硫	氯化物
质量	44.7	5.7	18.2	8.3	5.6	<0.3	0.9	0.77	0.7

4. 火星资源

事实上,在 3.5.1 小节所述的月球资源利用原则和技术也基本适用于火星资源。然而,与月球资源的主要区别在于,构成火星大气 95% 的二氧化碳可以成为制造关键产品的重要原料。仅通过压缩大气就能得到二氧化碳,并可按下列方式对其加以利用。

（1）直接保障植物生长。

（2）在 800~1 000 ℃下,通过氧化锆电解池产生氧气（20%~30% 的二氧化碳被解离）：

$$2CO_2 \rightarrow 2CO + O_2 \tag{3.22}$$

（3）如果从地球中供应氢（燃烧）,则氧可被转化为水：

$$O_2 + 2H_2 \rightarrow 2H_2O \tag{3.23}$$

也许,还可以从火星的地下永冻土等环境中获得水,那么这也可被作为氢的来源即通过（水电解）：

$$2H_2O \rightarrow 2H_2 + O_2 \tag{3.24}$$

第 4 章
生命保障系统构建基础

4.1 定义

从热力学角度来说，人作为一种生物是一个开放的系统，即人与环境进行物质和能量交换，以此维持自身的结构。人生活在密闭的地面生命保障系统中，该系统被称为"生物圈"。就物质而言，生物圈基本上是一个密闭系统，但就能量而言，它是一个开放系统。因此，用于太空飞行而开发这些技术是必要的，以确保人在脱离其原始生物圈时的生物自主性，即为任何类型的航天器、空间站或星球基地的航天员提供受控的且生理上可接受的环境——生命保障系统。

生命保障的传统组成部分是空气（也叫大气。译者注）、水和食物。除了这些明显的需求外，还必须考虑可居住性。这是指那些使生活愉快和/或令人满意的人为因素（human factor）。除了生物因素外，某些物理因素也很重要，其包括振动、噪声、热和压力要求、电离和非电离辐射、电磁辐射和引力效应。基本上，可将生命保障系统分为五个主要领域，见表 4.1。

表 4.1　生命保障的主要领域

生命保障领域	目标
大气管理	大气成分控制，温度和湿度控制，压力控制，大气再生，污染控制，通风控制

续表

生命保障领域	目标
水管理	提供饮用水和卫生用水，回收和处理废水
食物生产与储存	食物供应和潜在生产
废物管理	收集、储存和处理航天员产生的废物与垃圾
航天员安全	火灾探测与扑灭，辐射防护

在太空中，满足航天员生命保障需求的唯一实际可行的方法如下。

（1）在任务开始时发射所有必需的消耗品。

（2）在任务期间补给消耗品。

（3）在轨回收生命保障材料。

（4）利用原位资源（in-situ resource），如在星球基地中采用。

历史上，空气、食物和水都被随飞船携带，而废物被储存起来并被带回地球。这些开环生命保障系统已被非常成功地应用于短期的太空飞行任务。然而，随着太空飞行任务时间的延长，供应负荷会越来越重，补给也会变得难以进行。因此，为了回收消耗品而有必要为未来的长期太空飞行任务引入再生生命保障系统。

4.2 生命保障系统分类

生命保障功能可分为两类：非再生功能和再生功能。非再生功能是指不进行回收的过程，如系统监控或弥补系统泄漏所造成的损失。再生功能包括再生生命保障资源，如水、氧气和食物，这些资源有可能被重复利用。

提供供应功能而不回收生命保障资源的系统被称为开环系统（open-loop system），而回收生命保障资源的系统被称为闭环系统（closed-loop）。在开环系统中，物质不断地会从系统流入和流出。在这种情况下，所有的食物、水和氧气都来自储存。所供应的资源数量必须等于任务期间所被利用的资源数量。开环技术简单而高度可靠，因此到目前仍被广泛应用于载人航天领域。然而，一般来说，开环系统的一大缺点是随着任务持续时间和乘组规模的增加，资源需求量会持续呈线性增长。在闭环情况下，最初的资源供应来自地球，然后对无用的废物进行处理，以回收利用其中有用的资源。随着循环闭合度的升高，需要进行予以的资源数量会减少。闭环系统的最大优点是一次性将处理设备硬件和初始资源补给品均运达轨道，同时可以显著减少不可回收的损耗品和处理器消耗品的后续再补给量。然而，其缺点是迄今为止的技术成熟度（technology readiness level，TRL）较低，而且功率和热需求量较高。

提供再生功能的闭环技术，可以采用物理－化学过程（physico-chemical process）和/或生物过程（biological process）。包含物理－化学和生物过程的系统被称为混合式生命保障系统（hybrid life support system，HLSS）。物理－化学过程包括利用风扇、过滤器、物理或化学分离及浓缩过程等。生物或生物再生过程（bioregenerative process）利用生物体，如植物或微生物来产生或分解有机分子。传统上，物理－化学过程被用于提供生命保障。它们具有被了解较多、相对紧凑、维护成本低及响应时间短等优点。然而，这些过程需要消耗大量能源，生产成本高，无法补充粮食储备而导致粮食仍然需要补给。因此，固体废物必须被收集、预处理和储存。相反，生物过程存在被了解较少、往往体积较大、功率较大、需要经常维护以及响应时间较长等问题，但其具有提供食物的潜力。

■ 4.3　设计和开发注意事项

开展航天器生命保障系统的设计时需遵循一个共同的目标，即在一个孤立的空间中保持适合于任务期间航天员健康和系统安全的环境。虽然生命保障系统的设计源于这一目标，但它将在很大程度上取决于几个特定而有约束性的要求。一些约束与技术相关，而另一些约束则来自对航天员、特定任务、系统、安全和测试需求或成本方面的考虑。一般来说，简单的设计最可靠且最容易操作。从安全的角度考虑，重要的是设计时要考虑故障容差（tolerance to failure），这样一个部件的故障将不会导致危险情况的发生。将一种环境受控的生命保障系统（environmentally controlled life support system，ECLSS）设计为具有失效保护（fail-safe）或故障操作（fail-operational）的能力，那么对其重要性怎么强调都不为过。失效保护被定义为"维持故障并保持航天员安全和任务操作的能力"。故障操作是指"维持故障并保留全部操作的能力"。总之，设计者主要考虑的因素是以最合适的方式来满足规定的要求，并且要满足最小化系统总质量与任务质量之比、功耗、体积、补给和储存等要求，以便与安全性和可维护性要求相平衡。

开发 ECLSS 是一个迭代过程，其会涉及对技术和系统配置的评估、手工和计算机分析以及硬件与软件测试。最初，对简化方案进行评估，以确定它们的需求和约束条件，如由于发射运载火箭的限制而导致的质量限制，然后随着更详细的任务和技术信息的获得而进行改进，并对之进行细化。早期评估包括顶层权衡研究（top-level trade studies），其中候选技术的简单模型是根据任务需求而被用于确定最合适的技术。随着硬件逐渐成熟，可以更容易地确定特定任务的适用性，并在对集成系统测试之前开展进一步的开发和测试，以验证子系统的性能。随着设计和开发过程的推进，对任务的每个方面都进行了更加详细的定义，并最终形成一套详细的任务方案，其中所有方面都相互影响，并达到最佳平衡。这需要彻底了解任务、系统以及每个部件的需求和约束条件。

如前所述，人类在太空中的活动，已经从周期性但相对很短的太空飞行任务发展到美国航天飞机和俄罗斯空间站等相当频繁但仍较短的太空飞行任务，这些任务需要持续的任务支持。为了避免在未来的空间站和可能的星球基地上承受大量的补给负担，特别是对于氧气和水，今后必须采用闭环再生系统来逐步取代当今大部分的开环非再生系统。在这个渐进过程中，将闭合水、二氧化碳、氧气、氮气以及最终实现食物的循环。参与任务的航天员越多及任务持续的时间越长，则闭环会变得尤为重要。如表 4.2 所示，连续的闭环将促进所需相对供应量的减少。

表 4.2　连续闭环导致相对供应量的减少情况

步骤	方法	相对供应量/%
0	开环	100
1	废水回收	45
2	再生式二氧化碳吸收	30
3	从二氧化碳中回收氧气	20
4	利用回收的废物生产食物	10
5	消除泄漏	5

然而，减少闭环系统的物质补给必须与系统成本、电源需求、体积和其他有限的资源等进行权衡，例如，随着生命保障系统闭环程度的逐渐增加，其能源需

求会急剧升高。因此，系统闭环的最佳闭合度取决于任务性质。根据特定任务定制生命保障系统是一个多步骤的过程，这包括确定航天员需求和关键生命保障功能，确定提供这些功能的技术，并筛选最适合于该特定任务的技术。必须对特定任务进行评估，评估标准包括：①功率、重量和体积的相对成本；②原位资源的可利用性；③补给能力；④乘组规模和任务持续时间。表 4.3 所示为几种任务特性对生命保障系统设计的影响情况。

表 4.3　几种任务特性对生命保障系统设计的影响

任务特性	对生命保障系统设计的影响
乘组规模	随着航天员数量的增加会导致对消耗品的需求量增加
持续时间	飞行时间的增加会导致对消耗品和可靠性的要求增加
座舱泄漏	座舱泄漏增加会导致对所需的补给量增加
补给能力	补给困难增加会提高对消耗品储存及可靠性的需求
电能供应	电能紧缺驱使采用被动或低能耗系统
体积可用性	空间限制驱使采用体积更为紧凑的系统
运输成本	运输成本增加驱使降低系统和补给品的重量
重力	在预期重力下工作的过程选择
污染源	污染需要采取控制对策并提高系统的鲁棒性
原位资源利用（in-situ resource utilization，ISRU）	减少补给需求

在进行生命保障系统的设计中，至关重要的是对环路和几个子系统之间的相互关系进行定义。人及其需求是每种生命保障系统的关注焦点。图 4.1 中，显示了包含人的大气、水、废物和食物管理四个主要子系统的工作原理，以及它们之间的相互关系。由于泄漏和工艺条件的原因，所以并不是所有的循环都可以完全闭合，这样就需要持续不断地从外部输入食物、氧气和氮气，并持续不断地向外输出微量污染物、热量和不可回收的废物。通过采取适当的废物处理程序，则可以基本上形成养分、二氧化碳和水的闭环循环，从而避免从外部进行补给。

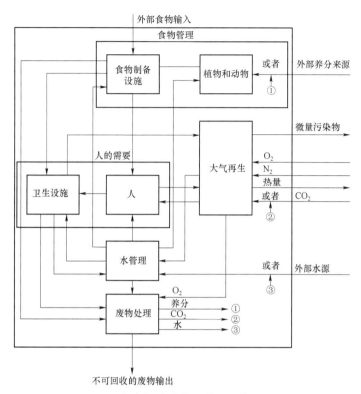

图 4.1　生命保障功能及其相互作用关系

在表 4.4 和表 4.5 中，分别概述了最重要的再生和非再生生命保障子系统及其功能，并指出了针对不同任务持续时间而应采用的相应子系统。

表 4.4　再生生命保障子系统及其功能

子系统	功能	需要执行的任务持续时间
氧气供应	满足航天员的新陈代谢需求（氧气储存或再生）	持续
二氧化碳还原	还原被去除的二氧化碳以闭合氧气循环	数月至数年
饮用水供应	满足航天员的新陈代谢需求（水储存或回收）	持续
卫生用水供应	个人卫生、冲洗、洗碗或洗衣服用水	持续/数月至数年
尿液处理	从尿液中回收水以减少其补给	数月至数年
废物处理	从固体废物中回收水和养分等	数年
食物供应	在轨进行食物储存、补给或生产	持续

表 4.5　具备再生功能的生命保障技术

尿处理	水处理	废物处理	O_2制备	CO_2净化	CO_2还原
热电集成膜蒸馏系统（TIMES）	反渗透（RO）	压实和储存	静态给水电解（SFE）	分子筛	博世反应（Bosch）
快速蒸发（FE）	多层过滤 —活性炭吸附 —离子交换吸附	焚烧	水蒸气电解	二氯乙烷（EDC）	萨巴蒂尔反应（Sabatier）
真空蒸馏/热解	超滤	湿氧化	二氧化碳电解	固态胺水解吸（SAWD）	碳反应器（CFR）
生物催化反应器	RITE 处理	RITE 处理	原位资源利用	光化学	光催化
空气（芯）蒸发	超临界水氧化（SCWO）	超临界水氧化（SCWO）	植物光合作用	氢氧化锂吸附	直接电解
尿液电解	植物分解代谢	电化学焚烧	低温储存	电反应运载（ERC）	催化分解
蒸汽压缩蒸馏法（VCD）	氧化法 —催化氧化法 —生物氧化法	生物分解	高压储存	植物光合作用	紫外光解
—	—	光催化氧化	—	—	植物光合作用

　　对特定应用技术的选择，在很大程度上取决于任务的特点，如乘组规模、任务持续时间及任务地点等。具备再生和非再生生命保障功能的技术见表 4.6 和表 4.7。第 5 章对这些技术将做进一步的介绍。

表 4.6　非再生生命保障子系统及其功能

子系统	功能	需要执行的任务持续时间
大气成分监测	监测气体分压、湿度、微粒等	持续
压力控制	维持精确的分压和总压	持续
温度控制	维持温度在允许范围内	持续
湿度控制	维持湿度在允许范围内	持续
微粒控制	过滤空气以去除微粒	数周至数年

续表

子系统	功能	需要执行的任务持续时间
微量污染物控制	监测和净化微量污染物	数周至数年
制冷	食物和可能的医疗补给用品保存	数月至数年
火警探测及灭火	检测和扑灭火灾	持续
水质监测	监测被处理过的水的质量	数月至数年
二氧化碳清除	储存或排放二氧化碳	持续
尿液与粪便清除	储存或排出尿液和粪便	数天至数年
废物清除	废物储存	数天至数年

表 4.7　非再生生命保障候选技术

微量污染物控制	温度控制	湿度控制	氮气补充	悬浮微粒去除
吸附剂法 催化氧化法 真空暴露碳分子筛法 低温等离子体处理法	热交换器 电阻加热 相变过程 废热冷凝回收 直接太阳能加热	冷凝热交换器 干燥剂 分子筛 膜分离	低温储存 高压储存 肼分解 尿电解 原位资源利用	过滤器 静电沉淀

　　需要指出的重要一点是，没有一种生命保障系统对某个特定的任务而言是"最佳"的，更不用说对所有的任务。此外，在进行生命保障系统的实际设计和评估时，必须考虑它们与其他任务系统的相互作用关系。

4.3.1　人的需求

　　根本来讲，维持人的生命是任何生命保障系统的基本目标。其首先要满足航天员的身体需求，其次还要满足他们的心理需求，这是设计和开发过程中的基本驱动力。在这种情况下，可能需要知道的是，人类在没有氧气的情况下只能生存 4 min，在没有水的情况下能够生存 3 d，而在没有食物的情况下能够生存 30 d。宜居性是一种通称，指环境可被接受的程度。该术语包括在任何太空基地驻留期间（即工作时间和休息时间）保障航天员健康和福祉的质量标准。可将代表基本宜居性水平的要求细分为三类：人需要适宜的环境、需要一定的消耗品和产生一些废物。这三种类型所涵盖的内容以及人与其他生命保障子系统的接口关系如图 4.2 所示。

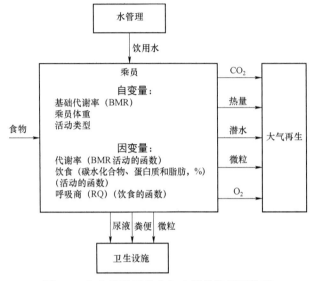

图 4.2　生命保障系统中与人相关的界面关系

对于如空间站或星球基地之类的永久载人系统,还必须考虑更多的宜居性和人的因素,以引入更高的可居住性而保证长期的驻留时间。它不应仅仅局限于保障个人的身体健康,因为经验表明,随着时间的推移,孤立和禁闭的副作用会越来越突出。在表 4.8 中,列出了基本的和长期的宜居性需求。

表 4.8　宜居性需求

基本宜居性	长期宜居性
气候	人员组成
光照	人际关系
颜色和表面	危机管理
装饰	动机
辐射	交流
污染控制	进餐时间
气味	隐私
噪声	心理关怀
振动	休班功能

基本宜居性	长期宜居性
加速度	—
室内空间/布局	—
卫生	—
食物	—

1. 环境方面

"环境方面"一词概括了航天员对可呼吸并舒适的大气、各种辐射防护以及可能提供的人工重力的需求。本章介绍了对辐射、代谢和环境的要求以及边界值。由于关于微重力对人体的长期影响尚不明了，因此这里不能给出具体的要求。如 3.2 节所述，似乎在微重力条件下驻留一年以上会导致生物医学适应症（biomedical indication），因此需要频繁交换空间站上的航天员。在这种情况下，可能无法在微重力条件下持续生活，否则有必要通过空间站或基地的旋转来创造人工重力。

1）辐射要求

由于电离辐射暴露的限制，美国国家辐射防护与测量委员会（U.S. National Council on Radiation Protection and Measurement）的数据可被应用于航天员的太空活动。这些值如表 4.9 所示。

表 4.9　电离辐射暴露限值

暴露时间	造血器官（Sv） 5.0 cm 深度	眼睛（Sv） 0.3 cm 深度	皮肤（Sv） 0.01 cm 深度	睾丸（Sv） 3 cm 深度
1 d	0.002	0.003	6	0.001
30 d	0.25	1	1.5	0.13
90 d	0.35	0.52	1.05	0.18
1 年	0.5	2	3	0.38
职业	1～4*	4	6	1.5

注：职业深度剂量当量限值（career depth dose equivalent limit），是基于最高 3% 的超额终生癌症死亡风险。职业深度剂量当量限值等于：对于男性约为 2 + 0.075 Sv（年龄 30 岁），最大可达 4 Sv；对于女性约为 2 + 0.075 Sv（年龄 38 岁），最大可达 4 Sv。

关于辐射防护设计方面，即屏蔽、辐射监测、剂量测定和辐射源，在 3.1 节中已有过描述。辐射防护必须确保航天员所接受的剂量率（dose rate）保持在"尽可能低"（as low as reasonably achievable，ALARA）的水平，并且不超过最大允许剂量。在航天员的整个职业生涯中，应当监测航天员所累积的辐射剂量当量。因此，应保持职业或任务期间的剂量当量水平尽可能低，从而确保不超过职业剂量当量的最大限度。应提供辐射剂量管理系统，以跟踪航天员的累积辐射暴露记录，并向接近辐射剂量限度的航天员发出警报。为了在辐射紧急情况下对航天员进行保护，应提供应急预案。

对于非电离辐射，可采用美国国家标准协会（American National Standards Institute，ANSI）射频保护指南（radio frequency protection guides，RFPG）的射频（radio frequency，RF）电磁场暴露限值，见表 4.10。

表 4.10　射频电磁场暴露限值

频率 f/MHz	E^2/V$^2 \cdot$ m^{-2}	H^2/A$^2 \cdot$ m^{-2}	功率密度/（mW $\cdot$ cm^{-2}）
0.3～3	400 000	2.5	100
3～30	4 000 $\cdot$ （900/f^2）	0.025 $\cdot$ （900/f^2）	900/f^2
30～300	4 000	0.025	1
300～1 500	4 000 $\cdot$ （f/300）	0.025 $\cdot$ （f/300）	f/300
1 500～100 000	20 000	0.125	5.0

对于紫外线 A（UV-A）（315～400 nm）的照射，曝光时间超过 1 000 s 时，入射到未被保护的皮肤上的总辐照度应小于 10 W $\cdot$ m^{-2}。对于曝光时间小于 1 000 s 的情况，辐射曝露量应小于 1 J $\cdot$ cm^{-2}。光化性紫外线（200～315 nm）在 8 h 内对未被保护的皮肤或眼睛上的照射阈限值（threshold limit value，TLV）见表 4.11。所被容许的紫外线照射量取决于每天的暴露时间和相对于在 270 nm（W $\cdot$ cm^{-2}）处的单色光源的有效辐照度（ $E_{\text{eff}} = \sum E_\lambda S_\lambda \Delta \lambda$ ， E_λ =分光照度， S_λ =相对光谱效率），见表 4.12。

表 4.11　光化性紫外线对未被保护的皮肤或眼睛照射的阈限值（TLV）

波长/nm	200	210	220	230	240	250	254	260
TLV/（J·cm⁻²）	100	40	25	16	10	7	6	4.6
相对光谱效率（S_λ）	0.03	0.075	0.12	0.19	0.3	0.43	0.5	0.65
波长/nm	270	280	290	300	305	310	315	
TLV/（J·cm⁻²）	3	3.4	4.7	10	50	200	1 000	—
相对光谱效率（S_λ）	1	0.88	0.64	0.3	0.06	0.015	0.003	

表 4.12　所被允许的紫外线暴露量

每天暴露时间	8 h	4 h	2 h	1 h	30 min	15 min	10 min
有效辐照度/（W·cm⁻²）	0.1	0.2	0.4	0.8	1.7	3.3	5
每天暴露时间	5.0 min	1.0 min	30.0 s	10.0 s	1.0 s	0.5 s	0.1 s
有效辐照度/（W·cm⁻²）	10	50	100	300	3 000	6 000	30 000

另外，为了保护航天员免受非电离辐射的侵害，必须为射频和光辐射的安全操作而提供监测和警报系统、保护措施和安全计划。

2）航天员代谢率和环境要求

航天员代谢率和环境要求也是生命保障系统设计的重要决定因素。以下各段介绍了针对航天器座舱内可呼吸大气的要求。相关参数包括大气成分和压力、温度、相对湿度以及座舱大气中的污染物含量。所提供的氧分压必须能够满足新陈代谢的需要。温度和相对湿度必须保持适当，而微量污染物必须是足够低，以避免造成不良影响。表 4.13 所示为有代表性的太空座舱环境要求，表 4.14 中列出一名航天员在航天器正常运行时的一般代谢值范围，表 4.15 中列出在座舱的标称代谢负荷。图 4.3 所示为美国空间站允许的温度和相对湿度。

表 4.13　太空座舱大气环境要求

大气参数	标称值
总压/kPa	99.9～102.7
氧分压/kPa	19.5～23.1
氮分压/kPa	79
二氧化碳分压/kPa	0.4

大气参数	标称值
温度/℃	18.3～26.7
相对湿度/%	25～70
风速/（m·s^{-1}）	0.076～0.203

表 4.14　一名航天员在航天器正常运行时的代谢值

参数	输入量/输出量/（kg·d^{-1}）
代谢氧消耗	0.636～1
二氧化碳生成	0.726～1.226
饮用水需求	2.27～3.63
代谢尿产生	1.27～2.27
食物需求（基于干灰重）	0.5～0.863
卫生用水需求	1.36～9

表 4.15　在座舱温度为 21 ℃时每人每天的标称代谢负荷

参数		代谢负荷/（kJ·h^{-1}）	持续时间/h	合计/kJ
显热负荷	睡眠	243	8	1 944
	轻度作业	333	5	1 665
	中度作业	344	9	3 096
	重度作业	354	2	708
	小计			7 413
潜热负荷	睡眠	74	8	592
	轻度作业	143	5	715
	中度作业	238	9	2 142
	重度作业	492	2	984
	小计			4 433
总代谢率［kJ·（人·d）$^{-1}$］				11 846

在人的肺部和动脉血中的标称氧分压为 13.4～13.9 kPa，而对于二氧化碳和水，该分压为 9.3～12 kPa。这样，在座舱大气中所需要的氧总压至少为 22.7 kPa。然而，假如氧分压过高，则可能会导致中毒效应，即组织多氧症（hyperoxypathy）。因此，在航天器座舱内氧分压在正常情况下必须是在 22 kPa，并通过补充氮气而将总压保持在 101 kPa。最低氧分压应约为 19 kPa，这可以维持人进行正常呼吸。另外，氧分压占总压的上限值不得高于 30%，以尽量减少材料着火；按照 2 h 的应急规范，生保氧分压最低为 13.4 kPa。

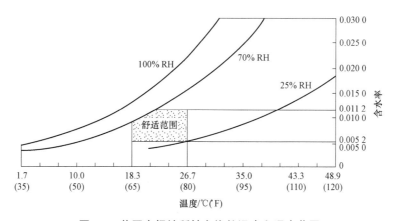

图 4.3　美国空间站所被允许的温度和湿度范围

地球大气中含有 0.03% 的二氧化碳。在空间站，二氧化碳由航天员代谢产生。二氧化碳浓度升高会引起多种生理不良反应，例如，会导致人体的呼吸率和心率加快，向脑部的血流加快、听力下降、精神萎靡、头痛、头晕、恶心、视觉辨别能力下降和意识不清等。在航天器上，针对短期飞行任务，二氧化碳允许分压可以高达 1.01 kPa，但对于长期飞行任务，则其允许分压只能低到 0.4 kPa。在紧急条件下，二氧化碳分压在短期内可被允许达到 1.59 kPa。

有关微量污染物的数据资料大多来自海底研究。大气中的微量污染物可能有多种来源，如储罐泄漏、代谢废物、来自食物的灰尘和流体颗粒、环境与飞行控制系统的泄漏、热反应产物及座舱材料的释气。为了便于参考，将航天飞机座舱内的最大允许微量污染物浓度列于表 4.16。

表 4.16 航天飞机座舱内的最大允许微量污染物浓度

微量污染物	分子量	最大允许浓度/（mg·m⁻³）
乙醇	32	10
乙醛	56	0.1
芳香族碳水化合物	78	3
酯	102	30
醚	68	3
氯碳化合物	93	0.2
氟氯碳化物	68	24
氟碳化合物	70	12
糖	72	3
无机酸	20	0.08
酮	142	29
硫醇	48	2
氮氧化物	46	0.9
有机酸	60	5
有机氮	46	0.03
有机硫化物	90	0.37
氨	17	17
一氧化碳	28	17
氰化氢	27	1

微量污染物的最大允许浓度还取决于任务的持续时间。美国 NASA 约翰逊航天中心（Johnson Space Center，JSC）的医疗小组，对在 1 h、24 h、7 d、30 d 和 180 d 内的航天器最大允许浓度（spacecraft maximum allowable concentration，SMAC）值进行了修订。

2. 食物及营养方面

为了维持人体的功能和结构，必须不断地提供带有能量的营养物质。营养物质是一种富含能量的物质，生物体会将其转化为能量较低的物质。主要的营养成分是碳水化合物、脂肪和蛋白质。营养物质降解所获得的能量只能被部分转化为功，因此根据热力学第二定律，能量以热的形式被释放出来。人体新陈代谢的能量取决于营养物质的种类。葡萄糖完全氧化的方程是：

$$C_6H_{12}+6O_2 \rightarrow 6CO_2+6H_2O+\Delta G(能量) \tag{4.1}$$

在生理条件下，$\Delta G = -2.86\,\text{MJ} \cdot \text{mol}^{-1}$。这意味着当氧化 1 mol 葡萄糖时，得到 2.86 MJ 能量，同时 6 mol $=6 \times 22.4$ L $=134.4$ L 的氧气被燃烧。呼吸商（respiratory quotient，RQ）表示几种营养物质在代谢过程中的参与程度：

$$RQ = \frac{所释放 CO_2}{所消耗 O_2} \tag{4.2}$$

对于不同的能量来源，如碳水化合物、蛋白质和脂肪，RQ 是不同的，平均值见表 4.17。此外，表 4.17 中显示了所需的主要营养物质和食物组成，它们会分别因活动、性别和年龄等不同而不同。

表 4.17　呼吸商、内能和对不同能源的日需求量

能量来源	RQ	内能/（kJ·g⁻¹）	日均需要量/[g·(人·d)⁻¹]	百分比/%
碳水化合物	1.0	17.22	300～600	10～18
蛋白质	0.8	17.22	50～300	20～40
脂类	0.7	39.06	50～150	50～60
西餐	0.8	—	—	—

人体的能量总预算（general budget），取决于个体的身高、体重、年龄和性别。成年男性的总需求量是 $4.2\,\text{kJ} \cdot (\text{kg} \cdot \text{h})^{-1}$，而成年女性的总需求量要低 10%。总预算从早晨开始进行，这样就得到了 1 名成年男性的日总能量预算，如表 4.18 所示。为便于比较，表 4.19 分别列出了给美国航天员和俄罗斯航天员所推荐的日营养摄入量。

表 4.18　成年男性的日能量预算

项目	能量消耗/（kJ·d⁻¹）
总预算	7 140
休息	8 400
休闲	9 660
工作	10 080～20 160

表4.19　美国航天员和俄罗斯航天员被推荐的日营养摄入量

营养物质	俄罗斯航天员	美国航天员
能量/kJ	13 400	9 600～12 950
蛋白质/（g·kg^{-1}体重）	1.5	0.8
脂肪/（g·kg^{-1}体重）	1.4	1.3
碳水化合物/（g·kg^{-1}体重）	4.5	4.8
磷/g	1.7	0.8
钠/g	4.5	3.5
铁/g	0.05	0.018
钙/g	—	0.8
镁/g	—	0.35
钾/g	—	2.7

饮食是人体能量供应和几种人体物质生物合成（新陈代谢）的基础。根据经验估计，在一年内，一个人大约需要3倍于其体重的食物、4倍于其体重的氧气以及8倍于其体重的饮用水。在一个人的一生中，这意味着要超过他体重的1 000倍。生物体不断进行的机械和化学活动，需要以营养物质的形式不断供应足够的能量。此外，激素、酶和抗体必须被重复合成。生物体在能量和代谢方面处于动态平衡状态。人的营养包括摄入的有机物质，如蔬菜、水果和肉类。有机体不断吸收营养、维生素、矿物质和水。

碳水化合物、脂类和蛋白质的内能可被相互替代。所谓营养物质的等力量（isodynamic amount）是

$$1 \text{ g 碳水化合物} = 1 \text{ g 蛋白质} = 0.44 \text{ g 脂类} \tag{4.3}$$

然而，由于相同能量所产生ATP（三磷酸腺苷）的量会有高达20%的差异，这取决于碳水化合物、蛋白质和脂肪的组合，因此利用等力（isodynamia）进行表述则会有很大的局限性。ATP是细胞中能量储存最重要的形式。此外，蛋白质不能完全被碳水化合物或脂类所取代，因为没有它们就无法合成必需氨基酸（amino acid）。关于大量营养物质的主要性质及其需求量，以及所需要的维生素和微量元素等见如下介绍。

1）碳水化合物

碳水化合物主要是多羟基羰基化合物（polyhydroxycarbonyl-compound）
$[C_x(H_2O)_n]$。日需求量为每千克体重 5～6 g。碳水化合物可提供人体所需能量的 50%～
55%。可提供碳水化合物的基本食物包括马铃薯和水稻等作物，还有糖及肉类等。

2）脂类

脂类为机体提供能量和必需脂肪酸，但它们也是许多生物合成过程的基础。必
需脂肪酸是某些生化过程中所需营养物质的一部分，但在机体内不能被合成。脂类
可提供人体所需能量的 25%～30%。日需求量是每千克体重 1 g。必需脂肪酸的最
低需求量为 10 g·d^{-1}。可提供脂类的基本食物有黄油、花生油、玉米油和鱼油等。

3）蛋白质

被用于人体代谢所需蛋白质的生物合成。根据蛋白质的组合，其每日需求
量为每千克体重 0.8～1 g。在生物体中，只有过剩的蛋白质被用于机体内的能
量生产。必需氨基酸是机体内不能合成的氨基酸。非常重要的必需氨基酸有异
亮氨酸（lsoleucine）、亮氨酸（leucine）、赖氨酸（lysine）、甲硫氨酸（methionine）、
苯丙氨酸（phenylalanine）、苏氨酸（threonine）、色氨酸（tryptophane）和缬氨
酸（valine）。鸡蛋、牛奶和肉类含有高达 50% 的必需氨基酸，而农作物会高达
30%。表 4.20 分别列出了男性和女性对必需氨基酸的日需求量。

表 4.20　男性和女性对必需氨基酸的日需求量

氨基酸种类		男性/（mg·d^{-1}）	女性/（mg·d^{-1}）
组氨酸		700	450
异亮氨酸		1 100	620
亮氨酸		800	500
蛋氨酸	不含胱氨酸	1 100	550
	包含 810 mg 胱氨酸	200	180
苯丙氨酸	不含酪氨酸	1 100	200
	包含 1 100 mg 酪氨酸	300	
苏氨酸		500	300
色氨酸		250	160
缬氨酸		800	800
赖氨酸		800	800

4）微量元素

微量元素是指在食物和有机体中出现的少量元素，可被分为必需的、非必需的（如金和银）和有毒的（如砷、铅和汞）三类微量元素。最重要的必需微量元素及其在生物体内的储量和日需求量如表 4.21 所示。

表 4.21　微量元素及其在生物体内的储量和日需求量

微量元素	生物体内储量/g	日需求量/mg
铁	4～5	10～12
锌	2～3	15
铜	0.10～0.15	1～5
锰	0.01～0.03	2～5
钼	0.001	0.2～0.5
碘	0.01～0.02	0.1～0.2
钴	0.01	<1
铬	0.006	0.02
氟	3	0.5～1.0

5）维生素

维生素是一种必不可少而且在生理上重要的有机化合物,其不能或只有在非常特殊的条件下才能在机体内被合成。因此，饮食中必须含有维生素和维生素原（provitamin，也叫前维生素或维生素前体物）。在表 4.22 中，给出了最重要的维生素食物来源及其日需求量。

表 4.22　维生素来源及其日需求量

维生素	食物来源	日需求量/mg
维生素 A	绿色蔬菜、胡萝卜、水果、牛奶、肝脏	0.8～1.2
维生素 D	肝脏、动物油	0.005～0.01
维生素 E	植物油、农作物	10～15
维生素 K	绿色植物、肝脏	0.07～0.15
维生素 B_1	肝脏、农作物、酵母	1.0～1.5
维生素 B_2	肝脏、牛奶、酵母	1.5～2.0

续表

维生素	食物来源	日需求量/mg
维生素 B_6	绿色蔬菜，酵母，肝脏，农作物	1.8～2.0
维生素 B_{12}	肝脏、鸡蛋、牛奶	0.005
烟酸	肝脏、酵母、牛奶	15～20
叶酸	绿叶蔬菜	0.4
泛酸	肝脏、鸡蛋、酵母	8
维生素 H（生物素）	肝脏、鸡蛋、酵母	0.1～0.3
维生素 C	柑橘类水果、马铃薯、绿叶蔬菜、红辣椒	75

目前，相对短期的太空飞行会提供各种新鲜和预先包装好的食品。菜单上的食品包括新鲜的脱水食品（汤和蔬菜）、中等水分的食品（如水果）、热稳定食品（如肉类或酸奶）以及天然食品（如坚果）。脱水食品需要添加热水或冷水，并需要一段时间来进行复水（rehydration）。在过去，热稳定食品主要是被罐装或装在可压缩软管中。如今，其被预包装在分层袋中。新鲜食品的使用会受到冷藏能力的限制。一个人可以迅速准备好一份预包装好的饭菜，尽管重新制作和加热可能需要 20～30 min。在苏联的空间站任务中，由进步号货运飞船定期补给新鲜食品，或者由来访的航天员进行补充。

在长期飞行任务中，如在月球前哨站或火星飞行中，可能需要进行一定程度的生物再生，因此，食品的多样性会非常重要。即使在生物再生系统中可以生产主要的营养物质，如碳水化合物、蛋白质和脂类，但是在整个任务中也应该携带足够量的调味料和特殊香料。从营养和饮食的角度来看，有必要将相对有限的生物量食材尽可能转化为营养均衡并在审美上令人愉悦的各种菜肴。在此之前，必须收集关于太空营养多个方面的资料，包括营养需求、饮食可接受性以及在有限的机械和动力资源下的食品加工与储存等情况。

目前，尚未有确凿的数据表明太空旅行会改变航天员对大量或微量营养的需求。从飞行前和飞行后的血液或组织样本分析中可以获得的信息很少。鉴于所讨论的许多血液参数可能会迅速发生变化，因此将飞行后数据作为飞行过程中状态的预测指标仅具有边际价值。为太空旅行者提供营养方面获得的一条重要经验，就是增加总能量摄入对保持体重非常必要。但是，根据现有的数据，似乎在大多数航天飞行期间，航天员摄入的热量比实际所提供的和建议的要少。航天飞行中出现的另一个重要问题是防止或改善负氮平衡（negative nitrogen balance）和氨基酸损失。根据现有知识，有人认为饮食和锻炼可能都起作用。

此外，在太空中也发现了低血糖和胰岛素的减少。与脂质水平和新陈代谢相关的飞行数据表明，它们与飞行前和飞行后的地面对照相比未发生变化。飞行前和飞行后血液中的维生素浓度与尿液中的没有明显变化。在太空飞行中，骨骼中的负钙平衡和骨质疏松样变化已经在前面提到过。由于钙从哺乳动物的骨骼中被迁移出来并随尿液被排出，因此似乎不太可能仅靠营养途径就能纠正失重对钙流失的影响。在早期的太空飞行中，人体的水和电解质代谢特别容易受到影响。在飞行几天后会达到一种新的平衡状态。满足整体营养需求的另一个方面会涉及胃肠功能。如果被摄入的营养其消化和吸收情况发生改变，则可能会导致营养不足。在飞行初期，似乎发生了重大的时间顺序变化，其中一些似乎与空间运动病（space motion sickness，SMS）有关。

除了食物，其他最重要的消耗品必然是氧气和水。作为一种指南，美国空间站氧气和水需求量的设计平均值见表 4.23。

表 4.23　美国空间站氧气和水需求量的设计平均值

消耗品类别	设计负荷/[kg·(人·d)$^{-1}$]
代谢用氧	0.85
饮用水	1.6
食品制备用水	0.75
洗衣用水	12.5
洗手用水	4.1
洗澡用水	2.7
食品含水	1.15
食品固体溶解用水	0.62
尿液冲洗用水	0.5
餐具冲洗用水	5.45

饮用水和卫生用水都必须符合一定的质量要求。除了味道和洁净度等因素外，

有机污染物和无机污染物的微量水平也备受关注。由于某些化合物在人体组织中具有一定的蓄积能力，因此某些污染物在较长时间的任务中比在较短时间的任务中更受关注。同样值得关注的是微生物，它们会堵塞水管和过滤器，在某些情况下还可能成为病原体。表 4.24 和表 4.25 分别列出了饮用水质要求、物理参数限值以及化学和生物成分的限值。

表 4.24　饮用水和卫生用水的物理参数限值

物理参数	限值（饮用水）	限值（卫生用水）
总固态物/（mg·L^{-1}）	100	500
色度/铂钴标度	15	15
味道/TFN	3	3
气味/TON	3	3
微粒最大直径/μm	40	40
pH 值	6.0～8.4	5.0～8.4
浊度/NTU	1	1

表 4.25　饮用水和卫生用水中化学和生物成分限值

无机成分	限值/（mg·L^{-1}）	杀菌剂	限值/（mg·L^{-1}）
氨	0.5	残留碘	0.5～6.0
砷	0.01	离子与气体	限值/（mg·L^{-1}）
钡	1.0	阳离子	30
镉	0.005	阴离子	30
钙	30	二氧化碳	15
氯化物	200	细菌	限值/（CFU·100 ml^{-1}）
铬	0.05	总数	1
铜	1.0	厌氧菌	1
碘	15	好氧菌	1
铁	0.3	革兰氏阴性菌	1
铅	0.05	革兰氏阳性菌	1

无机成分	限值/（mg·L⁻¹）	杀菌剂	限值/（mg·L⁻¹）
镁	50	大肠杆菌	1
锰	0.05	肠道细菌	1
汞	0.002	**有机物**	限值［g·L⁻¹］
镍	0.05	总有机酸	500
硝酸盐（$NO_3^- - N$）	10	氰化物	200
钾	340	卤代烃	10
硒	0.01	酚类	1
银	0.05	总醇	500
硫酸盐	250	总有机碳（TOC）	500（饮用水） 10 000（卫生用水）
硫化物	0.05		
锌	5.0	非典型总有机碳（UTOC）	100（饮用水） 1 000（卫生用水）
病毒/（PFU·100 ml⁻¹）	1	**酵母菌及霉菌/**（CFU·100 ml⁻¹）	1

个人卫生用水是指被用于进行身体外部清洁的水。个人卫生用水的需求量、物理参数的限值以及化学和生物成分的限值也见表4.24和表4.25。

3. 废物产生及分类方面

在设计废物管理子系统时，必须确定要处理的废物种类，如液体、气体、固体或代谢废物，以及每种废物的数量。功率的可用性、补给和存储容量也是必须要被考虑的关键因素。作为参考，美国空间站所被设计的日平均废物负荷见表4.26和表4.27。

表4.26 美国空间站废物日平均负荷设计

废物	数量/［kg·（人·d）⁻¹］
代谢产生的二氧化碳	1.00
排汗及呼出水	2.28
尿液固态物	0.06

续表

废物	数量/［kg・（人・d）⁻¹］
尿液含水	1.50
汗水固态物	0.02
粪便固态物	0.03
粪便含水	0.09
代谢产水	0.354
尿液冲水	0.50
卫生潜水	0.43
卫生水	12.58
卫生水固态物	0.01
食物制备潜水	0.04
实验潜水	0.454
洗衣潜水	0.06
洗衣水	11.90
洗衣固态物	0.08
所需活性炭	0.059
食品包装物	0.454
垃圾	0.817

表 4.27　美国空间站其他废物日平均负荷设计

废物负荷	数量
垃圾体积/［m³・（人・d）⁻¹］	0.002 8
代谢显热/［kJ・（人・d）⁻¹］	7 400
每个舱大气漏率/（kg・d⁻¹）	0.45

4.3.2　子系统接口与集成

生命保障系统设计中最关键的问题之一是几个子系统的集成。首先，子系统间的接口是非常重要的。这些接口如图 4.4～图 4.9 所示。一旦确定了子系统接口，就为质量流（mass flow）计算或模拟奠定了基础。当然，也必须很好地将生命保障系统集成到其他航天器系统中，并且必须考虑特定技术对整个系统的影响。在对生保系统做出真实评价之前，必须首先考虑这些与其他飞行任务系统之间的相互作用关系。例如，燃料电池不仅会产生电能，而且会产生水和作为废物的热。航天器产生的生物废物可在未来的太空基地中被用作肥料、辐射屏障或燃料。

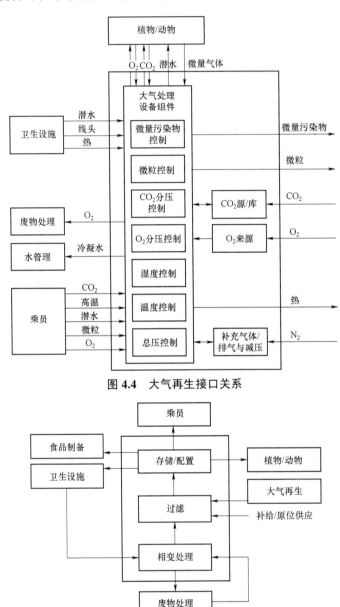

图 4.4　大气再生接口关系

图 4.5　水管理接口关系

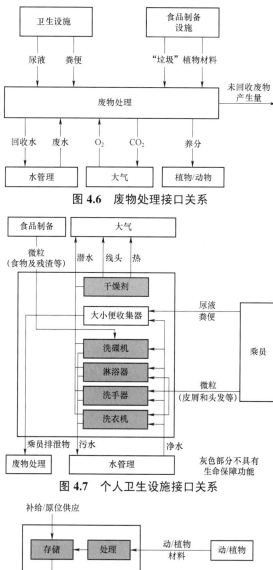

图 4.6 废物处理接口关系

图 4.7 个人卫生设施接口关系

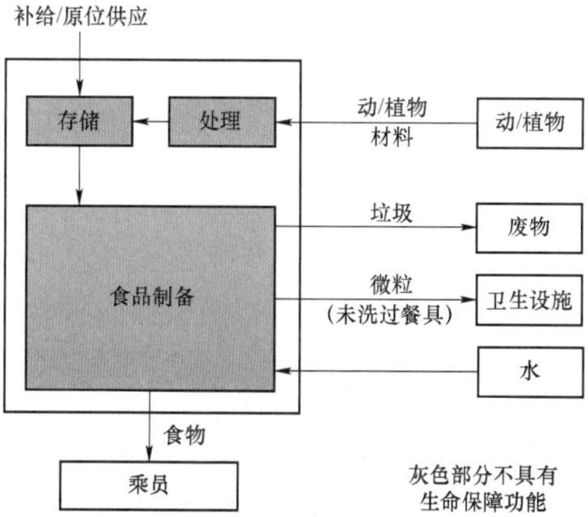

图 4.8 食品制备设施接口关系

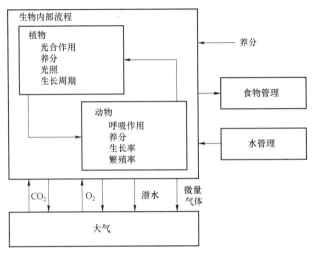

图 4.9　植物和动物培养接口关系

1. 大气再生相关集成问题

（1）气流纯度。

（2）适当连接——例如，一些可用来去除二氧化碳的技术更倾向于入口大气是冷的，而另一些则更倾向于是热的。气流的压力调节也很重要。

（3）O_2 消耗——使 O_2 的消耗和生产必须保持平衡。

（4）协同效应——集成水平的提高可以显著降低补给需求。为了确保关键功能的安全与可靠运行，还必须考虑故障对连接系统可能产生的不利影响。

2. 水管理相关集成问题

（1）水平衡——水平衡管理在包含饮用水和卫生水回路的系统中尤其复杂。在这种双回路系统中，必须考虑水在回路间的净转移。采用单回路系统可避免这个问题，但要求所有的水要被净化到可饮用的规格，这就导致可能比双回路系统需要更多的电力或消耗品。

（2）废水水质——在确定水回收系统的设计最重要的因素之一是输入废水的污染物负荷。由于分析的局限性和废水污染物负荷的固有变异性，所以不可能按种类和数量计算所有的废水污染物，这样，重要类型的污染物通常会驱动水回收系统的设计，因此必须在设计过程的早期就对其进行了解。此外，当评估在航天器上与载荷一同携带这些化学物质的可接受性时，必须考虑水回收有效去除潜在危险化学物质的能力。

（3）污染物回收——随着任务持续时间的增加，水子系统被污染的可能性会以某种方式增加。根据既定任务的供水安全性和任务关键性，可能需要供给品来恢复飞行中受污染水子系统的清洁度。

（4）微生物控制——由于致病性微生物有更大的生长潜力，以及生物膜的形成（可能导致过滤器和管道堵塞），因此随着任务持续时间增加，微生物受到了日益关注。

4.3.3　任务相关方面

如前所述，航天器生命保障系统的设计目标是在一个孤立的空间中保持一种环境，以便在整个飞行任务期间保障人和系统处于良好状态。针对特定应用的技术选择，在很大程度上取决于任务特征，如乘组规模、任务持续时间、任务地点及可利用资源等。乘组规模和任务持续时间会影响系统规模，尽管闭环系统对任务持续时间相对不敏感。任务地点确立了与地球的物理距离，这会决定运输成本、飞行时间、补给机会以及外部操作环境。在本节，已针对特定任务进行生命保障系统设计时必须考虑的几个任务特征进行过介绍。无论如何，在载人航天飞行的下一个阶段，包括空间站以及可能还有月球基地和火星飞行，均必须减少对消耗品的依赖，也就是必须增加闭合度。可以结合任务时间延长的方案，来实现对生命保障技术的必要改进。在图 4.10 中，概述了这一发展过程。

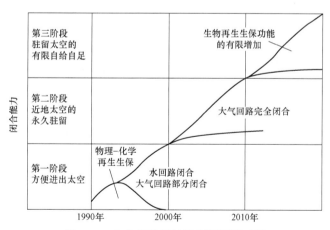

图 4.10　生命保障系统的预期发展过程

传统上，生命保障系统分析一直将系统质量的优化作为技术选择的主要标准。然而，对于再生系统，必须考虑的参数是质量、功率和体积。这种被称为"等效质

量"（equivalent mass）的分析方法是用来比较这些不同的参数。等效质量的简单计算公式为

$$等效质量 = 系统质量 + 功率 \times 转换系数 \qquad (4.4)$$

与生命保障系统发展有关的质量和任务方面的情况，在本小节中将会进一步讨论。另外，有必要指出的是，对于既定的任务没有一种生命保障系统是"最好的"，更不用说对所有的任务。

1. 任务持续时间及地点

具体的生命保障需求，在很大程度上取决于任务的目的地和持续时间。无论是对于 ECLSS 的总体设计还是各自任务的技术选择，都是如此。随着任务持续时间的增加，可靠性（reliability）和可维护性（maintainability）等因素就会变得越来越重要。当必须修复或替换组件时，则硬件必须是便于维护。对于长期飞行任务而言，需要较少消耗品的技术则变得更有吸引力。同样非常关键的一点，是针对既定任务的质量回路闭合程度。一旦充分确定了任务方案，就可以确定最经济的质量循环闭合程度。根据任务持续时间与累积质量的关系，可用技术的"盈亏平衡点"（breakeven point）来确定。

图 4.11 所示的样例图形比较了四种实现 ECLSS 功能的方法：非再生式物理-化学（P/C）、再生式 P/C、混合再生式 P/C-生物和完全再生式生物（CELSS）。这四种方法的范围从完全开放的质量回路到密闭的水、氧和食物回路。每种方法的相对初始质量用图中左边每条线的高度表示。随着任务持续时间的增加，累积质量随着消耗品的补给也会增加。另外，这些线条相交处的盈亏平衡点表明，随着任务期限的增加，闭合程度的提高将需要较少的补给质量，因此，所需要的总成本也较

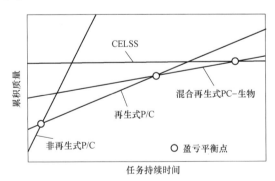

图 4.11　任务持续时间与质量盈亏权衡平衡点之间的关系

低。为了有把握地确定这些盈亏平衡点，则必须很好地了解候选技术，并确保其具有很高的成熟度，而且需要充分阐明任务方案与预案。4.3.5 小节中描述的权衡方法被用于绘制该图。

下面，简要介绍在未来飞行任务方案中所必须要采用的技术。

（1）对于地球轨道的短期任务，可以采用与过去类似的开环 ECLSS。这些措施包括通过一次性的氢氧化锂（LiOH）或固态胺水解吸法（solid amine water desorption，SAWD）去除二氧化碳，通过活性炭和催化氧化法去除污染物，通过冷凝热交换器（condensing heat exchangers，CHX）和水分离器控制湿度，使用燃料电池中的水，同时稳定化处理废物并将其带回地球。

（2）在地球轨道上的中期和长期任务中，即在空间站采用先进的物理－化学再生技术，来实现水和大气回路闭合，也就是进行二氧化碳的浓缩与还原、氧气回收、以及从冷凝水、卫生用水和尿液中进行大量水回收、水净化处理和储存。此外，对固体废物可在一定范围内加以处理，而关于长期太空活动的可居住性问题，如运动、食品制备与展示、娱乐和社会交往，将必须予以更认真的考虑。

（3）从长远看，空间站将会引进封闭的大气和水循环系统、废物处理系统，并广泛采用生物系统，以进行有限的食物生产，并对生物大气再生和回收系统样机进行测试。对于月球和星球基地，必须发展可操作的 CELSS，可能还需要配备物理－化学 ECLSS 作为应急备份。此外，还要开发医疗设施。

2. 质量和成本方面

既定任务所需要的水的回收和氧气的生产，即质量回路的闭合，将取决于任务的范围、需要提供的服务以及执行功能的可用技术。从硬件的角度来看，必须将系统设计得尽可能轻，并尽量减少必须定期更换部件的数量。在这种情况下，可以为既定任务设计极少或无须修复或者无须定期维修和保养的系统。因此，在短期飞行任务中，当主要硬件发生故障时可以使用冗余硬件，而在长期飞行任务中则需为所有关键功能提供备用件。例如，图 4.12 给出了空间站中密闭水回路和大气回路的质量平衡状态。

利用生命保障系统的质量分析法，来分析 ECLSS 中对二氧化碳、潜水、航天员饮用水、航天员卫生用水、航天员尿液水、航天员废水、氢、氧、氮和各种固体废物的需求。目的是通过精确定义每种流体的源、库和净质量变化来减少对 ECLSS 分析的复杂性。

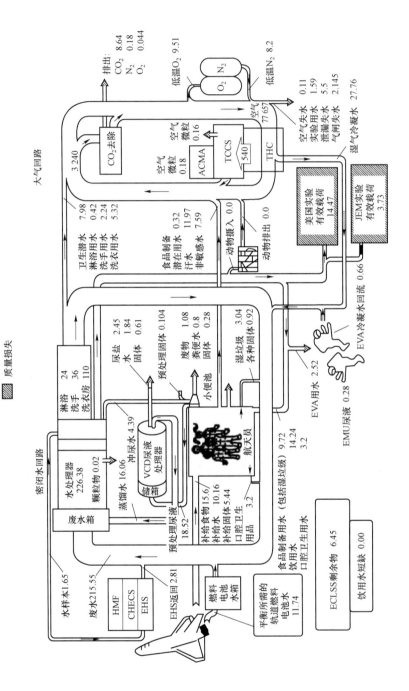

图 4.12　空间站质量平衡关系［单位：（lb/d）（1 lb = 0.454 kg）］

首先，根据美国 NASA 的建筑控制文件（Architectural Control Document），可将 ECLSS 分为以下七个功能子系统。

（1）大气温湿度控制（temperature and humidity control，THC）子系统，包括温度控制、湿度控制、通风控制、空气冷却及热调节储存。

（2）大气控制与供应（atmosphere control and supply，ACS）子系统（ACS），包括 O_2/N_2 压力控制、排气与减压及 O_2/N_2 分配等。

（3）大气再生子系统，包括 CO_2 去除、CO_2 还原、O_2 产生及微量污染物控制与监测。

（4）火灾探测与灭火（fire detection and suppression，FDS）子系统。

（5）水回收及管理（water recovery and management，WRM）子系统，包括尿处理、卫生用水处理、饮用水处理、水储存和分配及水热调节。

（6）废物管理子系统，包括回收废物储存、粪便废物处理及垃圾处理。

（7）出舱活动（extravehicular activity，EVA）保障子系统。

各子系统的质量平衡需要通过以下关系来保证：

$$源（source）＝库（sink）＋净变化（net change） \tag{4.5}$$

在这个公式中，净变化反映了相应的储箱液位的相应变化。它是 ECLSS 与其他系统交换的数量。在表 4.28～表 4.31 中，举例给出了不同子系统的源和库的定义。

表 4.28　N_2 的来源与去处

氮气来源	氮气去处
综合氮系统	● 舱体泄漏 ● EVA 气闸舱损失 ● 通风损失 ● 紧急复压

表 4.29　CO_2 去除、CO_2 还原、潜水、氢气和航天员饮用水的来源与去处

CO_2 去除来源	CO_2 去除去处
● 航天员代谢 ● 动物代谢 ● 实验室废弃物	● 电化学去极化浓缩器（electrochemical depolarized concentrator） ● 4 床分子筛（four-bed molecular sieve）

续表

CO₂ 还原来源	CO₂ 还原去处
• CO_2 去除	• 实验室利用 • CO_2 还原
潜水来源	潜水去处
• 航天员出汗和呼吸排水 • 食品制备潜水 • 洗手潜水 • 淋浴潜水 • 洗衣潜水 • 洗餐具潜水 • 制氧潜水 • CO_2 去除产水	• 被回收的冷凝水 • 未被回收的冷凝水
氢气来源	氢气去处
• 氢气制备	• 二氧化碳去除 • 二氧化碳还原
航天员饮用水来源	航天员饮用水去处
• 回收的冷凝水 • 二氧化碳去除（EDC 液体） • CO_2 还原 • 燃料电池 • 后勤补给 • 洗餐具潜水 • 制氧潜水	• 航天员饮用 • 航天员食品制备 • EVA 时航天员饮用及升华 • 航天员饮用水（废物被转移） • 综合供水系统（内含水）

表 4.30　航天员卫生用水、卫生废水和便池水以及

动物饮用水和卫生用水的来源与去处

航天员卫生用水来源	航天员卫生用水去处
• 被回收的卫生用水 • 航天员饮用剩水 • 航天员被转移的饮用水	• 洗手用水 • 淋浴用水 • 洗衣用水 • 洗餐具用水 • 制氧用水 • 航天员尿液冲洗用水 • CO_2 去除用水

续表

航天员卫生废水来源	航天员卫生废水去处
• 洗手排水 • 洗浴排水 • 洗衣排水 • 洗菜排水 • 被回收的尿液及冲洗水	• 被回收的卫生废水 • 未被回收的卫生废水
航天员尿液水来源	航天员尿液水去处
• 航天员尿液 • 小便收集器冲水	• 被回收的尿液及冲洗水 • 未被回收的尿液及冲洗水
动物饮用水来源	动物饮用水去处
• 燃料电池产水 • 被回收的动物呼吸、尿液和粪便中的水 • 被回收的笼子冲洗水	• 动物饮用 • 动物饮用水被转移
动物卫生用水来源	动物卫生用水去处
• 燃料电池产水 • 被转移的动物饮用水 • 被回收的动物呼吸、尿液和粪便中的水 • 被回收的冲洗笼子的水	• 冲洗笼子

表 4.31 废水、标称 O_2、急救 O_2 和固体废物的来源与去处

废水来源	废水去处
• 未回收的冷凝水 • 未回收的航天员尿液和冲洗水 • 未回收的卫生废水 • 未回收的笼子冲洗水 • 未回收的动物呼吸、尿液和粪便中的水 • 航天员大便中的水	• 运回地球
氧气来源	氧气去处
• 氧气制备	• 舱体泄漏补充 • EVA 气闸舱损失补充 • 通风损失补充 • 航天员代谢消耗补充 • 二氧化碳去除（EDC）用 • EVA 服装泄漏补充 • 动物代谢消耗用

续表

应急氧气来源	应急氧气去处
● 综合供氧系统备份	● 舱体复压 ● 高压气闸舱复压
固体废物来源	**固体废物去处**
● 航天员尿液和粪便中的固体 ● 航天员汗水中的固体 ● 洗手水中的固体 ● 淋浴和洗衣水中的固体 ● 洗菜水中的固体 ● 活性炭 ● 垃圾	运回地球

如果为生命保障系统提出几种构型，那么我们则可以使用能量和物质平衡来计算每种所提构型的消耗品需求。这种平衡还可以清晰地显示进料流和产品流的多组分组成，然而，这对预期的实际系统性能很重要。对于整体质量的计算，确定所提出的生命保障系统配置的等效重量和重量损失也是有用的。利用能源和材料平衡数据以及设备重量的估计值，则可能计算出每个所提设计的等效重量，并研究各种电源供应和散热技术对优选概念的影响。一种生命保障系统的等效重量（图 4.13）可被定义如下：

$$等效重量＝设备重量（BOL＝寿命初期）＋初始飞行耗材重量＋$$
$$补给飞行耗材重量 \tag{4.6}$$

及

$$设备重量（BOL）＝工艺设备重量＋冗余工艺设备重量＋$$
$$配套电源/存储系统（BOL）重量＋$$
$$配套散热系统重量（BOL）＋其他保障系统重量 \tag{4.7}$$

$$飞行初始耗材重量＝工艺耗材重量＋操作备件重量＋$$
$$用于补偿阻力的轨道衰变燃料重量 \tag{4.8}$$

$$飞行补给耗材重量＝工艺耗材重量＋操作备件重量＋$$
$$用于补偿阻力的轨道衰变燃料重量 \tag{4.9}$$

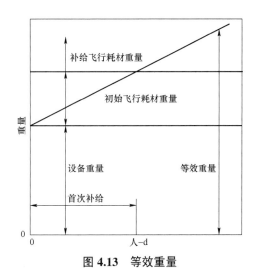

图 **4.13**　等效重量

在轨道安装的情况下，太阳能电力系统的整体能量平衡可被表示为

$$P_{sa}(t_0-t_e)=\frac{1}{\eta_{pd}}\left[P_{eq}(t_0-t_e)+\frac{P_{eq}}{\eta_{ps}}t_e\right] \tag{4.10}$$

太阳能电池板功率：　　　　P_{sa}（W）

设备供电：　　　　　　　　P_{eq}（W）

电力分配/供应系统效率：　η_{pd}

轨道时间：　　　　　　　　t_o（h）

储能充/放电系统效率：　　η_{ps}

日食时间：　　　　　　　　t_e（h）

将式（4.7）变形后表示为

$$P_{sa}=\frac{P_{eq}}{\eta_{pd}}\left[1+\frac{t_e}{\eta_{ps}}(t_0-t_e)^{-1}\right] \tag{4.11}$$

由于考虑到电离辐射会造成太阳能电池板性能下降，即通常在 10 年内下降 25%，因此也可以对该方程进行修改。这一项可以用寿命起始（BOL）与寿命结束（EOL）之间的比率表示，因此其可被表示如下

$$P_{sa}(\text{BOL})=\frac{P_{eq}}{\eta_{pd}}\left[1+\frac{t_e}{\eta_{ps}}(t_0-t_e)^{-1}\right]\frac{\text{BOL}}{\text{EOL}} \tag{4.12}$$

对于地球轨道，典型的轨道和动力系统参数如下：

$t_0 = 1.5 \, \text{h}$；$t_e = 0.6 \, \text{h}$；$\eta_{pd} = 0.9$；$\eta_{ps} = 0.7$

因此，连续供应功率为 1 kW 的加工设备，则其动力和能源为

太阳能电池板功率　　　　　　　　　　　　2.170 kW · kW^{-1}
储能容量　　　　　　　　　　　　　　　　0.6 kW · kW^{-1}
供电热负荷　　　　　　　　　　　　　　　0.503 kW · kW^{-1}

根据所使用的发电和储能设备的类型，可以计算出一系列的重量损失（weight penalty）。一般来说，包括太阳能电池、储能电池和散热设备在内的重量损失在 $180 \sim 330 \, \text{kg} \cdot \text{kW}^{-1}$。一种散热系统的总能力和重量损失可被表示为

$$总散热能力 = 工艺显热负荷 + 工艺潜热负荷 + 供电系统热负荷 \qquad (4.13)$$

虽然显热负荷和潜热负荷可以从过程能与物料平衡中得到，但电网产生的热量取决于供电和储能系统的效率。在低地球轨道（LEO）的安装位置上，在 90 min 的黄道轨道上由电能供应和储能系统所产生的热负荷，通常会在以下两者之间发生变化：

太阳能电池板供应与电池储存：　　　　$\eta_{pd} = 0.9$，$\eta_{ps} = 0.78$：
　　　　　　　　　　　　　　　　　　394 W · kW^{-1}

　　　　　　　　　　　　　　　　　　$\eta_{pd} = 0.9$，$\eta_{ps} = 0.70$：
　　　　　　　　　　　　　　　　　　503 W · kW^{-1}

太阳能电池板供应与燃料电池储存：　　$\eta_{pd} = 0.9$，$\eta_{ps} = 0.60$：
　　　　　　　　　　　　　　　　　　680 W · kW^{-1}

　　　　　　　　　　　　　　　　　　$\eta_{pd} = 0.9$，$\eta_{ps} = 0.55$：
　　　　　　　　　　　　　　　　　　790 W · kW^{-1}

$$\qquad (4.14)$$

为了将这些散热负荷转换为重量损失，则必须确定热控系统的重量与功率之比的详细信息。在缺乏对生命保障系统供电散热技术较为详细分析的情况下，可以采用 200 kg · kW^{-1} 的假设值。该值会因任务的不同而不同，它是姿态、散热器尺寸及蓄热系统容量等的函数。此外，由于存在阻力补偿（仅在 LEO 中），因此也必须考虑设备冗余和额外的燃料需求。可以假设许多设备将被复制。随着安装的增加，应该可以采用（$n+1$）方法，例如，采用 3 个 50% 容量的单元或 4 个 33% 容量的单元。补偿太阳能电池板所造成的阻力而所需的燃料量取决于许多因素，包括电池板

的大小、轨道高度和所用燃料的比冲量（specific impulse）等。这些因素将高度取决于任务特性。

选择技术时，需要考虑的成本包括开发成本和运营成本。另外，这些成本包括直接成本和间接成本。间接成本是那些保障包括测试设施在内的基础设施的成本，而直接成本包括硬件采购和制造成本。将设备开发到实施运行所需的成本称为设计、开发、测试和评估（design，development，test，and evaluation，DDTE）成本。寿命周期成本（life cycle cost）包括设备运行成本和 DDTE 成本。

4.3.4　发展阶段

将每个发展计划均分为以下四个不同的发展阶段。

1. A 阶段——概念研究和初步分析

在这一阶段，将研究项目的可行性、确定顶层目标并规划初步的组织基础工作。为了评估未来计划的可行性，必须使用手动和计算机方法进行概念研究与初步分析，以评估选项。

2. B 阶段——初步定义和设计

在这一阶段，对在 A 阶段开发的初步概念反复进行审查和分析，并使用权衡研究技术将每个概念的能力与系统需求进行比较（详见 4.3.5 小节）。顾名思义，这些研究的目的是用两个或两个以上的替代方案来完成相同的功能。B 阶段研究的最终目标是确定航天器座舱和各个系统的必要条件与设计方案，并将其推进到 C/D 阶段。

3. C/D 阶段——设计、开发和运营

这是航天器开发的最后阶段，也是最耗时的阶段，在这个阶段，大部分的开发和集成工作都要进行。此阶段的最终结果是完成航天器的最终设计、制造、测试和验证。

例如，将关于典型的 NASA 航天器 ECLSS 开发过程和 C/D 阶段的基线设计评审里程碑与目标概述于图 4.14 和表 4.32。

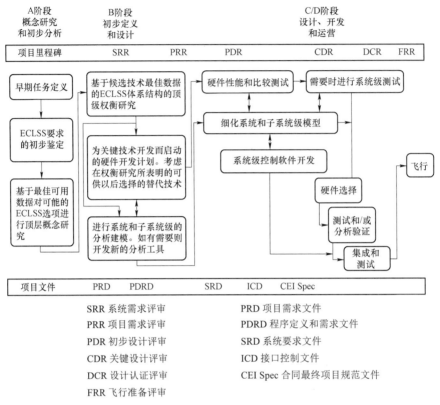

SRR 系统需求评审　　　　　　　　PRD 项目需求文件

PRR 项目需求评审　　　　　　　　PDRD 程序定义和需求文件

PDR 初步设计评审　　　　　　　　SRD 系统要求文件

CDR 关键设计评审　　　　　　　　ICD 接口控制文件

DCR 设计认证评审　　　　　　　　CEI Spec 合同最终项目规范文件

FRR 飞行准备评审

图 4.14　典型的 NASA 航天器 ECLSS 开发过程

表 4.32　NASA 的典型 C/D 阶段基线设计评审里程碑和目标

里程碑	所确立的目标
项目需求评审 （program requirements review，PRR）	• 构型概念和需求鉴定方法 • 系统需求基线 • 安全评估计划 • 所需保障确定
初步设计评审 （preliminary design review，PDR）	• 基本设计方法 • 兼容设计/要求 • 测试计划 • 安全性评定 • 通用性 • 可生产性 • 基线第 I 部分合同结束项目（CEI）规范

里程碑	所确立的目标
关键设计评审 （critical design review，CDR）	● 设计构型 ● 系统兼容性 ● 可靠性评估 ● 可维护性评估 ● 安全性评定 ● 获批的设计基线 ● 可生产性 ● 基线设计的权威发布
设计认证评审 （design certification review，DCR）	● 确保设计和性能符合要求
结构检查 （configuration inspection，CI）	● 结构符合设计文档 ● 基线第 II 部分 CEI 规范
最终验收评审 （final acceptance review，FAR）	● 功能特性符合 CEI 规范 ● 基线第 II 部分规范

4.3.5 权衡研究和仿真模型

选择是工程设计过程中的固有部分，包括是否包含特定功能、在技术之间是否执行特定功能以及在许多其他方面是否满足需求。分析技术，无论是手动的还是计算机分析技术，都是做出这些选择的重要工具。

开展权衡研究是为了在两个或多个替代方案之间进行选择。根据可用信息的数量，可以使用两种基本方法。当对选项的描述不充分，或者很难量化每个选项可满足选择标准的程度时，可以使用"优势/劣势"法。当可以获得大量信息并且备选方案已被很好地表征时，可以使用"加权因子"（weighed factor）法。权衡研究涉及定性和定量信息，以帮助在不同的方法之间进行选择。权衡研究可以通过"手动"进行，或使用计算机分析技术。可以按表 4.33 所示确定权衡研究步骤。

表 4.33　权衡研究步骤

步骤	目标
1	根据既定飞行任务方案得出相关的生命保障系统功能需求
2	发展一套权衡决策方法，包括一套评估准则，以及基于相应加权功能的"加权因子"法

步骤	目标
3	综合一组待评估的选项
4	对每个选项进行建模和分析，生成数据，从而采用"加权因子"法而对每个选项进行定量评分
5	评估每个选项，并根据需要进行重复以优化选择

现有的权衡研究软件包括：ECLS 系统评估计划（ECLS System Assessment Program，ESAP），这是由美国 NASA 马歇尔航天飞行中心（Marshall Space Flight Center，MSFC）开发的用于评估潜在空间站技术的一种电子数据表；由 NASA 喷气推进实验室（Jet Propulsion Laboratory，JPL）开发的生命保障系统分析（Life support Systems Analysis，LISSA）工具，用于权衡空间探索计划中的不同选项；用于评估长期星球飞行任务的波音工程权衡研究（Boeing Engineering Trade Study，BETS），以及洛克希德公司（Lockheed）为 NASA 约翰逊航天中心开发的生命保障操作计划（Life Support Operations Program）。

对于 MSFC 方法，要考虑的技术必须处于开发的试验板阶段（breadboard stage）或更高阶段。为了比较这些不同的技术，首先需要选择一些参数。样本参数及相关描述见表 4.34，其可被分为定量参数（第 1～4 项）和定性参数（第 5～8 项）。当然，这些参数的相对重要性会根据任务方案不同而有所不同。为了反映相对重要性，必须为每个任务方案的每个参数分配一个加权因子。定量参数被赋予数值加权因子，如 1～10，但由于对定性参数的类似数值数据往往无法获得，因此给这些参数赋以数值分数被认为过于主观。这样，对于定性参数，只分配相对加权因子，如高-中-低。由于加权因子是相当主观的，因此通常是通过数位工程师的意见共同来确定的。上面提及的 LISSA 工具基本上也是这样运行的。

表 4.34　样本权衡研究参数

编号	参数	参数说明
1	重量	设备重量（kg），包括技术对其他系统硬件重量的影响
2	功率	设备功耗（W）
3	体积	设备体积（m³）

编号	参数	参数说明
4	补给	需要补充的消耗品重量，例如过滤器、水、化学品等
5	发展潜力	表示随着时间的推移技术得到改进的潜力。低成熟度技术具有最大的发展潜力
6	应急操作	评价一项技术在退化/应急环境（degraded/contingency environment）中的预期运行情况
7	可靠性	在运行寿命期间预期的非计划维护和停机时间的度量
8	安全性	一项技术导致或引起危险状况的可能性

对于权衡研究来说，特定的子系统通常并不比具有受控输入和输出的黑匣子多。因此，为了充分模拟子系统内的过程，如化学过程，需要更专业和更详细的模型，如 AspenPlus®。该模型被用于对任何类型的过程进行建模，这些过程涉及从一个处理单元到另一个处理单元的连续的物质流和能量流。为了预测集成 ECLSS 的性能，系统级模型可被用于预测系统满足设计要求的能力、预测各个组件之间的功能接口、确定储液装置的大小、研究替代组件技术以及发现潜在的接口问题或测试计划缺陷。为了模拟一个特定系统的真实瞬态特性，广泛采用了以下五种软件程序来进行系统级 ECLSS 建模。

1. G-189A

由麦道·道格拉斯（McDonnell Douglas）公司开发的 G-189A，是一种通用环境热控程序，用于模拟 ECLSS 的稳态和瞬态性能，可以评估子系统和组件之间的热量和质量流，并且可以确定对特定条件或设备配置的 ECLSS 的影响。用于构建 ECLSS 模型的基本组件或组合组件的子程序，包括基地、航天员、通用热控和管道设备以及装配模拟。这些组件子程序，利用传热和传质以及化学反应来计算稳态和瞬态条件下的质量和能量平衡。

2. SINDA′85/FLUINT

由马丁·玛丽埃塔（Martin Marietta）公司开发的 SINDA′85/FLUINT（Systems Improved Numerical Differencing Analyzer and Fluid Integrator，系统改进型数值差分分析仪和流体积分器），旨在掌握由扩散型方程控制的物理问题的集总参数的表示法。物理系统是利用一种电阻–电容表示法而对物理系统进行描述和建模。该程序的 SINDA'85 部分被用于解决热力网络（thermal network）问题，而 FLUINT 部分则被用于分析流体流动网络（fluid flow network）。

3. CASE/A

由麦道·道格拉斯公司开发的 CASE/A（Computer Aided System Engineering and Analysis，计算机辅助系统工程与分析），是从 G-189A 演化而来的，其在模型的构思和构建方面与后者有许多相似之处。它还包含 SINDA '85/FLUINT 的功能。然而，其主要的区别在于具有用于模型构建的图形用户界面和一套改进型数据管理系统。根据用户指定的操作条件，通过 ECLSS 仿真模拟，CASE/A 提供了对流体成分的瞬态跟踪并确定其热力学状态，从而执行传热、化学反应、质量和能量平衡以及系统压降分析。基本上，CASE/A 包括以下部分。

（1）略图管理系统，允许用户通过利用代表系统组件的图标和连接物理液流来图形化构建系统模型。

（2）数据库管理系统，通过交互式编辑屏幕支持存储和部件数据，输出数据操作及实现解决方案控制。

（3）仿真控制和执行系统，启动和控制迭代求解过程，并显示仿真时间和诊断消息。

4. TRASYS

由洛克希德公司开发的 TRASYS（Thermal Radiation Analyzer System，热辐射分析仪系统），是一种模块化计算机程序，用于计算航天器的总热辐射环境。对外部和内部辐射进行建模，并计算导体值以示辐射传输。其结果通常被用作 SINDA 计算总体能量平衡的输入数据。

5. ECOSIM

由 ESA 开发的 ECOSIM（environmental control and life support simulation，环境控制与生命保障模拟）是一个软件包，可以对 ECLSS 的数学模型进行实验验证。它依赖于外部自定义库来为模拟如空气、废物和液体管理系统等区域提供所需要的信息。ECOSIM 模型由组件构建，而只要端口兼容，那么组件就可以通过任意排列的端口而被连接在一起。这些模型被描述为微分和代数方程组。流程编辑器能够自动创建一个框架源代码，然后可以在其中添加最终的详细信息。具体如图 4.15 所示。

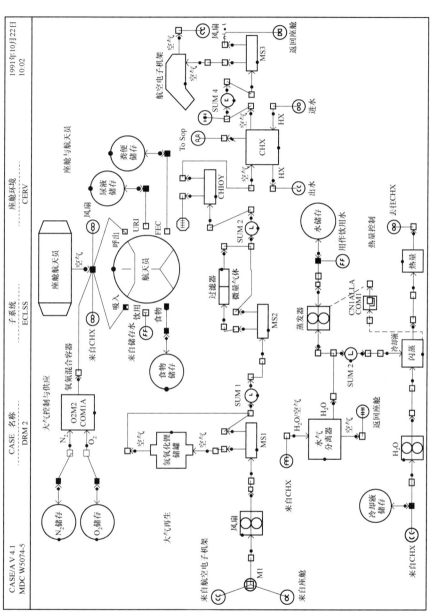

图 4.15　航天器座舱 ECLSS 的 CASE/A 模型

■ 4.4 物理–化学和生物再生生命保障

传统上，主要利用不可再生的物理–化学过程来提供太空生命保障。如果通过再生过程部分或完全满足生命保障系统的四个基本要求，即大气管理、水管理、食物生产和废物管理，则可以得到（部分）密闭的生命保障系统。再生过程可以是物理–化学过程，也可以是生物过程。如果在再生系统中只采用生物过程，则可获得生物或受控生态生命保障系统。生命保障的物理–化学和生物过程的结合产生了混合式生命保障系统。

在物理–化学系统中，航天员是唯一的生物部件（biological component）。为了减少补给量，可以通过可再生的物理–化学子系统闭合生命保障系统的水和氧回路。然而，未来的太空基地将需要闭合碳回路——生命保障系统的第三个也是最后一个回路。这只有在开发出先进的生命保障系统，即使得代谢废物实现再生并用于生产食物的情况下才是可行的。因此，也可以合成食物的生物再生过程将变得重要起来。例如，在基于光合作用的生物再生生命保障系统中，氧气是由藻类或植物从二氧化碳中产生的。部分可食用生物量经人体代谢后又被转化为二氧化碳和水。其余的可食生物量将部分被氧化，并出现在如尿液、粪便和蒸腾作用水等分泌物中。如果这些产物随后与不可食生物量一起被完全氧化，则可以形成一个完全密闭的生态系统，即"人工生物圈"（artificial biosphere）。将食物生产的生物技术引入生命保障系统，会产生若干有待解决的问题，但也为其他生命保障需求的方案解决开辟了新的领域。例如，许多低重量而易挥发的有机化合物在小型密闭的居住空间（如航天器座舱）中作为空气污染物被发现，这主要是由于人的新陈代谢过程、设备排气、冷却剂回路泄漏和消防控制设备等引起的，但它们也可以是多种微生物的底物，即养分。在这里，生物空气过滤器（biological air filter）的概念似乎是控制污染可能的解决方案。

一般来说，物理–化学过程是很容易被理解的，工程师对它们感到满意，因为它们相对紧凑、维护成本低且响应时间短。在不可再生的物理–化学系统中采用相对简单的硬件，较少受到机械故障的影响，并且活性物质如过滤器之类的消耗性物质只要正确储存，则始终是新鲜的。它们通常还具有较低的功率要求，但对质量和体积的要求很高。可再生的物理–化学系统执行相同功能，但采用的是较慢且效率较低的过程。此外，这些可再生的系统通常会使用受特定寿命周期限制的物质和硬件,因此需要消耗大量昂贵的能源,而且无法补充而必须从地球上进行补给。因此,必须对固体废物进行收集、预处理和储存。针对长期飞行任务,可再生方法的优点是较低的总质量/任务质量要求。

工程师对生物过程的了解较少并感到紧张,因为它们往往体积大、功率大、维护密集且响应时间慢。然而,食物只能通过生物方法生产。在空间站的有限区域内进行食物生产是一项复杂的工作,这会涉及对多种参数的仔细控制,包括光照强度和光谱分布、光/暗循环时间、温度、营养供应、空气和水的组成及质量等。如果要允许世代繁殖,还必须不断监测最终产物的质量,以确保发现和消除任何有害的突变。关于物理-化学方法和生物方法哪个最可靠的争论很激烈,工程师们声称植物会凋亡,而生物学家反驳说,如果它们发生凋亡,那通常是由某些物理-化学设备的故障所致。在未来的应用中,到底应选择哪种技术目前并没有明确的答案,但是在可预见的未来很可能会采用混合式生命保障系统。在这种情况下,实现物理-化学和生物子系统的一体化将非常重要。图4.16给出了生物部件逐渐融入物理-化学生命保障系统的逻辑步骤。采用该逻辑步骤,最终则可构建一个 CELSS。

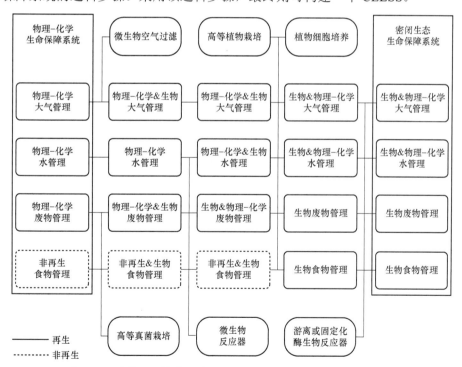

图 4.16　从物理-化学到受控生态生命保障系统发展的逻辑步骤

■ 4.5 生命保障技术发展简史

针对未来载人飞行任务，即在对空间站内外的生命保障系统进行设计时必须始于对过去和现在的设计知识的了解。这些知识既来自载人航天计划，也来自美国和苏联的地面模拟系统（analogous terrestrial systems），如潜艇、生物圈 2 号或 BIOS 项目。在考虑未来 ECLSS 的设计选择时，美国和苏联其过去与现在的 ECLSS 设计决策应该具有同等的重要性。因此，本章概述几种地面和太空生命保障系统。

4.5.1 天基生命保障系统

动物是最早的太空探索先锋。保障这些动物在它们短暂的太空之旅中存活下来，从此真正开启了航天器 ECLSS 的时代。早期飞行的 ECLSS 是一个简单的开环系统。被放置在地球轨道上的第一个高等生物，是 1957 年 11 月 3 日搭乘由苏联发射的史普尼克 2 号人造卫星（SPUTNIK 2）而升空的雌性爱斯基摩犬莱卡（Eskimo Laika）。莱卡的开环生命保障系统是一个密闭而装有空调的座舱，里面具有食物和水。美国的第一个"乘客"是一只名叫戈多（Gordo）的猴子，于 1958 年 12 月 13 日被发射升空。在这个开环设计中，二氧化碳被装在托盘中的钡石灰（baralyme）吸收，而呼吸气体来自钢瓶中的压缩氧气。通过金属箔和玻璃纤维的绝缘层部分实现温度控制，而水蒸气由多孔材料吸收。给猴子戴上了尿布，但并未给其提供食物和水。第一个进入太空的人类是苏联航天员尤里·加加林（Yuri Gagarin），他于 1961 年 4 月 12 日搭乘由 A-1 火箭发射的东方号（Vostok）载人飞船太空舱升空进入地球轨道。

加加林共花了 108 min 绕地球一周后完成了任务。以下简要介绍迄今为止国际上载人航天计划的基本情况，并就美国和苏联各自的生命保障系统予以简要阐述。

1. 东方号载人飞船（1960—1963 年）

东方号载人飞船是第一个球形载人航天器，可容纳一个人，居住容积为 2～3 m³。东方号载人飞船的 ECLSS 是一个简单的半密闭系统，大气压力为 101 kPa。座舱 ECLSS 设备除控制座舱通风、温度和空气供应外，还进行二氧化碳去除、气味和湿度控制。航天员穿着由舱内大气通风的航天服，但座舱不具备大气净化或湿度控制的能力。在紧急情况下，航天服可以从被安装在东方号载人飞船外部的气罐中获得空气和氧气。

2. 水星号载人飞船（1960—1963 年）

水星号（Mercury）载人飞船是一个钟形的单人加压太空舱，具有 1.56 m³ 的空间可供航天员居住。水星号载人飞船的 ECLSS 是通过将系统分为压力服和座舱子系统来实现的。压力服子系统主要负责为航天员进行大气供应，并控制航天员的温度和湿度水平。座舱子系统控制舱内通风、温度（座舱热交换器不去除水蒸气）和大气压力。

3. 上升号载人飞船（1964—1965 年）

球形的上升号（Voskhod）载人飞船基本上是东方号载人飞船的改进版，内部被重新设计而可容纳 3 名航天员。为了给航天员腾出更多空间，而使得上升号载人飞船成为第一个航天员不穿航天服的载人航天器。在上升 2 号载人飞船中配置了一套航天服和一个可充气减压舱，这样航天员第一次太空行走就是从这个减压舱出去的。

4. 双子星座号载人飞船（1964—1966 年）

双子星座号（Gemini）载人飞船是一个体积为 2.26 m³、可容纳两名航天员的加压太空舱。与水星号载人飞船类似，双子星座号载人飞船的 ECLSS 分为压力服和座舱子系统（图 4.17）。双子星座号载人飞船 ECLSS 较水星号载人飞船的改进之处包括，采用超临界储氧代替高压储氧，从而减少了储罐的重量和体积。另外，其采用集成式热交换器/水分离器代替单独的热交换器和机械激活的海绵型水分离器，从而提高了可靠性并降低了功率和重量。

5. 联盟号/联盟 T 号载人飞船（1967 年以来）

联盟号（Soyuz）载人飞船［图 4.21（a）］专为为期 7 d 的任务而设计，是一款可以容纳 3 名航天员的航天器，它有两个加压舱，一个用于生活和工作，另一个用于下降。联盟号航天员直到联盟 11 号的事故发生后才开始穿加压服。在那次事故中，一个压力排气阀失灵而引起飞船减压，从而导致 3 名航天员全部遇难。在联盟 11 号之后，为了给加压航天服腾出更多空间，将航天员数量减少到了两名。密闭的联盟号载人飞船座舱被设计为零泄漏。由于认为没有必要为座舱加压和泄漏补充而进行气体储备，因此在联盟号载人飞船上无此项功能。与此相反，美国航天器被设计成允许少量泄漏，而这些泄漏由储存的气体补充。在规划阿波罗号–联盟号载人飞船联合飞行任务期间，苏联关心的是阿波罗号载人飞船上约 1 kg·d⁻¹ 的大气泄漏率。联盟 T 号载人飞船是联盟号载人飞船的改进版，其保留了联盟号载人飞船的基本尺寸和形状，但其内部被经过了重新设计，可容纳 3 名航天员，这样仍被用于将航天员运送至和平号空间站。联盟号载人飞船的生命保障系统如图 4.18 所示。

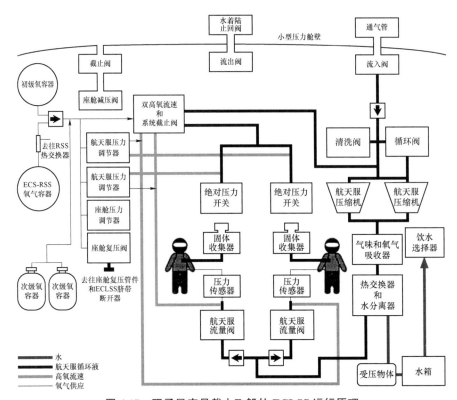

图 4.17　双子星座号载人飞船的 ECLSS 运行原理

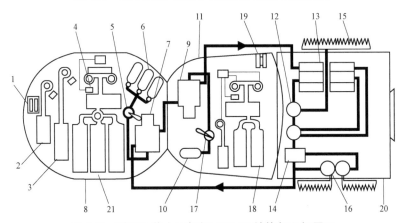

图 4.18　联盟号载人飞船的 ECLSS 结构与运行原理

1—泄漏用压缩空气；2—LiOH 二氧化碳去除罐；3—KO₂ 供氧和初级二氧化碳去除床；4—流量计和风扇；
5—手动泵；6—水储罐；7—具有芯型水分离器的冷凝热交换器；8—飞行舱；9—具有芯型水分离器的冷凝热
交换器；10—水储箱；11—着陆舱；12—温控阀；13—设备冷却器（初级和顶级）；14—主热交换器；
15—主空间散热器；16—排序空间散热器；17—手动泵；18—微量污染物控制床；19—压力安全阀；
20—设备舱；21—用于氧气供应和微量污染物去除的 KO₂ 床（利用活性炭和细菌过滤器）

6. 阿波罗号载人飞船（1968—1972 年）

整个阿波罗号（Apollo）载人飞船［图 4.21（b）］包括两个独立的生命保障系统，一个在指挥舱（command module，CM）上，另一个在登月舱（lunar module，LM）上。像水星号载人飞船和双子星座号载人飞船，阿波罗号载人飞船在登月舱和指挥舱中都具有单独的压力服与座舱 ECLSS 子系统（图 4.19 和图 4.20）。

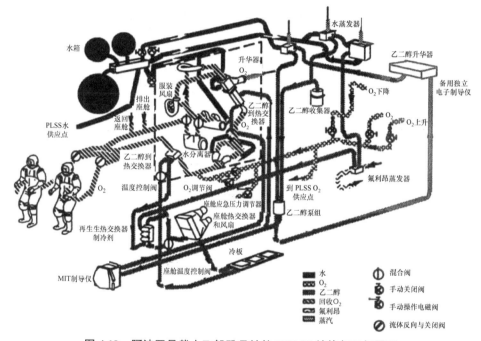

图 4.19　阿波罗号载人飞船登月舱的 ECLSS 结构与运行原理

阿波罗号载人飞船指挥舱是一个可容纳 3 人的加压圆锥形太空舱,可为航天员提供 5.9 m³ 的居住空间。指挥舱的 ECLSS 占据了 0.25 m³ 的座舱空间,能够运行14 d。在轨道上, 利用燃料电池的饮用水副产品减轻了水发射重量。在发射前和发射期间, 采用 60%/40%的 O_2/N_2 舱内混合气体提高了发射安全性,尽管将航天服回路仍保持为 100% O_2。阿波罗号载人飞船登月舱的上升阶段是一个加压的两人飞行器, 有 4.5 m³ 的居住空间。阿波罗号载人飞船登月舱与指挥舱的 ECLSS 不同之处在于:①从储水箱而不是燃料电池获取饮用水;②在月球表面禁止从座舱向外排放尿液;③使用碘杀菌剂代替氯,以避免出现氯气对登月舱烧结型镍升华器多孔板的腐蚀问题。

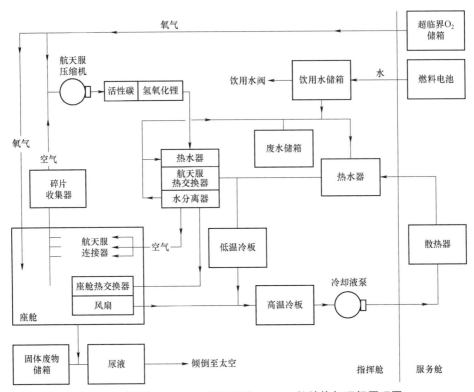

图 4.20 阿波罗号载人飞船指挥舱 ECLSS 的结构与运行原理图

7. 礼炮号空间站（1971 年以来）

礼炮号（Salyut）空间站是第一个被设计用于执行长期太空飞行任务的航天器，因此成为世界上第一个空间站。自从礼炮号空间站计划启动以来，已经有 7 个礼炮号空间站被送入轨道。礼炮号空间站被设计为可容纳 5 名航天员，由 3 个不可分割的舱体组成，可用容积约为 100 m³。在礼炮 6 号之前，ECLSS 在礼炮号空间站上基本保持不变，直到礼炮 6 号空间站，在其中添加了一套水再生系统来回收冷凝水和洗涤水。

8. 天空实验室空间站（1973—1974 年）

天空实验室（Skylab）是美国的第一个空间站，属于一个可容纳 3 个人的实验室，居住体积为 361 m³。航天员生活和工作在两层轨道工作室（orbital workshop，OWS），尽管大多数 ECLSS 设备位于气闸舱（airlock module，AM）。天空实验室空间站的 ECLSS 新技术包括：①采用了一种混合型的 O₂/N₂ 大气组分；②采用了 2

床分子筛（2−bed molecular sieve，2BMS）代替氢氧化锂罐来去除二氧化碳；③采取了一种监测供水中碘浓度的方法；④将尿液样本储存在冰箱中，并带回到地球上进行分析；⑤采用了紫外线火灾探测器。在两次任务之间，天空实验室空间站内空无一人，大气被减压至 13.8 kPa，并允许其降至 3.45 kPa，直到下一个乘组到达。减压去除了舱内的微量污染物，并降低了两次任务之间火灾发生的概率。

9. 航天飞机轨道器（1981 年以来）

航天飞机轨道器（Space Shuttle Orbiter。简称为航天飞机）[图 4.21（c）] 的设计，是为了搭载平均 7 名航天员，完成 7 d 的额定任务，居住容积为 74 m^3。航天飞机成为美国第一个使用标准海平面大气压的航天器。在总压为 101 kPa 时，氮气和氧气的分压所占比例分别为 22% 和 78%。该轨道器的其他创新包括：①采用卤代烷 1301 灭火剂；②采用微生物止回阀（MCV），用于连续不断地调节饮用水中的碘浓度，从而替代由航天员定期进行碘注入的做法；③配备了一只用于收集和储存粪便的便桶，从而替代利用简单的袋子收集的方法。

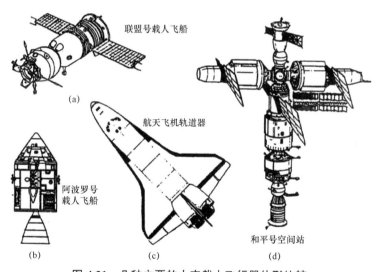

联盟号载人飞船

阿波罗号
载人飞船

航天飞机轨道器

和平号空间站

(a)　　　　(b)　　　(c)　　　(d)

图 4.21　几种主要的太空载人飞行器外形比较

10. 太空实验室（1983 年以来）

太空实验室（Spacelab）为圆柱形舱体，位于航天飞机的货舱内，在执行航天飞行任务期间可提供一种加压套筒式大气，以进行微重力实验。太空实验室的 ECLSS 与航天飞机轨道器的非常相似，但在其中不对饮用水或代谢废物进行处理，而且依赖轨道器供应乘员的代谢用氧。

11. 和平号空间站（1986 年以来）

和平号空间站（Mir Space Station）[图 4.21（d）]的核心是为 6 名航天员设计的，居住容积约为 150 m³，是第一个可适应舱体增加的空间站。和平号空间站核心舱的 ECLSS 与礼炮 7 号空间站的相类似，但在所附的舱中有一些改进。例如，在所附的量子 2 号（Kvant-2）服务舱中，氧是由水电解装置（Electron device）产生，而不是由不可再生的超氧化钾（KO_2）筒产生；二氧化碳是由 Vozdukh 系统去除并被排入太空，而不是由氧气再生器和氢氧化锂罐内的化学反应去除。

以下，就过去和现在的载人航天计划进行总结，具体如表 4.35～表 4.40 所示。

表 4.35　过去和现在的载人航天计划总体概况

项目	时期	任务目标	飞行次数	飞行时间
东方号载人飞船	1960—1963	● 在微重力和高加速度水平下测试人的行为（8～10 g） ● 测试并进一步开发地面控制的航天器自动制导技术 ● 进行天文和地球物理观测	6	1 h 48 min～4 d 23 h 6 min
水星号载人飞船	1960—1963	● 将人造航天器带入地球轨道 ● 在轨测试人的反应 ● 测试航天员手动控制航天器的可能性 ● 从太空中安全回收航天员和太空舱	6	15 min～34 h 20 min
上升号载人飞船	1964—1965	● 收集全体乘组人员的数据 ● 研究人在舱外的行为	2	1 d 17 min～1 d 2 h 2 min
双子星座号载人飞船	1964—1966	● 测试航天员和太空舱在连续 14 d 的在轨行为 ● 发展与其他航天器进行交会和对接的能力 ● 进行舱外活动（EVA） ● 开发控制航天器再入飞行路径的方法 ● 为科学实验提供依据	10	4 h 53 min～13 d 18 h 35 min
联盟号载人飞船/联盟 T 号载人飞船	1967—	● 在太空舱与礼炮号空间站之间进行对接和乘员转移 ● 试验航天器轨道转移技术 ● 进行科学观察和实验 ● 运送航天员往返和平号空间站	—	—

续表

项目	时期	任务目标	飞行次数	飞行时间
阿波罗号载人飞船	1968—1972	● 让一个人登上月球并使其安全返回地球 ● 从月球表面和绕月轨道探测月球 ● 证明人类可以在陌生的环境中活动和工作	11	5 d 22 h 55 min～12 d 13 h 52 min
礼炮号空间站	1971—	● 开展长期太空实验研究 ● 实现在太空长期生活	—	
天空实验室空间站	1973—1974	● 研究长时间太空飞行对人的影响 ● 研究地球、太阳和恒星 ● 在微重力环境中开展实验	3	28 d 50 min～84 d 1 h 16 min
航天飞机轨道器	1981—	● 用可重复使用的运输系统取代消耗性运载火箭	—	
和平号空间站	1986—	见礼炮号空间站	—	

表 4.36　过去和现在的载人太空飞行任务中大气再生基本方法

项目	二氧化碳去除	氧气再生	微量污染物控制	微量污染物监测
东方号载人飞船	CO_2 与 KOH（氢氧化钾）在氧气再生器中发生反应，生成 K_2CO_3 和水	KO_2 的非再生化学盒。KO_2 与水反应生成氧气和 KOH	活性炭、过滤器以及与氧气再生器中成分的反应	无
水星号载人飞船	两个平行的 LiOH 容器。气流只能通过一个气罐	无	在 LiOH 罐上游的活性炭，去除微粒	CO 传感器
上升号载人飞船	类似于东方号载人飞船设计	类似于东方号载人飞船设计	类似于东方号载人飞船设计	类似于东方号载人飞船设计
双子星座号飞船	类似于水星号载人飞船设计	无	类似于水星号载人飞船设计	无
联盟号载人飞船	类似于东方号载人飞船设计，添加 LiOH 床以吸收约 20% 的二氧化碳	类似于东方号载人飞船设计	类似于东方号载人飞船设计	类似于东方号载人飞船设计
阿波罗号载人飞船 CM/LM	类似于水星号载人飞船设计	无	类似于水星号载人飞船设计	无

续表

项目	二氧化碳去除	氧气再生	微量污染物控制	微量污染物监测
礼炮号空间站	类似于联盟号载人飞船设计	类似于东方号载人飞船设计	利用活性炭、高效玻璃纤维过滤器和催化化学吸收剂，与氧气再生器中的成分发生反应	类似于东方号载人飞船设计，配备了几台气体分析仪
天空实验室空间站	具有两个分子筛罐，其中装有沸石 5A 的用于除二氧化碳，而装有沸石 13X 的用于除水。二氧化碳被真空解析到太空	无	利用活性炭过滤器去除微粒，在任务之间使大气排空	用德雷格管（Draeger Tubes）监测二氧化碳和其他污染物
航天飞机轨道器	类似于水星号载人飞船设计	无	利用活性炭和常温催化剂去除 CO 和微粒	无
太空实验室空间站	类似于水星号载人飞船设计	无	类似于航天飞机轨道器设计	无
和平号空间站	核心舱类似于礼炮号空间站设计。在量子 2 号舱中二氧化碳被吸附和排放	核心舱类似于礼炮号空间站设计。在量子 2 号舱中通过水电解制氧。由此产生的氢气（H_2）被排入太空	类似于礼炮号空间站设计	类似于礼炮号空间站设计

表 4.37   过去和现在的载人太空飞行任务中水回收和管理基本方法

项目	水处理	水监测	水储存及分配	供水微生物控制
东方号载人飞船	无	★★	将水装在弹性聚乙烯容器中。航天员的口腔低气压会导致水从容器流出	发射前在被煮沸过的水中加入银制剂
水星号载人飞船	无（废水被排到舱外）	无	储存在有柔性囊的储箱中。挤压气泡加压囊来输水（血压计原理）	在公共供水系统中加氯

续表

项目	水处理	水监测	水储存及分配	供水微生物控制
上升号载人飞船	无	★★	类似于东方号载人飞船设计	类似于东方号载人飞船设计
双子星座号载人飞船	无（废水被排到舱外）	无	类似于水星号载人飞船设计。当容积为 7.3 L 的水箱空了时，则从位于服务舱的储箱进行补水	发射前加氯
联盟号载人飞船	无	★★	类似于东方号载人飞船设计	类似于东方号载人飞船设计
阿波罗号载人飞船 CM/LM	无 ［废水被储存(CM/LM)，然后被排到舱外或送至蒸发器进行冷却（仅CM）］	无	燃料电池产水为主要来源。利用钯和银去除溶解 H_2(CM)。装有 3～4 个饮用水箱（LM），利用装有氧气（CM）和氮气（LM）的加压水囊来输水	氯浓度（0.5 mg·L^{-1}）通过每 24 h 补充次氯酸钠溶液来维持（CM）。发射前加碘（LM）
礼炮号空间站	自礼炮 6 号开始,从冷凝水和洗涤水回收饮用水,方法是采用离子交换树脂、活性炭及含有破碎白云石、人工硅酸盐和盐类的过滤器,其中添加有钙、镁、氯化物和硫酸盐等矿物质	★★	利用 Rodnik（"泉水"）系统，从总容量为 400 L 的水箱中供水	将水加热，并电解引入银离子（0.2 mg·L^{-1}）
天空实验室空间站	无（废水被储存并排到舱外）	利用碘取样器取样。用线性淀粉试剂固定水样，并与感光标准进行比较	具有 10 个 272 kg 重的圆柱形不锈钢水箱，配有加压钢制波纹管，用于供水。具有 1 个 11.8 kg 重的便携式水箱	通过定期注入碘化钾溶液来维持碘浓度（0.5～0.6 mg·L^{-1}）
航天飞机轨道器	无（废水被储存并排到舱外）	无	4 个 76 kg 重的不锈钢罐，装有由氮气加压的金属波纹管。从燃料电池中获取饮用水	碘浓度（1～2 mg·L^{-1}）由微生物止回阀（MCV）被动调节

续表

项目	水处理	水监测	水储存及分配	供水微生物控制
和平号空间站	类似于礼炮6号空间站设计	★★	类似于礼炮号空间站设计	类似于礼炮号空间站设计

★表示在上述所有载人飞行任务中，只利用了饮用水；★★表示情况不详

表4.38 过去和现在的载人太空飞行任务中温度和湿度控制基本方法

项目	大气温湿度控制	舱内通风	设备冷却
东方号载人飞船	采用液-气冷凝热交换器，自动或手动调节温度（12～25 ℃）。湿度控制由除湿器控制，除湿器中含有填充了氯化锂和活性炭的硅胶干燥剂（相对湿度为30%～70%）	座舱风机	★★
水星号载人飞船	航天服与座舱的冷凝热交换器相互独立。激活海绵水分离器，从冷凝热交换器（15～22 ℃）中去除水分	座舱风机	冷板
上升号载人飞船	类似于东方号载人飞船设计	座舱风机	★★
双子星座号载人飞船	通过毛细管作用，从冷凝热交换器中去除水分（15～22 ℃）	座舱风机	冷板
联盟号载人飞船	类似于东方号载人飞船设计，但是湿度主要由冷凝热交换器控制	座舱风机	★★
阿波罗号载人飞船CM/LM	航天服和座舱均主要采用冷凝热交换器进行温湿度控制。通过毛细管作用去除CHX中的水分（CM）。水在压力服装组件中进行循环而为航天员进行散热（LM）（25 ℃）	座舱风机	冷板
礼炮号空间站	类似于联盟号载人飞船设计。将冷凝水收集在脱湿器中，并定期手动抽出	座舱风机	★★
天空实验室空间站	共有4台冷凝热交换器，其中两台一直在运行（18～24 ℃）	具有3条通风管道，各配有4台风机。具有3台可调节扩散器的便携式风机	冷板
航天飞机轨道器	在座舱中央的液-气冷凝热交换器中采用水冷剂。利用冷凝热交换器周围的空气旁通比（air bypass ratio）来控制温度。通过离心式分离器去除冷凝水（21 ℃）	带有通风管道的座舱风机	风冷、冷板、液体/液体设备专用热交换器

项目	大气温湿度控制	舱内通风	设备冷却
太空实验室空间站	类似于航天飞机设计（18～27 ℃）	座舱风机	类似于航天飞机设计
和平号空间站	通过热管、手动调节风机、加热器和空调等进行温度控制。湿度由冷凝热交换器控制	风扇通过管道而实现在舱间进行气体交换	在仪表舱内进行气体循环
CHX＝冷凝换热器；★★表示情况不详			

表 4.39　过去和现在的载人太空飞行任务中大气控制和供应基本方法

项目	大气组成	大气压力	气体储存
东方号载人飞船	海平面大气（O_2/N_2）	101 kPa	通过化学法储存氧气。具备高压氧气和空气应急储罐。无氮气储存。座舱密封而达到零泄漏
水星号载人飞船	100%O_2	34.5 kPa（最大 CO_2 分压＝1 kPa）	氧气被储存在两个 1.8 kg 重的碳钢镀镍罐中，压力为 51.7 MPa
上升号载人飞船	海平面大气（O_2/N_2）	101 kPa	类似于东方号载人飞船设计
双子星座号载人飞船	100%O_2	34.5 kPa（最大 CO_2 分压＝1 kPa）	氧气被以超临界低温流体的形式储存在一个球形储罐中，压力为 5.86 MPa。具有两个二级圆柱形氧气瓶。每个座位下面有一个小氧气瓶
联盟号载人飞船	100%O_2	94.4～113 kPa（O_2 分压＝10.5～15.2 kPa）	具有化学氧再生器。没有其他储气罐。完全依靠座舱密封来防止减压
阿波罗号载人飞船 CM/LM	100%O_2（在 CM 发射时 60%O_2，40%N_2）	34.5 kPa（最大 CO_2 分压＝1 kPa）	在 6.2 MPa 和 180 ℃下，氧气被以超临界低温流体的形式储存在两个 145 kg 重的球形铬镍铁合金杜瓦储罐中。1 个 1.7 kg 重的氧气罐在返回时使用（CM）。在下降阶段，被以气体形式储存的氧量为 21.8 kg，压力为 18.6 MPa。在上升阶段，氧气被以超临界低温流体的形式储存在两个铬镍铁合金瓶中（LM）
礼炮号空间站	海平面大气（O_2/N_2）	93.1～128 kPa（O_2 分压＝21.4～31.7 kPa）	采用化学法储存氧气。钢瓶压缩空气被用于补漏。不单独储存氮气或二氧化碳

续表

项目	大气组成	大气压强	气体储存
天空实验室空间站	74%O_2 26%N_2	34.5 kPa（O_2 分压 = 25 kPa；最大 CO_2 分压 = 0.7 kPa）	共有 2 779 kg 氧气和 741 kg 氮气，以压力为 20.7 MPa 的气体形式被储存在 6 个瓶子中
航天飞机轨道器	78.3%N_2 21.7%O_2	101 kPa（O_2 分压 = 22 kPa；最大 CO_2 分压 = 1 kPa）	4 个球形氮气罐和 1 个应急储气罐，储气压力为 22.8 MPa。由动力反应剂和配电系统（power reactant and distribution system）提供代谢用氧（采用超临界低温储罐）
太空实验室	78.3%N_2 21.7%O_2	101 kPa（最大 CO_2 分压 = 1 kPa）	氮气被以气体形式储存在 22.8 MPa 的球罐中，以用于漏气补充和科学气闸舱操作。氧气由航天飞机轨道器提供
和平号空间站	海平面大气（21%～40%O_2，高达 78%N_2）	（最大 O_2 分压 = 46.9 kPa）	类似于礼炮号空间站设计

表 4.40　过去和现在的载人太空飞行任务中废物管理、火灾探测和灭火基本方法

项目	废物管理	火灾探测	灭火剂
东方号载人飞船	尿液和粪便被气流带走并收集	★★	★★
水星号载人飞船	尿液被储存于套装收集袋内。未进行粪便处理	依靠航天员的感官	食物复水枪（rehydration gun）内的水。能够手动降低舱压
上升号载人飞船	类似于东方号载人飞船设计	★★	★★
双子星座号载人飞船	尿液被收集在尿液转移系统中，后者由与柔性袋相连并被引向锅炉水箱以协助散热的橡胶封套组成。粪便被收集在袋子里并储存	依靠航天员的感官	类似于水星号载人飞船设计
联盟号载人飞船	类似于东方号载人飞船设计	★★	★★
阿波罗号载人飞船 CM/LM	尿液被收集在尿液转移系统。在阿波罗 12 号后开始使用尿容器组件（urine receptacle assembly）。尿液被排到舱外，但未被倾倒在月球表面。粪便被收集于袋中并储存（CM）	依靠航天员的感官	类似于水星号载人飞船设计，但另外增加上一个便携式水状（羟甲基纤维素）灭火器，可以喷出泡沫

续表

项目	废物管理	火灾探测	灭火剂
礼炮号空间站	粪便被收集在密封的金属或塑料容器中，每周被排出到太空一次	火灾探测器	★★
天空实验室空间站	尿液被利用特殊的接收器、管子和一次性收集袋进行收集。粪便被利用透气袋进行收集，并被真空干燥与储存	紫外探测器	具备便携式水状（羟甲基纤维素）灭火剂，可喷出泡沫。能够降低舱压
航天飞机轨道器	尿液和粪便被收集在便桶储存容器中，并被真空干燥和储存。叶片式压实机有助于粪便的储存和密封。尿液被送至废水储箱（一旦储箱满了则被排到舱外）	电离烟雾传感器	采用哈龙 1301（Halon 1301）灭火器。在每个航空电子设备间配置 1 个带有配线的卤代烷罐和 3 个便携式灭火器。能够降低舱压
太空实验室	利用航天飞机轨道器设施	电离烟雾传感器	采用哈龙 1301 灭火器。在每个设备架中配置 1 个带有配线的卤代烷罐和 2 台便携式灭火器。能够降低舱压
和平号空间站	类似于礼炮号空间站设计	★★	★★
★★表示情况不详			

4.5.2　地基生命保障系统

研究和工程测试平台，为生命保障系统的研究提供了实验室。在本章中，过去和现在的航天器上使用的 ECLSS 试验平台由于众所周知的原因而被忽略。相反，重点是将来的再生式 ECLSS 的研究项目和试验台。这些设施试图在地面上控制尽可能多的变量，从而使得令人感兴趣的变量可以像在建模系统中一样进行转移和改变。其基本上可被分为物理−化学再生和生物再生试验平台。例如，NASA 正在位于亚拉巴马州汉斯维尔的马歇尔太空飞行中心（Marshall Space Flight Center，MSFC），为美国空间站（即后来的国际空间站。译者注）搭建 ECLSS 试验平台。这一系列试验是 NASA 首次尝试在单一的生保系统中将多个物理−化学子系统整合在一起，以回收、再利用和循环利用包括尿液、卫生废水和湿度冷凝水等在内的多种水源。苏联也曾对礼炮号空间站上使用的物理−化学系统进行过地面试验。

1. 美国空间站试验平台

NASA 马歇尔太空飞行中心的 ECLSS 试验设施的占地面积约为 1 858 m²。该设施的基本结构布局如图 4.22 所示。它具有洁净室的操作功能，尽管对于大多数试验而言不是必需的。它还具有以下功能。

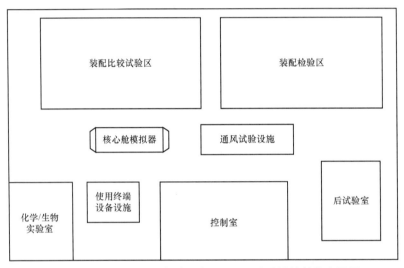

图 4.22　马歇尔太空飞行中心的 ECLSS 试验设施结构布局图

（1）控制舱模拟器（Control Module Simulator，CMS）是主要的基地模拟器，直径 4.6 m，长 12.2 m。它能够在常压和低压下工作。

（2）终端使用设备设施（End-use Equipment Facility，EEF）是一个密闭空间，用来收集废水，以便对净水设备进行真实测试。它包含锻炼设备，并通过冷凝热交换器从志愿者收集排汗和呼吸水分。此外，EEF 还可收集包括微波炉和其他烹饪设备产生的烹饪水分和烟雾、淋浴器以及洗衣机和洗碗机产生的卫生废水。

（3）监测和控制室，包含计算机控制器与显示器，用于操作设备和运行在 CMS 中执行的试验。

（4）气体和液体样品分析实验室，包含有必要对现场样品进行初步评估的分析设备，以监视被试验设备的性能。

（5）开发前操作系统试验（Pre-development Operational System Test，POST）设施，是为 ECLSS 设备综合试验配置的洁净室。

（6）装配检验与评估区，用来对美国空间站的候选 ECLSS 技术进行比较试验。为此，同时试验了 11 个组件（assembly）。

（7）舱内通风试验设施，复制了一个空间站的舱内通道和用于大气循环的扩散器。它是专门为舱内概念的试验而建造的，以确保在所有开放区域都能达到适当通风。

2. 生物再生试验平台

在西伯利亚克拉斯诺亚尔斯克附近的 BIOS-1、BIOS-2 和 BIOS-3 中，苏联开展的密闭系统研究提供了近 30 年的数据。NASA 的试验台地包括位于密西西比州斯坦尼斯航天中心（Stennis Space Center）的生物之家（BioHome）、佛罗里达州肯尼迪航天中心的 CELSS 线路板（CELSS Breadboard）、加利福尼亚州埃姆斯研究中心的植物作物室（Plant Crop Chamber）以及得克萨斯州休斯敦市约翰逊航天中心的进人试验装置（Human-Rated Test Facility）。工业试验设施包括在 1965 年至 1970 年间被运行的麦道·道格拉斯国际空间站模拟器（McDonnell Douglas Space Station Simulator），位于加利福尼亚州森尼韦尔市的洛克希德植物生长室（Lockheed Plant Growth Chambers），以及与位于亨茨维尔的阿拉巴马大学合作建造和运行的波音植物空气与蒸腾水回收室（Boeing Plant Air and Transpiration Water Recovery Chambers）。表 4.41 给出了地基生物再生生命保障系统研究的主要概况。

表 4.41　地基密闭生物再生研究项目概况

系统	研究人员/机构/项目	基本特点
基于小球藻的系统	美国空军航空医学院（1961）	● 猴子/藻类气体交换 ● 持续时间长达 50 h
	苏联（1961）	● 老鼠和狗，持续时间长达 7 d ● 第一个人/藻类系统（BIOS-1 和 BIOS-2），持续时间长达 15～30 d
小型密闭生态系统（微生物）	美国夏威夷大学（1967）	● 密闭烧瓶（100 ml～5 L） ● 多物种培养水溶液（生物合成与分解者） ● 能量+信息交换
基于高等植物的系统	CELSS-美国、日本、欧洲航天局（1977 年以来）	● 受控环境下植物生长（光、二氧化碳、温度、光周期等均受到控制） ● 注重提高产量
	BIOS-3，苏联（1972—1984 年）	● 2～3 人，最多达到 6 个月 ● 食物生产（30%～50%） ● 水回收（对蒸腾湿度冷凝水进行过滤和煮沸）
	生物圈 2 号，空间生物圈风险投资公司（Space Biospheres Ventures）（自 1984 年至今）	● 8 个人，持续时间长达 2 年 ● 完全的水回收和大气净化生态系统

1961 年，美国空军航空医学院（U.S. Air Force School for Aviation Medicine）进行了一项实验，在实验中将猴子与藻类培养罐相连而进行了长达 50 h 的气体交换。另外，在 1960 年至 1961 年，苏联植物生理学研究所和生物医学问题研究所（Institute of Biomedical Problems）的研究人员合作，用同样的方法对老鼠和狗进行了长达 7 d 的实验。1961 年，谢佩勒夫（Shepelev）成为第一个把自己作为人/藻类系统实验对象的人。谢佩勒夫与进行光合作用的小球藻之间的基本氧气/二氧化碳交换是成功的，尽管在此期间出现了微量气体污染物的累积问题（详见 6.3 节）。

1967 年，美国夏威夷大学马诺阿分校的福尔索姆（Folsome）开始利用容积为 100 ml～5 L 的密闭小瓶进行实验。该盛有水溶液的实验室烧瓶里含有各种微生物群落和空气。福尔索姆将它们暴露在人工光照或间接阳光下。这些烧瓶在物质上是密闭的，即与外界没有空气或营养物质的交换，但它们在能量上对光能是开放的。随着福尔索姆开发出非侵入式（non-intrusive）的测量方法，它们在信息上也变得开放。只要最初的样本中包含微生物的完整功能特征，那么这些实验室生态圈（ecosphere）就被证明是可以无限期存在的，从而能够完成从生物合成到废物摄食的整个代谢功能。1967—1968 年启动的生态圈至今仍然存在，微生物含量呈现周期性变化。

3. BIOS-1 至 BIOS-3

1965 年，苏联人又建造了另一套系统，利用小球藻为人再生大气。第一个再生链（regeneration link）是 8 m² 的光合藻类，可吸收一个人呼出的 CO_2，并为其产生呼吸用 O_2，可满足一个人的需求。当预先储存水和营养时，则这占到必需物质的 20%。1968 年，其通过回收水而实现了 80%～85%的物质闭合度。这些位于西伯利亚克拉斯诺亚尔斯克的早期系统被称为 BIOS-1 和 BIOS-2。另外，从 1968年开始，在莫斯科建立了体积为 5～20 m³ 的装置，可通过小球藻甚至高等植物来再生氧气。1969 年，有 3 个人在其中一个拥有物理-化学和生物生命保障能力的小型系统中生活了整整一年。对食物和水通常提前储存，但在这一年的实验中，氧气和水的再生率均达到 100%，并且使用了几种绿色植物来提供维生素。尽管在克拉斯诺亚尔斯克的研究基本上是基础性的，但在莫斯科的研究成果则是被应用于苏联（现为俄罗斯）的太空计划。

建造于 1972 年的 BIOS-3 是一个密闭结构，2～3 名乘员可以在其中生活，而且在 3 个名为"人工气候室"的房间里能够生产 70%～80% 的食物，每个房间都被提供高强度的人工光照。第四个房间包含生活设施、控制台和其他设备。建造该系统的目的是通过密闭循环将其与周围外部环境完全隔离，从而再生大气、水和部分营养物质。内部乘员执行与设备操作相关的所有工作。尽管植物或多或少是在人工气候室中被持续栽培的，但是只进行了 3 次等比例的进人密闭试验。这些试验分别是在 1972—1973 年冬季（3 名乘员，6 个月）、1976—1977 年（3 名乘员，4 个月）和 1983—1984 年（2 名乘员，5 个月）进行的。BIOS-3 完全在地下，由不锈钢焊接板构成以达到密闭。该结构的底表面积为 126 m²（14 m×9 m），高度为 2.5 m，体积为 315 m³，并被分为 4 个隔间，每个隔间大小相同［底表面积约为 31.5 m²（7 m×4.5 m）及体积为 79 m³］。其中两个隔间用于高等植物的水培生长（每个隔间的栽培面积为 20.5 m²），第三个隔间具有 3 个藻类培养罐，第四个隔间供 3 名乘员居住。每个隔间都有两扇门，用橡胶垫圈密封，这样任何隔间都可以与其他相邻隔间实现密闭隔离。每个隔间所需要的气体和液体由运行在隔间之间的管道供应。

在藻室中具有 3 台小球藻培养器（即上面所述的藻类培养罐）。每台培养器的受光表面积约为 10 m²，每天可产生 800 g 的干藻类生物量。在两个植物栽培室内，在金属托盘中无土培养了约 17 m² 的小麦和 3.5 m² 的蔬菜。每个人工气候室每天输出大约 1 000 L 氧气。将人工气候室中的温度保持在 22～24 ℃，相对湿度保持在 70%。BIOS-3 系统所需的电力和用于散热的自来水冷却剂均来自系统外。与周围大气压力相比，系统内的压力被略微提高。所检测到的污染物，包括各种有机物、一氧化碳、氨、硫化氢和二氧化硫等。它们是由乘员、植物、技术操作和材料释气等造成的。由于植物和催化转化器（catalytic converter）的良好净化性能，因此毒素并未积累。将不可食植物生物量（inedible plant biomass）在焚化炉中进行燃烧。由于温度很高，因此在焚化炉里并未出现烟雾。所有物质都被分解成二氧化碳(不含一氧化碳)，然后将这些所产生的气体直接排入人工气候室。另外，对二氧化碳和氧气浓度进行连续或定期测量。图 4.23 为 BIOS-3 大气中二氧化碳、氧气和总氧浓度的动态变化曲线。注意在第 0 d 到约第 60 d 之间氧气和二氧化碳浓度的明显镜像反应，在这一期间采用了定期测量模式，而之后则采用了连续测量模式。另外，后半段曲线的急剧变化是由于燃烧了不可食植物生物量造成的。

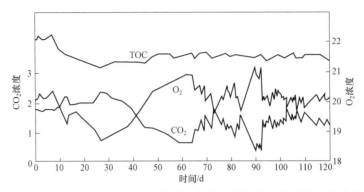

图 4.23 BIOS-3 大气中二氧化碳、氧气和总氧浓度的动态变化曲线

在 BIOS-3 中栽培的作物品种，包括小麦、胡萝卜、甜菜、萝卜、芜菁（turnip）、卷心菜、黄瓜、洋葱、荸荠（chufa）和酸模（sorrel）。另外，还种植了番茄和马铃薯，但是由于持续光照和高温，因此其产量很低。根据植株需要多少氮，在小麦营养液中加入一定剂量的尿液。然而，这导致营养液中出现了钠的积累。采用的光合有效辐射（photosynthetically active radiation，PAR）强度为 130 W·m^{-2}，并进行 24 h 连续照射。每个人工气候室具有 20 盏垂直氙灯（vertical xenon lamp），工作电压为 220 V，每盏 6 kW，点火时启动电压为 20 kV。这些灯被玻璃圆筒包围，水在这些圆筒中循环而对灯进行冷却。植物产品是乘员的食物，14 种植物共提供了 70% 的热量需求。饮食中的动物部分是根据乘员的需求定制的。向 BIOS-3 每月引进一次肉类，包括牛肉、猪肉、禽肉和鱼肉。

乘员每天需要 2.2～2.5 L 的饮用水。其他卫生和日常用水包括个人卫生、湿式清洗（wet cleaning）、洗衣和烹饪。多年的经验表明，人均日水消耗量为 6.5 L。生态系统的水交换和气体交换基本上完全密闭。被蒸发的水经过冷凝、循环并再用活性炭和离子交换过滤器净化后以供饮用，而只是煮沸 5 min 后则用于其他用途。为了营养［碘化钾（KI）］和改善口感［氯化钾（KCI）］，在纯净水中加入了少量的盐。冷凝水的来源是空调、人工气候室水分冷凝器、干燥室和燃烧不可食生物量的焚烧炉。在干燥室内，以 100～110 ℃的温度干燥不可食植物生物量和厨余物。BIOS-3 中的总质量交换和矿物质交换平衡关系如图 4.24 和图 4.25 所示。在 1983—1984 年的试验中，最高闭合度达到 91%。然而，矿物质交换仅占闭合度的 1.5%。

对乘员的健康状况在实验前、中、后进行了评估。通常，在乘员身体上安装传感器，以监测各种生理参数，且电信号通过插孔被传到外部。乘员可以通过电话或观察孔与外界联系。第一次实验（1972 年 12 月 24 日至 1973 年 6 月 22 日）包括三个阶段，每个阶段持续两个月，在此期间在植物和乘员之间进行气体和水交换方面均有不同安排。图 4.26～图 4.28 描绘了三个阶段中各自的水和大气交换特征。

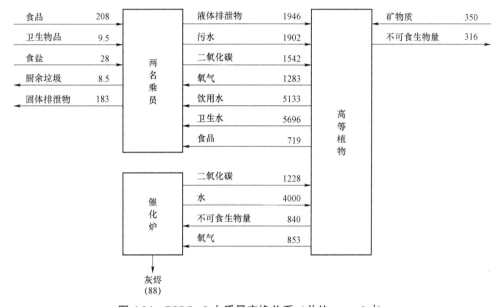

图 4.24　BIOS-3 中质量交换关系（单位：g · d⁻¹）

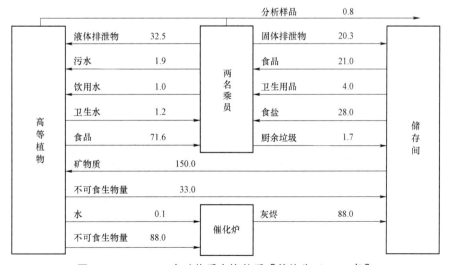

图 4.25　BIOS-3 中矿物质交换关系［单位为（g · d⁻¹）］

在第一阶段，其包括一个生活舱和两个人工气候室，在其中种植了小麦和一些蔬菜。两个人工气候室中的植物能够满足乘员对水和气的需求。生活舱的废水被输送到小麦营养液，而乘员产生的液体和固体废物从系统中被带走。高等植物以蔬菜和面包的形式为乘员提供食物，而其他营养需求都通过预存的冷冻干燥食物来予以满足（图 4.26）。

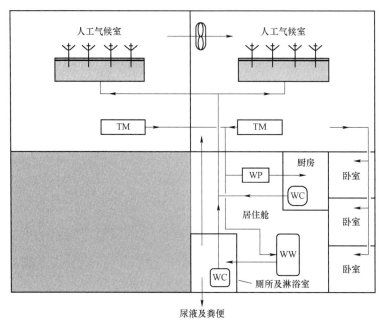

TM—蒸腾水冷凝收集器；WC—废水收集器；WP—饮用水净化与吸附器；
WW—洗涤水煮沸与储存器。

图 4.26　BIOS-3 中第一阶段舱内物质流配置关系

在第二阶段，将一个人工气候室从系统中隔离出来，取而代之的是一间小球藻培养室。试验结果表明，藻类培养室和剩余的人工气候室的运行能够满足乘员对气体与水交换的需求。小球藻消耗了乘员排出的液体废物，而乘员排出的固体废物被干燥以去除水分，并将其返回系统。食物由单个人工气候室和预存食品供应（图 4.27）。

在第三阶段，用只含蔬菜作物的人工气候室代替含有小麦和蔬菜作物的人工气候室。乘员舱和藻类舱之间交换洗涤废水。然而，与前两个阶段的实验不同的是，这些水都没有与植物的营养液混合（图 4.28）。

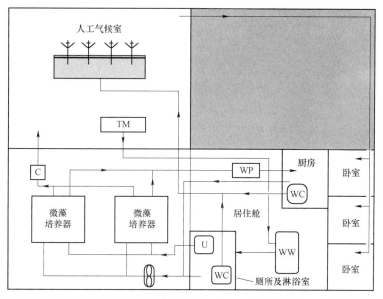

注：图中 TM、WC、WP 和 WW 所代表的含义同图 4.26；U—尿液收集器；C—活性炭过滤器。

图 4.27　BIOS–3 中第二阶段舱内物质流配置关系

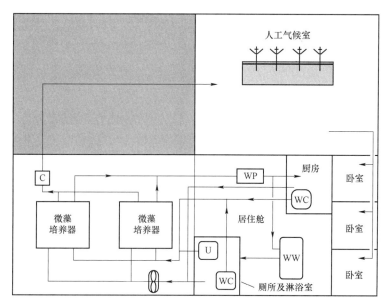

注：图中 TM、WC、WP、WW、U 和 C 所代表的含义同图 4.27。

图 4.28　BIOS–3 中第三阶段舱内物质流配置关系

4. 麦道·道格拉斯公司的长期生命保障试验项目

从 1965 年到 1970 年，在美国加州的圣莫尼卡和亨廷顿海滩市，麦道·道格拉斯公司的研究团队在其空间站模拟器中共进行了三次进人再生生命保障试验。试验计划被分为三个阶段。第一阶段：1965 年，30 d 进人试验；第二阶段：1968 年，60 d 进人试验；第三阶段：1970 年，90 d 进人试验。在每个阶段之后，他们对硬件和程序都进行了升级。该再生式生命保障系统（Regenerative Life Support System，RLSS）模拟器试验的目标包括以下几个方面。

（1）在无补给的情况下实现 RLSS 的运行。

（2）对高级生命保障系统进行评估。

（3）对乘员操作、维护和修理设备的能力予以确定。

（4）在密闭环境中实现物质平衡。

（5）对长期禁闭对乘员生理和心理的影响进行确定。

（6）对乘员在开展飞行实验中的作用予以确定。

（7）对物质平衡、热平衡和功率要求等进行确定。

试验是在一个双壁、水平及圆柱形的舱体中进行的，该舱体具有升限功能（altitude capability），因此能够防止任何向内泄漏而导致舱压达到 68.7 kPa。在舱内部与外部的试验控制区之间具有玻璃窗。在 30 d 和 60 d 的试验中，设备在隔间的左边，而厨房和卧室在隔间的右边。研究发现，这并非一种好的布局。因此，后来在 90 d 的试验中，从声学角度考虑对设备进行了重新布局。将设备区和生活区由玻璃纤维制成的隔音舱壁隔开。

在圣莫尼卡市进行了 30 d 和 60 d 的试验。参加试验的 4 名乘员是大学生志愿者。在为期 60 d 的试验中，其中两人喝的是蒸馏水，而另外两人喝的是再生水。这是人类第一次饮用自己回收的废水。利用两种系统来从尿液中回收水：一种是通过放射性同位素加热的真空蒸馏蒸汽过滤（Vacuum Distillation Vapor Filtration，VDVF）系统，另一种是作为备用的滤芯空气蒸发系统（wick air evaporation system）。此外，还有一台废水电解装置。利用固态胺（solid amine）系统收集大气中的二氧化碳，并将分子筛作为备份。另外，氧气用 Sabatier 装置回收。带有催化剂的毒素燃烧器控制一氧化碳和其他大气污染物。试验中使用了两种不同的食物——冷冻型和冻干型。基本能量摄入量为每人每天 12 000 kJ。废物管理系统包括马桶、小便池、装罐机和打包机以及水槽。舱外储箱被用于盛装舱内的废试剂及类似废物。利用打包机包装和压缩干垃圾。

在 90 d 的试验中，将空间站模拟器舱移到了亨廷顿海滩市，以便更靠近车间和分析实验室。备件和备用系统使乘员度过了 90 d。备件不能让所有的系统一直运行，但是通过使用备份系统可以继续试验。

在空间站模拟舱内开展试验的一个有趣的地方是，乘员并没有被锁在舱内。如果他们离开了，那么试验就会受到影响——因此试验负责人必须诱使他们留下来。

5. CELSS 线路板项目

1986 年，美国 NASA 的线路板项目（Breadboard Project），即以植物为基础的 CELSS 计划，在肯尼迪航天中心启动。线路板项目的目标是在其生物量生产舱（Biomass Production Chamber，BPC）中将以前实验室的研究规模按比例扩大，以用于验证人类生命保障的食物生产、水循环和大气控制的能力。BPC 是一台被翻新的圆柱形钢制高压设备，直径约 3.5 m，高 7.5 m，总内部体积为 113 m^3（图 4.29）。

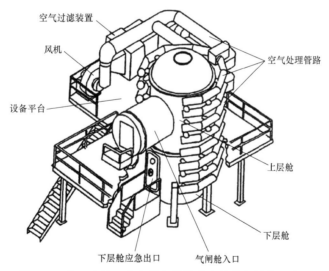

图 4.29　肯尼迪航天中心的生物量生产舱外部结构示意图

它最初被用在水星号载人飞船计划，后经改造后被用于植物栽培，有 8 个植物架，并安装了高压钠灯（high pressure sodium lamp，HPS）或金属卤素灯（metal halide lamp，MH）。总种植面积为 20 m^2。座舱的通风由管道完成，管道通向外部含有过滤器的空气处理系统。空气循环由两台 30 kW 的风机提供，可提供近

400 m³·min⁻¹ 的空气流量，在植物冠层的风速可达到 0.5～1 m·s⁻¹。对大气温度和相对湿度，由冷水系统通过雾化注水方式进行控制。利用压缩气体输送系统来控制大气中的二氧化碳和氧气浓度。BPC 的日泄漏率约为总体积的 5%。空气循环大约为每分钟 3 次，通风空气以 0.5 m³·s⁻¹ 的流量被输送到灯和种植托盘之间。BPC 的内部被分为上下两个隔间。每个隔间包含上下两层植物栽培床，每层栽培面积约为 5 m²。光照由 96 盏功率为 400 W 的 HPS 灯或 MH 灯提供。HPS 灯下的光合光子通量（photosynthetic photon flux，PPF）平均约为 650 μmol·m⁻²·s⁻¹，而对于 MH 灯，在屏障下方 0.6 m 的 PPF 平均约为 500 μmol·m⁻²·s⁻¹。BPC 的横截面如图 4.30 所示。

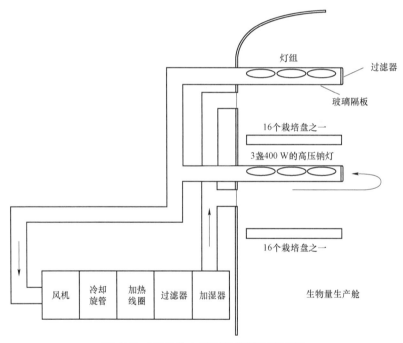

图 4.30　BPC 的上半隔间横截面示意图

　　最初试验的作物是小麦，被栽培在营养液膜中，用植物支架使植株冠层高出营养液面约 50 mm（图 4.31）。接下来，计划对大豆、马铃薯和复种作物（multiple crop）进行连续生产的研究。从 1993 年开始实施线路板计划的第一阶段，要求集成和验证 CELSS 的三个主要组成部分：生物量生产、生物量处理和废物转化。表 4.42 和表 4.43 给出了 1988—1991 年所进行试验的部分结果。

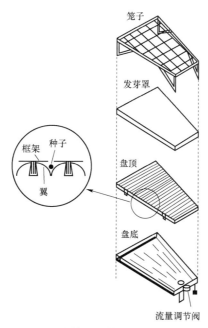

图 4.31 用于小麦栽培的薄膜托盘系统分解示意图

表 4.42 美国 NASA 生物量生产舱作物试验中所采用的光照水平

作物	日期	平均 PPF/ （μmol·m⁻²·s⁻¹）	光周期/h	每日累计 PPF/ （mol·m⁻²）	研究周期/d
小麦	1988 年 5 月	666	24	57.7	68～86
	1989 年 1 月	535	20	38.5	86
	1989 年 5 月	691	20	49.7	85
大豆	1989 年 11 月	815	12	35.2	90
	1990 年 5 月	477	12	20.6	97
	1990 年 11 月	644	10	23.2	97
莴苣	1990 年 3 月	290	16	16.7	28
	1990 年 9 月	280	16	16.1	28
	1991 年 9 月	293	16	16.9	28

表 4.43　在生物量生产舱中所栽培的作物产量（干物质）

作物	日期	可食生物量产量		总生物量产量	
		$(kg \cdot m^{-2})$	$(g \cdot m^{-2} \cdot d^{-1})$	$(kg \cdot m^{-2})$	$(g \cdot m^{-2} \cdot d^{-1})$
小麦	1988 年 5 月	1.16	15.0	2.88	37.4
	1989 年 1 月	0.67	8.0	2.36	27.4
	1989 年 5 月	0.82	9.6	2.76	32.5
大豆	1989 年 11 月	0.54	6.0	1.66	18.5
	1990 年 5 月	0.4	4.1	1.18	12.2
	1990 年 11 月	0.49	5.0	1.3	13.4
莴苣	1990 年 3 月	0.16	5.7	0.17	6.0
	1990 年 9 月	0.16	5.8	0.18	6.3
	1991 年 9 月	0.2	7.2	0.22	7.9

　　位于美国亚利桑那州的生物圈 2 号实验与 BIOS－3 的相似之处在于，它也是一个密闭系统，在这种情况下 8 名乘员在其中工作以维持生态平衡，从而实现生命保障。然而，它与 BIOS－3 的最大不同之处在于它更大，虽然空调使用的是外部电源，但它完全依靠阳光来驱动光合作用，并且依赖更多的生物反馈（biological feedback）来实现基本回收。在第 7 章将对生物圈 2 号进行详细描述。此外，在斯坦尼斯航天中心开发的生物家园（BioHome），将在第 9 章中予以讨论。

　　6. 进人试验装置

　　目前（指 1995 年左右。译者注），位于得克萨斯州休斯敦市的美国 NASA 约翰逊航天中心正在开发一种"密闭生态生命保障系统进人试验装置"（Closed Ecological Life Support System Human-Rated Test Facility，HRTF）。HRTF 是一种进人的地面 CELSS 设施，可以对 CELSS 概念进行全尺寸和长时间的综合测试。HRTF 的首要目标是获取必要的信息和操作经验，以确定最终飞行系统的性能和设计要求。在密闭而受控的条件下，在该设施中进行长时间的全尺寸综合试验将会达到这一目标。尤其是，该设施将为 NASA 提供将先进的再生式物理－化学生命保障子系统与生物系统大规模集成的能力，以便足以有效证明星球基地生命保障系统的阶段性发展过程。

HRTF 的另一个优点是能够对高级生命保障（advanced life support，ALS）以外的相关学科进行试验。例如，人为因素也被认为在保持乘员的工作效率和确保其整体舒适性方面发挥重要作用。或许，诸如人类生理学、心理学和社会学等医学学科也将受益于保障 HRTF 人体试验的合作努力。

另外，1995 年开始在约翰逊航天中心 241 号楼建造 HRTF 多舱参考设施（multichamber reference facility）。如图 4.32 所示，该系统包括 5 个功能不同的舱体、相互连接的传输通道和气闸舱等结构。另外，在该系统上还装有两个"疤痕"（scar），这可以在该参考设施上另外增加两个舱体。这 5 个舱体的直径均为 4.6 m，长度均为 11.3 m；内部结构基本相同，均包括两层舱板、支撑梁、楼梯和梯子入口。

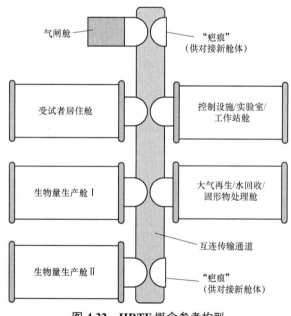

图 4.32　HRTF 概念参考构型

HRTF 项目将由三个不同部分组成，这些部分均遵循并行设计、开发、集成和试验等路径。

1）多舱设施

它将提供可在其中进行大规模密闭而受控的生命保障试验的基本结构。舱体内部的公用设施将提供必要设施的分配，如电源、数据和流体分配、舱体系统之间的相互分配和往返于舱体外部公用设施（如控制和数据采集系统）之间的分配。位于 HRTF 舱外的设施将为舱内进行的操作和试验提供保障。这些保障设施将会包括分析实验室和医疗保障设施。

2）生命保障系统

生命保障系统将用于大气再生、水回收、食物生产、固体废物处理和热管理等领域中的生物和物理 – 化学生命保障系统的试验。

3）乘员居住设施

乘员居住设施，包括睡眠、工作、厨房和卫生区，将在计划的长期任务期间占用 HRTF，并为乘员提供一种舒适而高效的环境。此外，在乘员和生命保障系统之间将具有基本接口，特别是在卫生区。

为了给制定系统要求奠定基础，因此为 HRTF 建立了参考方案。HRTF 参考任务时间线（图 4.33）提供了一套简单的设施和操作指南，包括任务持续时间、乘组规模、乘员更换时间表和预期的非正常操作条件。试验将包括以下两个不同阶段。

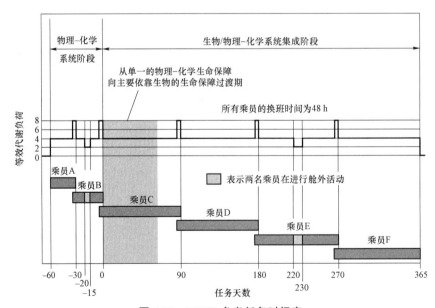

图 4.33 HRTF 参考任务时间表

（1）物理–化学系统阶段——在此期间不会启动任何生物系统。

（2）生物和物理–化学系统集成阶段——在此阶段，生物系统被启动并成为主要的生命保障提供者。

以上两个试验阶段的时间分别为 60 d 和一年，其间将定期更换乘员。HRTF 系统将会被专门设计，以保障这两个试验阶段之间平稳过渡。此外，为了全面研究 CELSS 的性能特征，将对试验方案施加非标称（off-nominal）条件，例如，在长时间的"舱外活动"（extra-vehicular activity，EVA）期间降低乘员的代谢负荷。

7. 日本和欧洲的 CELSS 项目

日本和欧洲的 CELSS 项目虽然规模较小，但也在进行中。它们专注于用于氧气和二氧化碳分离与浓缩的气体循环技术、水回收技术、植物栽培和藻类培养技术以及鱼类等动物的生理学研究与繁殖技术。欧洲的项目还包括许多关于生物发育的微重力问题，这是将地面 CELSS 技术成功转化应用到空间的关键。在日本，目前正在讨论建设一套名为"生物圈 J"的密闭生态实验设施（Closed Ecology Experiment Facility，CEEF）。其设计及规划始于 1990 年，预计于 1998 年被建成。CEEF 计划占地为 6 500 m^2，总容积为 5 200 m^3，可保障两个人。它将包括用于农作物种植、乘员居住、家畜饲养、地面生态系统研究、海洋生态系统研究以及其他技术和保障等互联模块。计划将这些模块相互隔开，以能够分别控制二氧化碳和氧气浓度。对于农作物模块，其正在计划将太阳光和人工光结合起来（目前该系统早已被建成，并开展了大量相关试验。译者注）。

■ 4.6　航天服和舱外活动

4.6.1　在航天器或太空基地外工作

舱外活动（extra-vehicular activity，EVA。也叫出舱活动）是指在航天器或太空基地的保护性环境（protective environment）之外进行的太空操作或活动，因此航天员需要补充或独立的生命保障设备。

1965 年 3 月 18 日，苏联航天员阿列克谢·列昂诺夫（Alexej Leonov）进行了第一次 EVA。他在上升号载人飞船外面待了 10 min。从那时起，人类获得了大量的 EVA 经验。舱外活动包括科学研究以及各种修理和组装操作，并已证明利用航天员的能力来保障在自由太空进行活动是可取的，甚至是必要的。一个人可以在自由太空或星球表面上的太空行走中做在地球表面上所做的几乎所有事情。然而，在低重力或零重力的情况下穿着航天服工作，需要在某些设计上做出让步，以提高太空行走者的工作效率。设计 EVA 时，必须考虑以下两个因素。

（1）航天服很坚硬，限制了视野和运动，穿着它工作很疲劳，而且所有的工作都是戴着手套完成的，这就大大降低了触感和灵活性。

（2）在零重力条件下，所有的航天员和工具都必须被拴着，以防止他们/它们飘走或丢失。

总体而言，EVA 是高要求的活动，在 EVA 任务中对被使用的硬件、工具和程序等进行设计时需要考虑许多因素。进行 EVA 设备和任务的设计时应从一开始就与 EVA 兼容，即最大化成功的可能性，最小化成本，并防止由于设计概念不佳而致使必须采用低效而耗时的操作方案。EVA 可被分为以下三类。

（1）计划内 EVA：在发射前就已被计划好，包含在正式的任务时间表中。

（2）计划外 EVA：不包含在任务正式的时间表中，但可能需要以实现有效载荷或任务成功。

（3）应急 EVA：为了确保航天员（和航天器）安全返回。

另外，计划外的 EVA 也是需要的，如在天空实验室空间站、礼炮号空间站和航天飞机任务期间均是如此。俄罗斯人执行的 EVA 大约有 40%是计划外的，因为需要开展维修工作来恢复空间站的性能并保障任务安全。已有的所有载人航天任务都未需要应急 EVA。

实现 EVA 的有效性和安全性的必要前提是需要对航天员进行适当培训。地面的培训项目包括熟悉航天服及其系统、在真空室内进行高原训练以掌握航天服和气闸系统的控制技能、在执行某些任务时使用飞行模拟器进行抛物线飞行以及使用专用模拟器，如那些被设计以用来掌握载人机动装置（manned maneuvering unit，MMU）控制技能的模拟器。最重要的是，在中性浮力设施（neutral buoyancy facility，俗称水槽）中进行的训练，为在零重力下开展 EVA 提供了极好的模拟能力。具有舱外活动经验的航天员建议，在设计过程的早期使用模拟器来模拟将要执行的任务。已经证明，必须在热/真空室中对 EVA 硬件和工具进行功能测试——这些测试导致了许多设计得以改进。在低重力条件下，如在月球或火星表面，EVA 的模拟也可被在抛物线飞行中进行，就像星球表面的热环境和真空环境也可被在真空舱中模拟一样。

4.6.2　舱外活动装置的要求、设计和操作

舱外活动装置（Extravehicular Mobility Unit，EMU）是一种密闭而隔离的环境，以保护航天员不暴露于太空环境中。它由一套航天服组件和一套便携式生命保障系统（portable life support system，PLSS）组成。航天服必须保持呼吸和通风所需的氧气压力，并能够为在轨执行任务提供足够的灵活性、机动性和可视性。例如，在美国的航天服中，通过气囊约束织物和微流星体防护服来保护航天服的气囊不被外部刺穿。气囊接缝和法兰用第二层气囊材料加固以增加强度。通过计算得出，在一次 2 人 6 h 的舱外活动期间，微流星体穿透 EMU 的概率为 0.000 6。在辐射防护方面，目前的航天飞机 EMU 提供了 $0.5\ \text{g}\cdot\text{cm}^{-2}$ 的近似铝等效防护层。对于极地或地球静止轨道上的 EVA，由于辐射条件不同，大约需要 $1.62\ \text{g}\cdot\text{cm}^{-2}$（见 3.1 节）。

PLSS 必须为航天员提供必要的生命保障功能，特别是氧气供应和净化、温度和湿度控制、代谢和环境热量去除，以及一套紧急和预警系统，以便及时发现危险情况并就此通知航天员。一般情况下，氧气由储气罐提供，而通风回路由风机驱动，通过 LiOH 和活性炭过滤器去除二氧化碳和异味。冷却由冷凝热交换器提供。电源由电池提供。

航天服组件中最脆弱的部分是手套。必须注意，不要在 EVA 过程中意外刺穿或损坏手套。一般来说，手套是航天服中最重要的部分，因为它的灵巧性和触感性能至关重要，所以需要定制其大小。它包括 3 副手套，一副被套在另一副的上面。第一副是保持气体的手套囊。第二副是用于压力负荷保持的手套约束层。第三副是热防护手套，由多层绝缘层、毡层和橡胶层制成。有舱外活动经验的航天

员强调，在舱外活动任务时应设计而使他们只需要一只手来操作。这是考虑到在穿着航天服工作时经常需要用另一只手来稳定自己。根据经验，他们还建议执行一项任务时的最大用力应<110 N，并且还应将任务设计为尽可能使用大肌肉群，以减少航天员的疲劳感。

对于现代航天服的面罩（visor），视角在垂直面上必须至少是120°（55°仰视角，65°俯视角），而在水平面上必须至少是200°（左右视角均为100°）。例如，航天飞机上的EMU如图4.34所示。

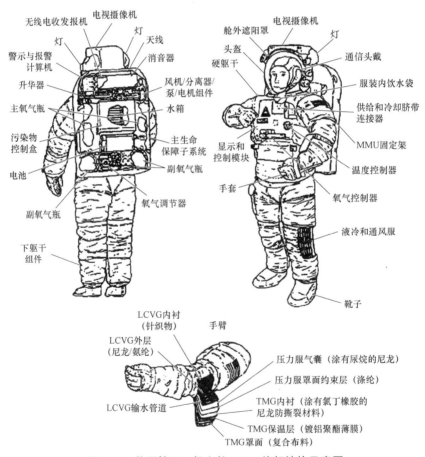

图4.34　美国航天飞机上的EMU外部结构示意图

说明：LCVG代表液体冷却与通风服；TMG代表真空屏蔽隔热服。

舱外航天服设计中最重要的问题包括灵活性、使用现有航天服的能力以及预呼吸纯氧（prebreathing）对操作的影响。使用低压服，如 29.6 kPa，有两个优点：当前可用性和灵活性。然而，低压服的使用将导致需要更大的舱内压力以进行大量的预呼吸纯氧。相反，使用高压服有一个独特优点：无须预呼吸纯氧，这样则既安全又操作便利（见 4.6.3 小节）。

一般来说，在大气中具有氧气（含氮量＜5%）时，航天服的工作压力为 30～40 kPa。太空基地压力的最佳选择取决于安全的座舱环境，其通过对避免氧气中毒和缺氧、众多安全措施、任务和飞行器设计、科学和 EVA 服等因素进行综合考虑而实现。氧气和压力的海平面当量（sea level equivalent，SLE），是基于在低压下使血液中维持与海平面 101.3 kPa 时相同的氧气量。当大气总压降低时，为了保持与海平面血液中相当的浓度，就必须增加氧气的百分比。SLE 座舱大气组成可在 25.7 kPa 和 100%氧气至 101.3 kPa 和 21%氧气的范围内予以构建，然后可对候选座舱环境进行评估（图 4.35）。历史上，美国和俄罗斯的太空计划都是在各种座舱和航天服压力的组合下运行的，见表 4.44。此外，俄罗斯的航天服可以在 15 min 内切换到低压 27.6 kPa 的工作模式，从而提高其机动性。

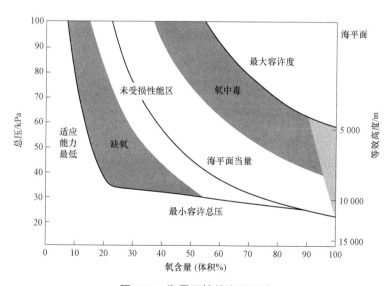

图 4.35　海平面等效座舱环境

表 4.44 历史上的航天服和座舱压力数据

太空计划	座舱压力/kPa	航天服压力/kPa	氧含量/%	
			座舱	航天服
水星号载人飞船	34.5	24.0	100	100
双子星座号载人飞船	34.5	24.0	100	100
阿波罗号载人飞船	34.5	24.0	100	100
天空实验室空间站	34.5	24.0	70	100
航天飞机轨道器	101.3 70.0	21 28.5	29.6 29.6	100 100
俄罗斯项目	101.3	40.6（27.6）	22	100

如果吸收筒工作正常，那么航天服中的二氧化碳分压就不会超过 2 kPa，这样也满足生理要求。如果二氧化碳分压超过 2 kPa（引起高碳酸血症），可能会导致呼吸频率增加、头痛及认知障碍等令人不快的症状，并最终失去意识。

航天服微气候指标还包括热模式。在航天服热控系统中，采用升华热交换器以及水冷服的散热方法。这种散热方法提供了一种标称热模式，其可在几乎任何工作负荷下持续运行。选择便携式生命保障系统的一些主要标准是操作要求（代谢率和作业周期时间）以及最小的重量、体积和功耗。

航天员的活动能力主要受航天服对人体运动动作的机械阻力的影响。在软质航天服外壳中，正压和力之间有明显的相关性。航天服的绝对压力值应该是在降低高空减压病（altitude decompression sickness）风险和保持航天员所需的活动能力与工作能力之间的一种折中。在这方面，必须提到与人体主要关节相对应的航天服关节所在的位置。其主要涉及两方面问题：技术和生物力学。人的主要关节提供了围绕两个或更多轴的运动，这一事实促使在设计外壳弯曲度时需要减少阻力。然而，这些软关节的主要缺点是使航天服难以保持恒定的体积。因此，必须在关节处另外增加对外壳弯曲的阻力，但这样会降低航天员的工作效率。为了防止这种情况的发生，已经尝试开发刚性航天服。目前，使用的是混合式半刚性航天服。在肩关节和腕关节部位，航天服同时使用了旋卷（convolute）和压力轴承，因此具有低阻力矩。半刚性航天服的主要优点包括以下几个方面。

（1）加压状态下服装躯干达到最小外形尺寸。

（2）可容易且快速地穿上/脱下。

（3）将生命保障系统与航天服连接的线路布置在舱内，因此易于操作，并提高了可靠性。

（4）具有足够的舱门压力密封性。

（5）具有不同人体尺寸的航天员有可能使用一套标准尺寸的航天服。

（6）将主要的生命保障系统组件安装于航天服内易于接近的位置，因此便于部件的更换和维修。

在失重状态下，航天员的平均工作率（work rate。也叫劳动率）为 460 W±40 W。如果需要运输额外的质量（最高可达 150 kg），那么工作率会增加到 600 W±50 W。使用 MMU 可以将 EVA 期间的平均工作率降低到 170 W 左右。俄罗斯的 EVA 测量结果表明，使用半刚性航天服时，航天员每小时的平均代谢率为 290 W，而短期最大值为 910 W。总的来说，EMU 需要满足许多有时相互矛盾的需求。以上需求总结见表 4.45。

表 4.45　航天服需求总结

航天服需求	简要说明
加压容积和可呼吸大气	氧气供应、二氧化碳去除和压力控制
热控和外部保温	—
抵御外来物体的物理保护	微流星体及锐利边缘
通信	与航天器和地面控制单元
辐射屏蔽	不能屏蔽可能出现的太阳耀斑和 GCR
航天服的适当生物工程特性	对于具有不同人体测量学（anthropometry）的航天员（95 百分位数）
适当的生理和卫生条件	峰值代谢率高达 700 W；尿液和粪便管理
高可靠性	—
消防安全	在 100%氧气的大气中
耐用寿命	在航天器上为 3～5 年
可重复利用性	在航天器上使用 25～50 次，并具有部分配件
普遍性	为不同航天器提供 EVA 的可能性；与 MMU 相结合的可适用性

续表

航天服需求	简要说明
耗材的最小重量	用作冷却剂的给水；用于二氧化碳去除的吸附剂
操作的简便性与可维护性	在航天器上修理是可能的
最小重量和外形尺寸	—
最低成本	—

由于 EVA 是在极端环境下被执行的，因此可以将其归类为高度危险的操作。这就是为什么要使这些活动尽可能有效和安全，以及为什么要将 EMU 设计为能够失效保护。这意味着在任何单一故障发生后，必须提供能够安全返回航天器或基地的条件。安全返回航天器或基地的核心问题是在一旦失去关键生命保障功能时能够进行检测和警报。故障检测由警告/警报系统和航天员执行。警告/警报系统监控氧瓶压力、二氧化碳浓度、通风流量以及电池的电压和电流。

在出现系统故障或紧急情况时，执行 EVA 的航天员则须返回气闸舱或在对航天服状态进行更加严密的监视和控制下而继续执行 EVA 任务。气闸舱是保证 EVA 有效性和安全性的重要因素，其尺寸、布局和设备应确保在尽可能短的时间内以最少的工作量来完成进/出航天器的所有必要操作。应给气闸舱配备有防止在实施出舱活动前对航天服进行检查、预呼吸和气锁期间生命保障耗材被耗竭的措施。从表4.46 的概述中可以清楚地看出，在设计阶段的重点是要考虑如何保护航天员不受航天服减压的影响，特别是手臂、腿和手套的减压，以及航天服的最关键部件。

表 4.46　在 EVA 活动期间提供安全性的设计措施

突发事件	系统启动和航天员行动
压力损失 ● 航天服 　（$Q=0.2\sim2.0\ \mathrm{kg\cdot h^{-1}}$） 　（$Q>2.0\ \mathrm{kg\cdot h^{-1}}$） ● 手套 　（$Q>3.0\ \mathrm{kg\cdot h^{-1}}$） ● 外囊 　（$Q>2.0\ \mathrm{kg\cdot h^{-1}}$）	● 驱动注射器（injector）；根据氧储量继续进行活动 ● 启动氧气应急供应；25 min 内返回气闸舱 ● 启动自动袖口（cuff）；15 min 内返回气闸舱 ● 备份囊自动工作；根据氧储量继续进行活动

续表

突发事件	系统启动和航天员行动
主氧气系统故障	启用储备氧；根据氧储量继续进行活动
主风机故障	启用备份风机；根据氧储量继续进行活动
电源故障	启用注射器；返回气闸舱
二氧化碳吸收筒故障	启用注射器；返回气闸舱
换热故障	启用注射器；返回气闸舱
泵故障	启用两台风机；根据氧储量继续进行活动

4.6.3　舱内压力与航天服压力

在航天器和航天服的设计中，一个重要的约束条件是座舱压力的优化与航天服压力的优化是互相矛盾的。

（1）在操作上不希望座舱压力低于一个大气压（101.3 kPa），因为氧浓度的增加会导致燃烧发生的可能性增加等不利情况发生。此外，在进行某些实验时，可能需要提供一个大气压。

（2）航天服的压力应尽可能低，以便为手套提供高机动性和最大灵活性以及触感。

由于会受到航天器座舱压力和航天服压力的共同作用，因此航天员必须进行氧气预呼吸。氧气预呼吸或吸氧排氮由航天员在每次开展舱外活动前进行，以防止可能发生失能性减压病（incapacitating decompression sickness，DCS）和潜涵病（bends，也叫减压症）。氧气预呼吸可降低航天员体内的氮含量，从而阻止身体组织中氮气气泡（nitrogen bubble）的形成，不然，当大气压降低时就会导致所谓的"潜涵病"。然而，由于会浪费航天员的时间并降低灵活性，因此氧气预呼吸在操作上并不可取。鉴于此，应将氧气预呼吸时间保持在最低限度。

氧气预呼吸的持续时间主要取决于环境大气成分（座舱大气）以及初始和最终压力水平。呼吸纯氧所需要的时间是初始和最终航天服压力比的一种函数。一种安全度量单位是 R 因子，即减压前的组织氮气压力与最终航天服压力的解析比：

$$R = \frac{P_{N_{2i}}}{P_{ss}}$$

式中：$P_{N_{2i}}$ 为初始被吸收组织氮气压力，即座舱大气中氮气分压；P_{ss} 为最终环境压力，即航天服压力。

R 因子越小，减压问题发生的风险就越低。在美国、俄罗斯和欧洲，均采用了或计划采用不同的方法和 R 因子：

美国：$R=1.4$，在 30 kPa 的航天服压力下预呼吸 2～4 h。

俄罗斯：$R=1.7$，在 40 kPa 的航天服压力下预呼吸 0.5 h。

欧洲：$R=1.2$，在 50 kPa 的航天服压力下预呼吸 2.5 h。

图 4.36 显示了几种座舱和航天服的压力，这些压力是根据各种 R 因子曲线绘制的，这些 R 因子曲线表示出可能存在的操作组合范围。图 4.37 给出了氧气预呼吸时间与座舱压力和出舱活动航天服压力之间的函数关系。

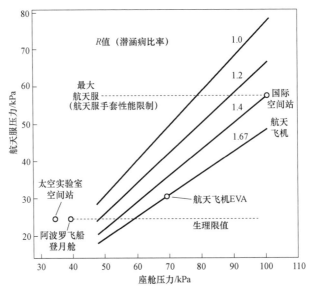

图 4.36　座舱压力与航天服压力受潜涵病比率影响的基本关系分析

在高座舱压力下，如 101.3 kPa，在航天服压力规格和氧气预呼吸需求方面存在着严重问题。高压航天服价格昂贵，但使用现有的柔性航天服需要长达 6 h 的预呼吸。航天服相对较高的工作压力（40 kPa）实际上排除了失能性减压病或潜涵病的可能性，而且也不需要在出舱前进行长时间的氧气预呼吸。在舱外活动之前可以

采用的座舱压力为 70 kPa，这样如采用现有的航天服则只需要 1 h 的预呼吸。如果
采用 34.5 kPa 和 70%～100%氧气的大气，则可以使用现有的美国航天服，而不需
要进行预呼吸。

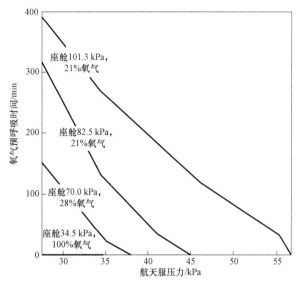

图 4.37 氧气预呼吸时间与座舱和航天服压力之间的函数关系（R=1.4）

　　在航天器上，针对计划内和计划外的舱外活动的氧气预呼吸，通常是将轨道飞
行器的座舱压力降至 70.3 kPa 来完成的。最后的预呼吸是在航天服中不间断进行
的，必要的预呼吸时间由压力降至 70.3 kPa 的时间决定。美国和俄罗斯的预呼吸系
数分别为 1.4～1.6 和 1.5～2.0。图 4.38 给出了航天飞机上预呼吸程序的一种典型方

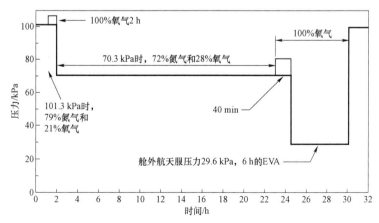

图 4.38 航天飞机轨道器上进行 EVA 时的预呼吸方案（分阶段压缩）

案。另一种可供采用的预呼吸方案是一种套装选项，即在任何座舱或气闸舱降压到小于 55.2 kPa 之前，在座舱压力高于 86.2 kPa 和氧浓度高于 95% 时至少进行 4 h 的不间断预呼吸。

俄罗斯 EVA 航天服的工作压力为 27～41 kPa。然而，航天员更喜欢在较低的压力下工作，因为较高的压力会降低机动性、增加泄漏造成的危险并增加 EVA 任务期间和之后的身体不适。俄罗斯航天服里的大气由氧气组成。预呼吸前的氮含量不高于 2%，而二氧化碳含量接近于 0。俄罗斯 EVA 的预呼吸过程中的压力动态分布情况如图 4.39 所示。

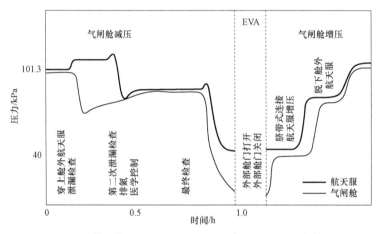

图 4.39　俄罗斯 EVA 的预呼吸过程中压力动态分布情况

另外，最初的欧洲 EVA 参考概念基于零预呼吸设计，R 系数为 1.2，这代表了一种保守而低风险的方法，但前提是假设 Hermes 的座舱压力水平为 70 kPa。Hermes 是原计划中但现已被取消的欧洲载人航天器。随后将标称模式和应急模式的 R 因子分别设置为 1.22 和 1.6，结果使在标称模式下的预呼吸时间为 150 min。

4.6.4　过去和现在的航天服与 EVA 经验

在美国的双子星座号载人飞船、阿波罗号载人飞船、天空实验室空间站和航天飞机轨道器以及俄罗斯的上升号载人飞船、联盟号载人飞船、礼炮号空间站以及和平号空间站计划期间，都进行过舱外活动。表 4.47 和表 4.48 总结了 1991 年以前所有太空任务所累积的 EVA 任务时间。除了双子星座号飞船和上升号载人飞船计划以及在阿波罗 15～17 号任务期间由指挥舱航天员执行的舱外活动外，所有的舱外活动都由两名航天员执行。值得注意的是，所有的双子星座号载人飞船、上升号载人飞船、联盟号载人飞船和阿波罗号载人飞船的 EVA 都是开舱操作，这意味着整个航天器座舱被减压，且所有内部的航天员都被暴露在真空条件下。所有非 EVA 的舱内航天员都穿着压力防护服，并由航天器系统提供必要的生命保障和通信功能。上升号载人飞船、双子星座号载人飞船和礼炮号空间站 EVA 的主要目标是验证 EVA 的可行性并开发和评估 EVA 系统的能力。

表 4.47　美国 EVA 总结（截至 1991 年）

项目	双子星座号载人飞船	阿波罗号载人飞船	天空实验室空间站	航天飞机	总计
EVA 次数	9	19	10	15	53
EVA 任务总时长/h	12:21	84:05	41:55	78:34	216:55
EVA 航天员总时长/h	12:21	160:53	83:15	158:10	414:39
EVA 单次最长时间/h	2:29	7:37	7:03	7:08	—

表 4.48　俄罗斯 EVA 总结（截至 1991 年）

项目	上升号载人飞船	联盟号载人飞船	礼炮号 6 号空间站	礼炮 7 号空间站	和平号空间站	总计
EVA 次数	1	1	3	13	25	43
EVA 任务总时长/h	0:10	0:37	4:46	48:28	113:04	167:05
EVA 航天员总时长/h	0:10	1:14	9:32	96:56	225:42	333:34
EVA 单次最长时间/h	0:10	0:37	2:05	5:00	7:00	—

上升号载人飞船和联盟号载人飞船的 EVA 航天服，以及所有在航天飞机计划之前所被使用的美国航天服，都是"软"设计。它们的外壳是一个整体，并具有一顶可拆卸的头盔。生命保障系统被装在一个可移动的背包中，后者被固定在背部或腿部。在礼炮号空间站与和平号空间站计划实施期间，舱外航天服为半刚性型，可用于多种自由太空舱外活动，且其可靠性很高。在俄罗斯，这些半刚性的航天服来自俄罗斯原计划中的月球 EVA 的设计概念。在

美国，航天服和 PLSS 的重量随着项目不同而显著增加，具体见表 4.49。

表 4.49　不同航天器上航天服和 PLSS 的重量比较

项目	航天服重量/kg	PLSS 重量/kg	EMU 总重量/kg
阿波罗号载人飞船	27.2	61.2	88.4
航天飞机轨道器	49.9	72.6	122.5
礼炮号空间站	—	—	70.0
阿尔法号空间站*	～90	～195	～285

*阿尔法号国际空间站后来被正式命名为现在的国际空间站（译者注）。

1984 年 2 月，美国的 MMU 在航天飞机 STS–41 B 太空飞行期间首次被使用。俄罗斯 MMU 的第一次成功试验是在 1990 年 2 月在和平号空间站附近进行的。在阿波罗号载人飞船计划期间，航天员还在月球表面完成了各种任务，尤其是他们验证了在低重力环境下工作的可行性。在月球表面开展 EVA 共花费了 160 h。

4.6.5　未来 EMU 的发展趋势

未来，在不同的太空环境中，太空目的地将会有多种多样的太空基地，包括在轨、月球表面和火星表面。这些基地将具有多种功能。一些将是生活的驻地，可能被保持在正常压力和氧气条件下，就像地球上那样。有些可能被有效保持在低压条件下，因为它们被用于安装设备或被用于进行太空实验和种植植物。总的来说，每个基地都将会有自己的航天员探访和作业周期，而且每个基地都要承受各种各样的压力/氧气比/航天服的组合。建立一个低压基地，但仍然可以保持 EVA 不需要预呼吸的情况，如 $R=1.2$，并允许较低的 EMU 操作压力，这样则可以显著降低 EMU 的重量。

未来典型的 EVA 保障任务将包括组装、运行保障和维护阿尔法号国际空间站。目前的计划要求使用功能增强的航天飞机 EMU 来保障该空间站。正在对 EMU 进行测试，以确定其执行 25 次而每次持续 6 h 的 EVA 任务的能力。

为空间站以外的载人航天任务（例如载人登月基地或飞往火星的飞行）确定的下一步 EVA 系统开发目标，包括轻质材料、最短的预呼吸时间、在低重力条件下改善航天员运动的机动性，以及可减少消耗品运输和后勤补给负担的再生式生命保障子系统。特别要注意的是，从长远来看，使用开环系统将会非常昂贵。对于一次 8 h 的 EVA，一个人需要 1.22 kg 的 LiOH、0.63 kg 的氧气和 3.5～5.4 kg 的冷却水。假如在为期 6 个月的任务中，共有 5 个 2 人乘组，每周进行 8 h 的 EVA，那么仅此一项就需要超过 1 t 的水。

低重力场的优点之一，也就是低重力场是一种小于 1 g 重力但又不太接近 0 g 重力的重力场，它会给航天员一种上下的感觉。另外，当航天员失去平衡时，他们就将会落入星球尘埃中。因此，对未来星球航天服的开发最感兴趣的将是引入防尘保护措施。在星球舱外活动的工作场所，航天员的任何移动或与星球表面相互作用的工作活动都会扬起尘埃。由于月球和火星上的低重力环境，因此尘埃就会传播并覆盖航天服的下肢。此外，尘埃污染将会通过引起 EMU 表面磨损而对在星球表面作业造成危害。同样重要的是，在再次进入基地之前，要对布满尘埃的航天服表面进行清洁，以防止尘埃颗粒污染整个基地。按照美国职业安全与健康管理局（Occupational Safety and Health Administration）的标准，在各自的重力场中所携带的载荷不得超过 20.3 kg，那么对于未来星球 EMU 的地球重量设计目标分别是：月球 PLSS 为 122 kg，火星 PLSS 为 53.3 kg。

作为 Hermes 航天器发展计划的一部分，欧洲 EVA 航天服的设计得到了发展（但于 1994 年被取消）。欧洲舱外航天服系统应该由一个自主式拟人化系统（anthropomorphic system）组成，通过后入式设计，可以在无人帮助的情况下穿/脱航天服，从而能够提供长达每次 7 h 的 EVA 能力和 15 年或 35 次的操作寿命。它的平均代谢率被设计为 300 W，15 min 内最大代谢率为 580 W，在任何指定的 EVA 小时内代谢率为 470 W，而在 60 min 内最小代谢率为 120 W。航天服的标称操作环境为 50 kPa 的大气中含有 95%的纯氧，紧急操作环境下为 27 kPa，持续时间至少为 30 min。自主式航天服的湿重量计划为 125 kg。不过，在不久的将来，欧洲航天服计划被继续执行的可能性很小。

第 5 章
物理－化学生命保障子系统

在物理－化学生命保障系统中，人是唯一的生物组成部分。物理-化学子系统能够完成的基本生命保障功能包括大气管理、水管理和废物管理。

由于最重要的物理－化学再生方法是被用于进行水和大气的循环利用，因此才有可能减少补给量。只有通过生物再生方法才能提供食物。在第 6 章将进一步讨论这些问题。本章介绍了目前在美国、欧洲和日本受到讨论的面向空间应用的重要物理－化学生命保障子系统。在可获得的情况下，给出了有关苏联发展的资料。当然，对于任何技术的选择过程来说，最重要的是要知道相关的技术是否成熟，或至少了解该技术所处的发展阶段。为了判断生命保障子系统的技术成熟度，可以利用表 5.1 所示的技术成熟度等级（Technology Readiness Level，TRL）来测量技术成熟度。在航天器设计阶段，由于使其达到飞行状态所需的时间较短，因此 TRL 小于 5 的技术很少被认为是可行的。在接下来的章节中，TRL 将被用于各个子系统。

表 5.1　技术成熟度等级

技术成熟度等级	技术成熟度等级定义
1	基本原理得到观察和报告
2	概念设计得到制定

续表

技术成熟度等级	技术成熟度等级定义
3	概念设计得到分析或实验测试
4	重要功能得到验证
5	在相关环境中部件得到测试
6	在相关环境中样机得到测试
7	在相关环境中有效性模式（validation model）得到验证
8	设计满足飞行条件

5.1　大气管理

　　大气再生与控制子系统，会根据需要对座舱大气进行连续控制和再生。它必须提供 CO_2 去除、CO_2 还原、O_2 生产以及由航天员和设备产生的有害微量污染物进行监测与去除等功能。此外，它还必须控制大气的温度和湿度。大气管理系统的几个组成部分及其各自的功能和要求如下。

　　1. 大气控制与供应

　　大气压力和成分控制功能应提供一种调节和监测太空基地大气气体分压与总压的方法，即主要控制 O_2/N_2 的补充和释放、储存和分配。控制装置应在很少或无须航天员干预的情况下自动运行。

　　2. 温度与湿度控制

　　在任何空间站或基地中，航天员本身和位于座舱内的设备都会产生一定量的热负荷。航天员也是湿度的来源。正常情况下，要保持的大气温度在 $18 \sim 27\,℃$，相对湿度在 $25\% \sim 70\%$。应对舱内提供大气温湿度控制、大气颗粒物和微生物控制、通风、航空电子设备空气冷却和热调节储存等措施，从而维持太空基地大气的温度和湿度。

　　3. 大气监测

　　大气监测仪器的操作和维护应要求尽可能少地占用航天员的时间，同时应完成对挥发性有机物的监测。碳氢化合物（hydrocarbon）分析仪应提供空气中总有机污染物的连续实时显示。另外，应配备一台监控器，以利用其来明确地识别和量化每种有机化合物，并定期进行测量。复合专用监测仪应位于设备附近；化学操作和加工活动是空间基地化学污染物的潜在来源。给这些监测仪应配备声光警报器，以在污染物浓度超过最大可接受水平时提醒航天员。此外，大气微生物污染，如细菌、酵母和霉菌，也必须对其加以监测。当超过可接受要求时，则需要对其进行净化。应提供去污程序、抗微生物剂和辅助设备，以应对和控制所有污染事件。

4. 座舱通风

由于缺乏重力和自然空气对流，因此对太空基地所有被居住的加压区域都必须利用风机进行强制通风。通过这种方法，使大气保持均匀混合，从而避免热梯度和局部污染物的积累。此外，通过这种强制对流可以给航天员进行降温。必须使部分通风空气通过与废热传输回路相连接的热交换器，以便对大气进行热控制。美国NASA 约翰逊航天中心的医生已经将太空基地中经过航天员脸部的大气速度要求设置为最大 $0.2\,m \cdot s^{-1}$，以防止出现穿堂风（atmosphere drafts）。为了控制基地中的 CO_2 水平，通常将大气速度设计要求降低到 $0.08\,m \cdot s^{-1}$。

座舱通风必须以确保舱内具有最小空气流速的方式进行。对于空间站舱式基地或实验室，设计人员正在讨论两种通风概念：一种是径向流动系统，其中空气通过安装在天花板上的多个空气扩散器被吹入座舱，然后通过地板格栅被吸回风机入口；另一种是通过座舱的轴向流动系统。在此情况下，将空气通过一个环形扩散器吹入座舱（图 5.1）。

5. 火灾探测及灭火

在加压的太空基地中，进行火灾探测依赖于两种不同的原理：第一种，在每个空气回路中分别进行烟雾探测。第二种，在被确认是潜在火源的设备上进行温度测量。灭火系统应分布在整个基地中。可用卤代烷 1301 做灭火剂。每个瓶子必须包含足够量的卤代烷，以确保在相关体积中达到抑制火灾所需的最低浓度。如果所有的瓶子都被开启，那么在整个座舱内必须达到最低浓度。然而，使用卤代烷 1301同时存在隐患，因为其热解产物有毒。

6. 高压治疗

如果由于操作活动或应急操作而导致出现高原减压病，那么则需要进入高压治疗设施。

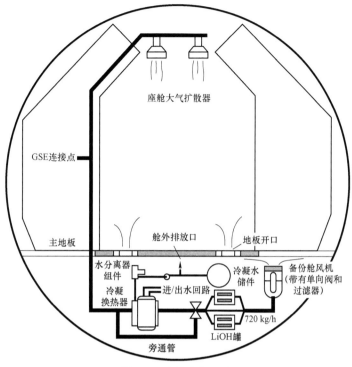

图 5.1　座舱大气回路

5.1.1　大气再生技术

大气再生指从 CO_2 回收 O_2，主要包括 CO_2 浓缩、CO_2 还原及 O_2 生成三个步骤。

表 5.2 列出了可能要采用的主要技术。此外，为了确保正常运行，大气再生子系统还必须具备其他许多次要功能，包括微粒和微量污染物控制、过程消耗品（process consumable）供应、产品处理和废物处理。

表 5.2　大气再生子系统候选技术

功能	候选技术
CO_2 浓缩	● 2 床分子筛吸附技术（2−bed molecular sieve，2BMS） ● 4 床分子筛吸附技术（4−bed molecular sieve，4BMS） ● 电化学去极化浓缩技术（electrochemical depolarization concentration，EDC） ● 固态胺水解吸技术（solid amine water desorption，SAWD） ● 空气极化浓缩技术（air polarized concentration，APC） ● 氢氧化锂吸收技术（lithium hydroxide，LiOH）

续表

功能	候选技术
CO_2 还原	● 博世（Bosch）还原技术 ● 萨巴蒂尔（Sabatier）还原技术 ● 先进碳生成反应器系统技术（advanced carbon-formation reactor system，ACRS） ● 二氧化物电解技术（dioxide electrolysis） ● 超氧化物技术（superoxide） ● 人工鳃技术（artificial gill）
O_2 生成	● 静态给水电解技术（static feed water electrolysis，SFWE） ● 固体聚合物水电解技术（solid polymer water electrolysis，SPWE） ● 水蒸气电解技术（water vapor electrolysis，WVE）

可以通过定义能量和物质流动经过的边界限制，以及生命保障系统与其动力、散热、材料供应和废物处理系统之间的关系，来作为用于大气再生的首选设计。在这方面，要考虑的主要因素（其也将影响建设和运营成本）包括：①保障生命系统的整体热力学效率；②可达到的物质闭合程度；③电力供应系统的效率；④散热系统的效率；⑤保障生命系统运行所需的公用物品消耗程度。表 5.3 汇总了选择大气再生技术最重要的定性和定量评价标准。

表 5.3　一种大气再生技术的简要评估标准

项目	内容
定性标准	
操作性	● 在高 CO_2 浓度下运行 ● 在降级或救援模式下运行 ● 易于启动/关闭
机械设计/可靠性	● 运动部件的数量 ● 噪声的产生 ● 热/机械应力的程度
安全性	● 操作的压力和温度 ● 氢的存在 ● 放热反应的利用 ● 副产品的性质

续表

项目	内容
维护与保养	● 需要定期维护
增长潜力	● 进入到其他技术领域的副产品 ● 升级到更大乘组规模的能力
发射前定量标准	
技术状态	● 发展状态
等效重量	● 飞行硬件的发射重量 ● 电源重量增加 ● 散热器重量增加 ● 飞行备件和消耗品的重量 ● 用于轨道维护的燃料重量
发射体积	● 飞行硬件、消耗品及备件的体积
设计、开发和集成成本	● 设计、开发、测试和评估 ● 集成到太空飞行器
设备成本	● 投资成本：飞行硬件、备件及消耗品
发射后定量标准	
飞行设备被运送到轨道的成本	● 硬件、备件、消耗品的运输成本
补给品制造成本	● 补给备件和消耗品的制造成本
补给品运输成本	● 补给备件和消耗品的运输成本
维护成本	● 在任务期间维持设备运转所需要的成本

1. 储气技术

过去，对于航天器大气中氧气和氮气的补给，主要是利用不可再生系统，即存储系统。为了在航天器或太空基地中低成本储存这些气体，可以采用以下三种方法：①化合物储存；②高压储存；③低温储存。

尽管采用了可再生系统而使得储存补给气体在未来会逐渐失去重要性，但仍有必要进行气体储存，尤其是氧气，以作为紧急备用。

1）化合物储存

大量化合物包括能够与其他成分结合的氧气和氮气。目前，人们已经为潜艇、飞机和矿山等应用开发了许多产氧化学品。需要开发高性能的氧气和稀释气体的化学供应品,以满足许多应用需求,包括座舱增压、泄漏补充和紧急操作,特别是在需要长期储存或备用时更是如此。表5.4列出了许多可实现最高产量的产氧化学品。该列表仅限于被认为是无毒且能产生纯氧的化合物。

表 5.4 产生 1 kg O_2 所需要化合物的重量比较

化合物	重量/［化合物（kg）·O_2（kg）$^{-1}$］
过氧化氢[H_2O_2]	2.1
超氧化锂[LiO_2]	1.62
超氧化钠[NaO_2]	2.29
超氧化钾/过氧化钾[KO_2/K_2O_2]	2.96
四氧化镁[MgO_4]	1.84
四氧化钙[CaO_4]	2.08
高氯酸锂[$LiClO_4$]	1.66
高氯酸钠[$NaClO_4$]	2.8
高氯酸钾[$KClO_4$]	2.16
高氯酸镁[$Mg(ClO_4)_2$]	1.74

2）高压储存

高压储存是为了使在环境温度下储存大气的储罐容量最小化。超高压的使用受到气体可压缩性的限制。由于气体在相对较高的压力下不易压缩,所以在几百万帕的压力下存在最佳的压力体积比。

3）低温储存

氧气和氮气的低温或超临界储存是目前最先进的技术。在低温下的超临界气体储存为这些流体提供了在密度相对较高而操作压力低于高压气体下的储存方法。这种方法由于避免了较高的操作压力,因此降低了储罐的比重和容积,并提高了航天员的安全性。此外,超临界储存技术能够提供一种低温散热器,后者可被方便用于与其他航天器子系统进行热集成。

2. CO_2 去除技术

航天器大气中的 CO_2 必须被去除并浓缩,以防止其达到有毒水平,并为 CO_2

还原子系统提供浓缩的 CO_2 气流，以供进一步处理。CO_2 去除装置控制着航天器大气中 CO_2 的含量。装置应保证使 CO_2 的压力维持在 0.5 kPa 左右，而不允许其超过 1 kPa。通常，在座舱大气中 CO_2 的产生率大约为每人每天 1 kg。应使所收集的 CO_2 保持高纯度，以免导致 CO_2 还原子系统的效率下降。在天空实验室空间站任务中，首次使用了再生式 CO_2 去除子系统，即采用两个分子筛罐来吸附 CO_2。下面就分子筛和其他有前景的再生技术做进一步介绍。

1）再生处理技术

（1）分子筛吸附技术。再生式分子筛利用合成沸石（zeolite）或金属离子铝硅酸盐（metalion aluminosilicate）作为基本的 CO_2 收集材料，并交替利用两种合成沸石从座舱大气中吸附和解吸 CO_2。由于空气中的水分会优先被沸石吸附，这样会降低其对 CO_2 的吸附能力，因此在空气被循环通过沸石罐之前，可以先使之通过硅胶床来去除其中的水分。

4 床分子筛（4BMS）由两个吸附床组成，其中一个是用于去除水蒸气的干燥剂吸附床，另一个是用于捕获 CO_2 的沸石分子筛吸附床，在解吸模式下与其他两个相同的床并行工作（图 5.2）。在此过程中，含有 CO_2 的潮湿作业空气首先进入干燥剂吸附床，在此处水蒸气被选择性地除去，从而保护下端的 CO_2 吸附床不受水蒸气的影响。之后，将被处理后的干燥空气引入风机，这样就能克服系统的压降。此后，使干燥的空气通过预冷器，以去除风机的压缩热和电机热，以及由吸附在干燥剂上的水产生的吸附热。此后，这种富含 CO_2 的冷空气进入 CO_2 吸附床，由该床选择地去除

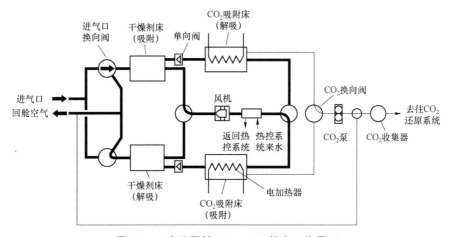

图 5.2　4 床分子筛（4BMS）基本工作原理

CO_2。再下来，空气被导入解吸干燥剂床，在此将不含 CO_2 的气流重新加湿，然后将该潮湿空气送回到温度、湿度与通风控制系统（THC）。

当吸附床达到储存容量时，则另外一对平行吸附床即开始启动。因为低温时吸附效率最高，因此需要使温暖的座舱大气在进入吸附床之前先通过气-液热交换器。若将 5A 沸石分子筛材料替换为一种能够实现高效解吸而需要更少热量的材料，并能降低吸附床的残留负荷时，则将会显著改善 4BMS。这样一种材料将会降低对大功率加热器的需求，同时通过延长吸附床的寿命和增加其效率而减少了对补给的需求。4BMS 是一项成熟的技术，已经在天空实验室空间站上得到了飞行验证。

用于天空实验室空间站任务中的分子筛采用了两个罐子来进行 CO_2 的吸附。每个罐子包含装有 13X 分子筛的预干燥段和 5A 分子筛的 CO_2 吸附段。一个完整的循环需要 30 min，即吸附和解吸过程各用 15 min。吸附过程是使座舱大气在座舱压力下先后流过两个罐子，并将 CO_2 被耗尽的大气返回座舱来实现。然而，解吸循环的工作原理仅仅是将罐子暴露在太空真空环境中。在解吸期结束时，被再生的罐子则准备好重新吸附 H_2O 和 CO_2。由于在每个解吸周期结束时在分子筛上残留的气体量都会有所增加，因此需要对其进行定期烘烤，即只需将分子筛床暴露在真空中并将其加热至 205 ℃即可完成烘烤。研究发现，水分含量是影响分子筛床性能的关键因素。5 A 分子筛对水的吸附降低了其对 CO_2 的吸附率。

与 4BMS 类似，2BMS 利用碳分子筛（carbon molecular sieve，CMS）去除 CO_2。然而，与沸石不同的是，使用 CMS 吸附 CO_2 不受作业空气流中水分的影响。CMS 优先吸附 CO_2 超过吸附水的能力导致不再需要干燥剂床，从而可将 4BMS 减少到 2BMS。CMS 较沸石在更低的温度下也能解吸，从而降低了功率要求。然而，2BMS 技术还不够成熟。4BMS 与 2BMS 的基本特性比较见表 5.5。

表 5.5　可保障 3 人的 4 床/2 床碳分子筛的设计特点比较

项目	4–床/2–床分子筛性能
重量	87.9 kg/48.1 kg
产热	—
体积	0.33 m³/0.26 m³
需用功率	0.535 kW/0.23 kW

续表

项目	4-床/2-床分子筛性能			
工作温度	10 ℃/10 ℃（最小）；150 ℃/65 ℃（最大）			
工作压力	0.395 kPa（最小）；10 kPa（最大）			
工作模式	连续			
设计效率	66%/90%			
基本情况说明	应进一步优化 CO_2 吸附剂的能力，并对吸附剂特性进行定义，以保障系统设计、验证寿命并进行样机开发			
技术成熟度指数	8/2～3			
可靠性	—			
可维护性	—			
优点	● 2 床系统需要的重量和功率大约是 4 床系统的一半 ● 2 床系统的工作能力较 4 床系统的约高两倍 ● 在 2 床系统中未发现微量污染物			
缺点	● 关于 2 床系统所被掌握的实验数据和测试结果有限 ● 针对 2 床系统尚未开发出用于系统设计分析的原型			
未来改进之处	—			
主要化学方程式	—			
物质形态	输入量/ （kg·d^{-1}）	输入成分	输出量/ （kg·d^{-1}）	输出成分
气体	—	—	—	—
液体	—	—	—	—
固体	—	—	—	—

（2）固态胺水解吸技术（SAWD）。SAWD 的工作原理与 2BMS 类似，但它们之间的主要区别在于受蒸汽加热的固态胺（WA-21）被用于吸收/解吸 CO_2。与沸石不同，固态胺随着时间的推移会降解得相当快，因此需要增加换床频率。SAWD 还由于需要清洁水而增加了 ECLSS 的负担，这些水最终以蒸汽形式被排放到 THC，这样就增加了冷凝热交换器的负荷。SAWD 的优势在于解吸发生在座舱压力下，

而不是在 4BMS 和 2BMS 所要求的接近真空的条件下进行。

SAWD 子系统的主要部件是树脂吸收剂罐和蒸汽发生器（图 5.3）。树脂从空气中去除 CO_2，而蒸汽被用于从废树脂中解吸 CO_2。罐内的活性化学物质或树脂是直径为 0.52～1.13 mm 的小珠，其材质为被二乙烯三胺（diethylene-triamine）所胺化的聚苯乙烯-二乙烯苯共聚物（polystyrene-divinylbenzene copolymer），其被命名为 IRA-45。该底物将较大表面积的胺暴露于座舱大气中，以除去 CO_2。

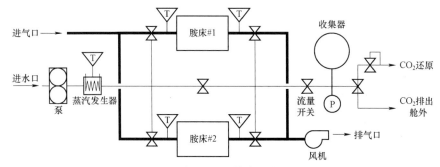

图 5.3　2 床 SAWD 基本工作原理图

该树脂首先通过与水结合形成水合胺（amine）来吸收 CO_2，然后反应形成碳酸氢盐。这些反应由以下两个方程表示：

$$胺 + H_2O \rightarrow 胺\text{-}H_2O \tag{5.1}$$
$$胺\text{-}H_2O + CO_2 \rightarrow 胺\text{-}H_2CO_3 \tag{5.2}$$

胺通过加热打破重碳酸盐键而被再生，从而通过该反应释放出 CO_2：

$$胺\text{-}H_2CO_3 + 蒸汽热 \rightarrow CO_2 + H_2O + 胺 \tag{5.3}$$

水对吸收过程很重要，因为干胺不能直接与 CO_2 反应。树脂床中所含水分的重量百分比需要在 20%～35%时才能达到最佳吸收效果。对于航天器座舱，这一要求在大气低相对湿度下会通过降低对 CO_2 的吸收能力来影响操作范围。

在解吸过程中，电热蒸汽发生器将水转化为蒸汽。用蒸汽加热床，并在低流速下将残留的空气推出罐体。当蒸汽/空气到达床的出口端时，床中会产生 CO_2 波，从而急剧增加流速。流量传感器检测到流量增加并开启阀门，从而将 CO_2 气流切换到 CO_2 收集器，以便在 CO_2 减排子系统中使用。通过利用 2.1×10^5 kPa 的蒸汽解吸压，则 CO_2 可被压缩在收集器中。解吸温度由蒸汽的饱和温度控制。将用于解吸的蒸汽通过以下步骤进行回收：首先在 CO_2 吸收期间将其蒸发成为作业空气流，然后在 ECLSS 的湿度控制热交换器中对其进行冷凝。与 SAWD 系统相关的主要重量损失（weight penalty）与蒸汽产生和散热相关。在太阳能电池驱动的太空飞行中，在轨道的黑暗间隔等特定部分能源可能会受限，这样可以使 SAWD 子系统在照光发电时进行解吸，而在黑暗时进行吸收。表 5.6 中列出了 SAWD 样机的基本特性。

表 5.6　满足 3 人的 SAWD 样机设计特点

项目	技术指标和特点	
重量	51.3 kg	
产热率	—	
体积	$0.21 \ m^3$	
需用功率	0.454 kW	
工作温度	19～27 ℃	
工作压力	100 kPa（吸附期间）；30 kPa（解吸期间）	
工作方式	连续；在两个罐体之间流动交替进行；吸附和解吸各需用 67 min	
设计效率	—	
基本情况说明	—	
技术成熟度指数	6	
可靠性	—	
可维护性	—	
优点	● 可再生 ● 面向长期太空飞行任务，与不可再生的 LiOH 相比，具有更低的重量、体积和功率要求	
缺点	● 胺树脂在再生过程中可能被蒸汽降解，从而导致 CO_2 吸附能力降低 ● 胺树脂降解可能会产生有毒气体 ● 胺基不能与干燥的 CO_2 反应；吸附床的含水量必须被优化控制 ● 湿度过高会造成压降，并降低 CO_2 吸附能力	
未来改进之处	● 改进树脂再生方法，使之实现低功耗 ● 开发更加稳定的树脂	
主要化学方程式	伯胺（RNH_2）	$RNH_2 + H_2O \rightarrow RNH_3 \cdot OH$ $RNH_3 \cdot OH + CO_2 \rightarrow RNH_3 \cdot HCO_3$

续表

项目	技术指标和特点			
主要化学方程式	仲胺（R_2NH）		$R_2NH + H_2O \rightarrow R_2NH_2 \cdot OH$ $R_2NH_2 \cdot OH + CO_2 \rightarrow$ $R_2NH_2 \cdot HCO_3$	
物质形态	输入量/ $(kg \cdot d^{-1})$	输入成分*	输出量/ $(kg \cdot d^{-1})$	输出成分*
气体	724	19.6%O_2 78.6%N_2 0.5%CO_2 1.3%水蒸气 微量污染物	721	19.7%O_2 79%N_2 1.3%水蒸气 微量污染物
液体	0	—	0	—
固体	0	—	0	—

注：*表示%均为体积百分比。在本章中的其他类似表格中也相同。

对于固态胺系统来说，关键是固态胺材料本身。这里，术语"固态胺"是指具有氨基基团（amino group）的树脂，其被直接聚合成为一种基质（matrix，即离子交换树脂）。由于 CO_2 分子在水的存在下会形成阴离子，因此在这种情况下需要阴离子交换树脂。阴离子交换树脂可被分为弱碱性和强碱性阴离子交换树脂。对于再生式 CO_2 吸附过程，只能使用弱碱性阴离子交换树脂，因为强碱性阴离子交换树脂在此条件下不能被解吸。弱碱性阴离子交换树脂可被细分为伯胺（primary amine）、仲胺（secondary amine）和叔胺（tertiary amine），该命名法表示其中氮的自由电子对的数量，而氢被其他原子或基团所取代。对于仲胺，可以通过升高温度和/或降低压力来逆转以下反应，因此该反应可被应用于对 CO_2 进行吸附：

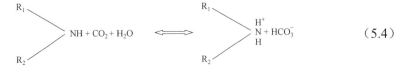

$$\begin{array}{l} R_1 \\ \quad\;\; NH + CO_2 + H_2O \Longleftrightarrow \;\; R_1 \;\; \overset{H^+}{\underset{H}{N}} + HCO_3^- \\ R_2 \qquad\qquad\qquad\qquad\qquad\quad R_2 \end{array} \tag{5.4}$$

（3）电化学去极化浓缩技术（EDC）。EDC 技术的主要原理是：在电化学电池内 H_2 和 O_2 与 CO_2 发生反应，会产生出两路气流。来自电池阳极侧腔的出口气流含有高浓度的 CO_2 和一些 H_2，而来自电池阴极侧腔的出口气流含有低浓度的 CO_2，接着该气流被返回座舱。在该 EDC 处理过程中，从这一含有低浓度的 CO_2 气流中

连续去除 CO_2。将来自 EDC 的 CO_2 废气与 H_2 进行预混合，然后将混合气体直接送到 CO_2 还原子系统。EDC 还发直流电，这可供其他 ECLSS 子系统使用。在每个电池内发生的特定电化学和化学反应如下：

阴极反应式：

$$1/2O_2+H_2O+2e^- \rightarrow +2OH^- \tag{5.5}$$

$$CO_2+2OH^- \rightarrow H_2O+CO_3^{2-} \tag{5.6}$$

阳极反应式：

$$H_2+2OH^- \rightarrow H_2O+2e^- \tag{5.7}$$

$$H_2O+CO_3^{2-} \rightarrow CO_2+2OH^- \tag{5.8}$$

总反应式：

$$CO_2+1/2O_2+H_2 \rightarrow CO_2+H_2O+电能+热量 \tag{5.9}$$

反应（5.5）和反应（5.7）是在具有碱性电解质的 H_2-O_2 燃料电池中发生的相同电化学反应。这种电化学反应的产物是水和直流电。由于在座舱空气中含有 CO_2，因此在阴极生成的羟基离子（OH^-。也叫氢氧离子）与 CO_2 发生反应，生成碳酸根离子（CO_3^{2-}）和 H_2O。现在，产物 CO_3^{2-} 取代了 OH^- 而作为电池内的主要电荷载体，并向阳极迁移，而在这里，阳极上 pH 值的漂移会导致 CO_2 从溶液中被释放出来。在 EDC 中发生的整个反应会产生直流电。

图 5.4 为一种典型的 EDC 单电池结构类型，显示了电极/基质/电极组件和各

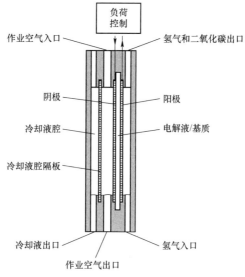

图 5.4 一种典型的 EDC 单电池结构示意图

种流体。每个电池由两支电极组成，两支电极之间由一种含有碳酸铯（Cs_2CO_3）水电解质的多孔基质隔开。在 EDC 中，发生反应所产生的热量大约有 25%被作业空气和 H_2 及 CO_2 气流带走。剩下的热量被单独的冷却液流带走。控制液体冷却剂温度以将电解质的水分平衡保持在所要求的范围内，从而使 EDC 基本上在 20%～80%的相对湿度范围内运行。

EDC 可以在连续或循环模式下运行。在太阳能电池供电的太空基地，具备在任一模式下运行而满足昼夜循环以节能的能力特别具有吸引力。EDC 的另一个优点是，对于同样大小的子系统，只需改变操作条件，特别是电流强度，即可以达到不同的 CO_2 去除率。对于 EDC，主要的重量损失是 O_2 生成子系统产生 EDC 消耗的 O_2 所需要能源的间接损失。该方法还具有消耗 O_2 和产生水蒸气的缺点，因此分别增加了 O_2 产生和湿度控制系统的负荷。由于 H_2 可能会泄漏到座舱的大气中而可能引起火灾或爆炸，因此 EDC 也存在安全隐患。一个拟满足 4 人的 EDC 设备的设计特点见表 5.7。

表 5.7　供 4 人使用的 EDC 设备的设计特点

项目	内容
重量	44.4 kg
产热率	0.336 kW
体积	0.071 3 m³
需用功率	0.148 kW（AC） 0.106 kW（DC）
工作温度	18 ℃（最小）；25 ℃（最大）
工作压力	—
工作模式	连续
设计效率	—
基本情况说明	重量不包括与 O_2 生成系统所需的大小增加相关的损失；产生的直流电可供 O_2 发电系统使用；系统可能仅适合于周期性（白天开/夜晚关）操作
技术成熟度指数	6
可靠性	—

项目	内容			
可维护性	需要定期用 N_2 进行清除			
优点	● 可再生系统 ● 可通过电流调节来调控 CO_2 浓度；具有处理大量 CO_2 超载情况的能力 ● 产生直流电 ● 良好的座舱相对湿度耐受性			
缺点	● 产生热量；需要冷却系统 ● 需要供应 H_2 ● O_2 被消耗；需要更大的 O_2 生成系统 ● 存在 H_2 泄漏的可能性；存在火灾/爆炸危险			
未来改进之处	—			
主要化学方程式	$2CO_2 + 2H_2 + O_2 \rightarrow 2H_2O + 2CO_2 +$ 直流电 + 热量			
物质形态	输入量/$(kg \cdot d^{-1})$	输入成分	输出量/$(kg \cdot d^{-1})$	输出成分
气体	2 610	99.99%座舱大气 0.01%H_2	2 610	99.77%净化大气 0.002%H_2 0.15%CO_2 0.08%H_2O
液体	0	—	0	—
固体	0	—	0	—

（4）空气极化浓缩技术（APC）。APC 简直就是一种 EDC，但其在 CO_2 的去除过程中不需要 H_2，并具有一台 O_2/CO_2 分离器。APC 较 EDC 更安全，尽管在出口气流中不再具有 H_2 以促进 CO_2 还原。另外，如果没有 H_2，EDC 将成为净功耗用户。APC 可以在具有或没有 H_2 的情况下运行，以最大限度地提高安全性并将功率降至最低。

（5）膜去除及其他再生技术。

①渗透膜浓缩技术（osmotic membrane）。利用膜技术有效浓缩 CO_2，可能会得到一个简单、轻量、小型及低功率的 CO_2 去除系统。然而，现有的膜技术对气体的选择性较差。与过滤掉作业空气中除 CO_2 外的其他气体以产生高浓度 CO_2 的方法不同，这种膜也会过滤掉部分 CO_2，然后使剩余作业空气返回座舱。因此，该

低效过程需要较大的膜来去除相对少量的 CO_2。

②电活性载体去除技术（electroactive carrier）。CO_2 也可以被电活性载体分子除去，即这些载体分子在还原态下可以结合 CO_2，而在氧化态下则可以释放 CO_2。当跨膜施加电势时，这些载体可用于形成膜，该膜可有选择性并高效分离 CO_2。此技术具有比其他 CO_2 去除技术更高效的潜力，但目前仍处于开发的早期阶段。

③金属氧化物去除技术。多年来，金属氧化物一直被考虑用于太空基地和 EVA。1973 年，对二氧化银的配方进行过研究。在 CO_2 分压为 0.4 kPa 的情况下，每 1 kg 氧化物的吸收能力为 0.12 kg，而其吸收 1 kg 的 CO_2 需要的能量为 1.86×10^6 J。由于在吸收和解吸过程中要不断进行膨胀与收缩，因此金属氧化物颗粒的使用寿命有限。目前要求再生温度为 140 ℃，且设计目标是达到 50～60 次再生，循环时间约为 8 h。同时，在吸收过程中需要水，这能够提高吸附能力、反应动力学和使用寿命。因此说，处于潮湿状态的作业大气具有一定优势。

④碳酸盐去除技术。以碳酸钾为例，通过以下可逆反应从大气中将 CO_2 除去：

$$K_2CO_3(固) + CO_2(气) + H_2O(气) \leftrightarrow 2KHCO_3(固) \tag{5.10}$$

该解吸过程需要 150 ℃ 左右的温度。由于碳酸钾是被逐渐消耗的，所以其过程寿命被限制在 90 个循环左右。

⑤离子交换电渗析技术（ion-exchange electrodialysis）。该过程使用离子交换树脂，其与 CO_2 反应生成碳酸盐离子。通过在气体流径的方向上施加垂直电场，则树脂可被连续去除。该电场使碳酸盐离子从吸收池移动到浓缩池（见 5.2.2 小节）。

其他潜在的 CO_2 去除技术包括可再生吸附剂，如液态胺、碱性水溶液电解质和熔融性碳酸盐电解质，另外也包括生化方法（如酶降解法）和生物方法（如被藻类、光合细菌和植物等光合生物进行吸收与固定），它们可以通过吸收 CO_2 并将其还原为 O_2 来净化座舱大气。

2）非再生处理技术

（1）氢氧化锂（LiOH）吸收技术。在一个开放的 ECLSS 中，通过使富含 CO_2 的大气流过含有 LiOH 颗粒填充床的罐体，则会将航天器座舱大气中的 CO_2 去除掉。该过程的化学方程式如下：

$$2LiOH + CO_2 \rightarrow Li_2CO_3 + H_2O \tag{5.11}$$

已用过的 LiOH 不能被再生，而需要将罐体送回地球以补充新的吸收剂。

去除 1 人平均每日排出的 CO_2 所需的 LiOH 量约为 2 kg。LiOH 对 CO_2 的理论容量为 1 kg 吸收剂去除 0.92 kg CO_2（图 5.5）。利用 LiOH 来去除 CO_2 对于短期太空飞行任务来说是可以接受的，但是对于长期太空飞行任务来说则不可取，因为其重量负荷很大。从 1960 年早期开始，除天空实验室空间站外，在所有美国的载人航天任务中（不包括后来的国际空间站。译者注）均采用了 LiOH 去除 CO_2 的方法。

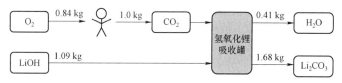

图 5.5　LiOH 吸收 CO_2 过程中物质输入与输出的基本关系

（2）苏打吸收剂（Sodasorb）。苏打吸收剂是氢氧化钙 $Ca(OH)_2$（95%干重）与氢氧化钠、氢氧化钾及氢氧化钡的混合物。对于消耗 CO_2 的反应，水是必需的，因此，混合物也含有 12%～19%的水。在一系列的反应中，CO_2 进入溶液并形成碳酸。接下来，该碳酸与氢氧化物反应生成碳酸钠，从而使之前被消耗的水得到再生。然后，碳酸钠与氢氧化钙发生反应生成碳酸钙（$CaCO_3$），从而再生苛性钠（causic soda，也叫氢氧化钠）和钾碱（potash，也叫碳酸钾）。苏打吸收剂的 CO_2 理论容量为 1 kg 吸收剂能吸收 0.488 kg CO_2。

（3）超氧化物类。具体见 "3. CO_2 还原技术中的 5）超氧化物类" 部分，这里不再重复。

3. CO_2 还原技术

为了设计一种接近完全密闭的物理－化学 ECLSS，不仅要收集 CO_2 并将其解吸到太空中，而且必须将其还原为系统内部有用的成分。因此，在部分密闭或完全密闭的物理－化学 ECLSS 中，CO_2 浓缩子系统的输出物被用作 CO_2 还原子系统的输入物。目前，博世（Bosch）法和萨巴蒂尔（Sabatier）法是实现 CO_2 还原的主要有竞争力的再生子系统。对于萨巴蒂尔法来说，所有的定量资源都远远低于博世法，例如，美国空间站的博世反应器预计在轨重量约为 1 840 kg，而萨巴蒂尔反应器的预计在轨重量仅为 500 kg 左右。萨巴蒂尔反应器被认为具有很高的技术成熟度，而对博世反应器将需要进行一些相当大的设计修改，才能达到飞行的成熟度。此外，甲烷（CH_4）是由萨巴蒂尔反应所产生，那么在这两种候选技术之间的选择将主要取决于 CH_4 被认为是有用品还是累赘品。正在被进一步考虑的 CO_2 还原技术有先进碳形成反应技术、电解技术和超氧化物还原技术。

1）博世还原法

在博世法 CO_2 还原过程中，CO_2 在催化剂存在下与氢在高温（427～727 ℃）下发生反应而产生固体废物碳、水（可用作饮用水）和热量：

$$CO_2 + H_2 \rightarrow C + 2H_2O + 热量 \tag{5.12}$$

在接触催化剂床之前，将原料气体 CO_2 和 H_2 进行压缩与加热。热控制子系统必须消除反应释放的散热（exothermic heat）。活性钢丝绒（activated steel wool）通常被用作催化剂。然而，已经在实验室研究中被成功使用的更好的催化剂，如镍、镍–铁或钌–铁合金，它们的开发可能会提高博世法反应中 CO_2 的转化效率和降低反应器的工作温度。从反应器离开的蒸汽可以被冷凝并储存起来以供航天员随后使用，其也可被电解产生 O_2 以用于呼吸或满足其他用水需求。博世法 CO_2 还原反应的工作原理如图 5.6 所示。

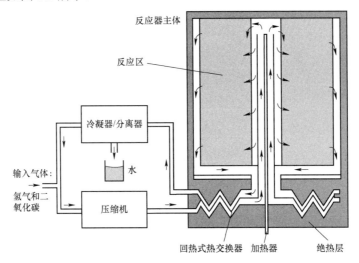

图 5.6 博世 CO_2 还原法基本工作原理

采用博世法，其单程 CO_2 还原效率一般小于 10%。因此，在该方法中为了使 CO_2 实现完全还原，则必须使反应器按照循环模式运行。达到 10% 还原效率的所用反应物 H_2 和 CO_2 的摩尔比例是 2:1。所被回收的气体混合物中含有 CO_2、CO、CH_4、H_2 和水蒸气。由于固体碳会沉积在催化剂上，因此需要定期更换催化剂盒。在反应器出口处，水蒸气被连续冷凝并得以与其他气体进行分离。

在博世法中发生的化学反应可被分为两类：低温型和高温型。一些反应在低温下运行得最佳，有些反应则在高温下运行得更好。若将博世法的单个反应器分隔为两个反应器，以分别用于不同类型的反应，那么将会提高系统效率并降低功率需求。通过在一定温度范围内而不是单一温度下操作碳粉盒，也可以提高博世法的效率，因为碳在碳粉盒寿命期间会沉积，这样导致最佳操作温度发生变化。对博世法的另一项可能的改进是采用激光来帮助打破 CO_2 分子键，从而进一步促进还原反应。激光会使反应介质完全处于气相状态，从而不需要催化剂。如果能利用废弃碳生产出用于先进集成电路的金刚石薄膜，那么博世法最终则会成为一项极其有用的技术。另外，还对博世反应器产生的碳的活性和吸附能力等进行了研究。这些研究表明，博世法还原产生碳的吸附能力比商用气相活化碳吸附剂的低 50 倍左右。如果将这种碳用于太空基地的大气或废水中的污染物去除，则需要提高其吸附活性。一种博世反应器（B–CRS）的基本设计特点见表 5.8。

表 5.8　一种博世反应器（B–CRS）的基本设计特点

项目	内容
重量	102.1 kg
产热率	0.313 kW
体积	0.57 m³
需用功率	0.239 kW
工作温度	527 ℃（最小）；649 ℃（标称）；727 ℃（最大）
工作压力	130 kPa（标称）
工作模式	半分批式模式（被用在连续稳态或非稳态情况下。每个催化剂盒每天可满足 20 人的使用要求）
设计效率	单程转换率为 6%；循环转换率为 100%
基本情况说明	—
技术成熟度指数	6
可靠性	10^5 h
可维护性	—

项目	内容			
优点	● 不会向舱外排气 ● 100%转换效率			
缺点	● 高维护率（更换催化剂床） ● 催化剂床的半分批式操作 ● 运行温度高			
未来改进之处	● 陶瓷换热器的结构完善 ● 催化剂床的可回收性 ● 冷封反应器（cold seal reactor）的体积减小			
主要化学方程式	$CO_2 + 2H_2 \rightarrow C + 2H_2O +$ 热量			
物质形态	输入量/ $(kg \cdot d^{-1})$	输入成分	输出量/ $(kg \cdot d^{-1})$	输出成分
气体	0.145	54.5%H_2 45.4%CO_2 0.1%N	0.009	6.3%N
液体	0	—	0.102	70.3%H_2O
固体	0	—	0.034	23.4%C

2）萨巴蒂尔还原法

在萨巴蒂尔反应过程中，CO_2 在高温（177～527 ℃）和钌催化剂（位于颗粒状基质上）的作用下，与 H_2 反应生成 CH_4 和 H_2O。该反应过程包括两个步骤：第一步是将 CO_2 氢化为 CO，第二步是将 CO 氢化为 CH_4。两种反应式分别是：

$$CO_2 + 4H_2 \rightarrow CO + H_2O \tag{5.13}$$

$$CO + 3H_2 \rightarrow CH_4 + H_2O \tag{5.14}$$

因此，总反应式如下

$$CO_2 + 4H_2 \rightarrow CH_4 + 2H_2O + 热量 \tag{5.15}$$

该反应的热量必须由热控系统来管理。H_2 可以从水电解得到。由萨巴蒂尔反应器排出的水蒸气具有以下用途：①被冷凝并储存起来，以供航天员随后使用；②作为下一步水电解装置的输入物，以产生 O_2 而用于呼吸；③满足其他用水需求。所产生的 CH_4 具有以下用途：①作为用于空间站高度控制的电阻加热喷气推进器（resistojet）的推进剂；②被排入太空；③被分解以回收 H_2。确实发生了 CO_2 的不完全转换（CO_2 转换率只达到 98%），从而导

致可用 O_2 出现净亏损。那么，这种情况与如果将甲烷排出去而可能会造成 H_2 损失的情况同时出现，则会导致出现量少但已明显的补给损失。如果 CH_4 会干扰天文仪器观测，那么将 CH_4 排放到太空是不可取的。

萨巴蒂尔法的优点是体积更小，所需功率也比博世法小得多。萨巴蒂尔法的基本工作原理如图 5.7 所示。其中 H_2 和 CO_2（不含污染气体）进入反应器，在这里将 CO_2 催化转化为 CH_4 和水蒸气。进入反应器的 CO_2 标称流速为 41.8 g·（人·h）$^{-1}$。由矾土（alumina）所支撑的 20%重量比的钌，是一种有效的还原反应催化剂。由于该催化剂的活性，因此还原从温度为 177 ℃时开始，此后反应则自我维持，即不需要外部热量，这对于大多数功率受限的太空基地来说特别具有吸引力。在反应器温度达到 593 ℃以上时会发生反向吸热反应（reverse endothermic reaction），这样就会防止过热。通常，萨巴蒂尔反应器的工作温度范围在 177～527 ℃。报道称，当 H_2/CO_2 的摩尔比在 1.8～5 时，则精益组分（lean component）的单程转化效率会超过 98%。精益组分是 H_2（H_2/CO_2 的摩尔比为 1.8～4）和 CO_2（H_2/CO_2 的摩尔比为 4～5）。任何多余的 H_2 都会被回收到反应器的入口处。当 H_2/CO_2 进料比略高于化学计量值，即 4:1 时，则会使副产物如碳或一氧化碳的产出量实现最小化。一种萨巴蒂尔反应器的基本设计特点见表 5.9。

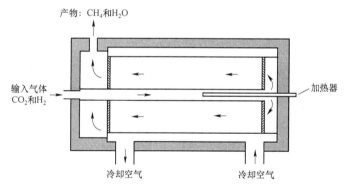

图 5.7 萨巴蒂尔 CO_2 还原法基本工作原理

表 5.9 一种萨巴蒂尔反应器的基本设计特点

项目	内容
重量	17.9 kg
产热率	0.268 kW
体积	—
需用功率	0.05 kW

续表

项目	内容			
工作温度	93.5 ℃（最小）；427 ℃（标定）；538 ℃（最大）			
工作压力	—			
工作模式	连续稳定状态			
设计效率	99%单程效率			
基本情况说明	—			
技术成熟度指数	5			
可靠性	—			
可维护性	每年 1.7 个人－时；更换易受固态胺蒸汽中毒的催化剂			
优点	● 主要部件、催化剂和子系统的设计处于成熟水平 ● 运行可靠 ● 与博世法相比，在重量、功率、体积和补给等方面的节省显著 ● 启动时间短 ● 单程效率>99%			
缺点	● 被回收的水含有溶解气体（如 CO_2 和 CH_4） ● 催化剂易受固态胺蒸汽中毒 ● 将 N_2 与 CH_4 一起排放 ● CH_4 需要被排到舱外或储存			
未来改进之处	对甲烷热解所形成的致密碳后处理工艺开发			
主要化学方程式	$CO_2 + 4H_2O \rightarrow CH_4 + 2H_2O +$ 热量			
物质形态	输入量/ $(kg \cdot d^{-1})$	输入成分	输出量/ $(kg \cdot d^{-1})$	输出成分
气体	0.196	84.6%H_2 15.4%CO_2	0.06	30.8%CH_4
液体	0	—	0.136	69.2%H_2O
固体	0	—	0	—

3）先进碳形成反应器系统（ACRS）还原法

ACRS 包括一台萨巴蒂尔反应器、一台从甲烷中除去产物水的气体/液体分离器和一台将甲烷还原为碳和氢的碳形成反应器（carbon formation reactor，CFR）。CFR 比博世法能更好地储存碳，因此可减少补给。然而，在 ACRS 可以得到应用之前，必须能够降低其运行温度（CFR 的催化和裂解温度均在 871℃以上）。针对

3 人的 ACRS 还原法的基本设计特点见表 5.10。

表 5.10　一种规划中拟满足 3 人的 ACRS 的基本设计特点

项目	内容			
重量	180 kg			
体积	$0.3\ m^3$			
产热率	0.15 kW			
需用功率	0.4 kW			
工作温度	1 127 ℃（最小）；1 327 ℃（最大）			
工作压力	铝箔之间的绝缘需要真空			
工作模式	持续			
设计效率	90% 单程效率			
基本情况说明	仅是原型			
技术成熟度指数	—			
可靠性	—			
可维护性	每 20 d 更换一次包装			
优点	● 耗材用量很少			
缺点	● 出现热损失 ● 对 CFR 管和密封件进行强制风冷 ● 多层铝箔绝缘要求真空，以尽量减少热损失			
未来改进之处	● 实现可靠的 CFR 端密封 ● 进行控制，以维持合适的 H_2/CO_2 比			
主要化学方程式	$CH_4 \rightarrow C + 2H_2$			
物质形态	输入量 （kg·d^{-1}）	输入成分	输出量 （kg·d^{-1}）	输出成分
气体	0.1	—	——	—
液体	—	—	—	—
固体	—	—	0.232	—

4）CO_2 电解法

采用固体氧化物电解质电解 CO_2 是另一种在太空基地进行 CO_2 还原和 O_2 再生

的方法。该方法具有直接从浓缩器还原 CO_2 以及产生 O_2 的双重目的，因此则不需要单独的 CO_2 还原技术。CO_2 被直接从 CO_2 浓缩器中提取并进行电解而生成 O_2。固体电解质子系统可以电解 CO_2 和水蒸气，从而能够连续产生足够的 O_2 以满足一个人的代谢需求，并弥补航天器座舱的泄漏，从而免去了对额外水电解槽的需求。其基本化学反应式是

$$CO_2 + H_2O \rightarrow CO + O_2 + H_2 \tag{5.16}$$

然后，CO 被催化分解成固体碳和 CO_2，而这些 CO_2 被回收到电解装置中。由于目前存在技术问题，如无效高温（超过 867 ℃）的陶瓷 – 陶瓷密封（ceramic-to-ceramic seal），因此使得固体电解质子系统无法达到与 SPWE 和 SFWE 相同的发展水平。

在固体电解质作用过程中，如图 5.8 所示，其优点是在直流电压的驱动下，只有氧化物离子（O^{2-}）可以在高温下迁移通过固体电解质。因此，从 CO_2 和其他产品气体中分离 O_2 是最好的结果。将作业气体 CO_2 或 CO_2 和水蒸气加热到 927 ℃左右，并供给固体电解质的阴极侧。在电解质的两侧覆盖多孔金属催化剂 – 电极（catalyst-electrode），如铂。将电极连接到直流电源。在阴极发生以下还原反应：

$$CO_2 + 2e^- \rightarrow CO + O^{2-} \tag{5.17}$$

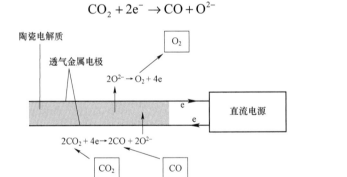

图 5.8　固体电解质 CO_2 电解槽基本工作原理

氧化物离子通过离子传导（ion conduction。也叫离子导电。译者注）在电解质中扩散。在阳极，发生如下氧化反应：

$$O^{2-} \rightarrow \frac{1}{2}O_2 + 2e^- \tag{5.18}$$

在太空基地，O_2 将被送回航天器座舱以供呼吸。那些脱离电解槽而未参加反应的 CO_2 和 CO 被冷却到 527 ℃左右。CO 流入另一个反应器，其中大部分在此发

生如下歧化反应（disproportionation）

$$2CO \rightarrow C + CO_2 \tag{5.19}$$

固体碳沉积在歧化反应器催化剂上，而所形成的 CO_2 被回收到电解槽中。在 CO 反应器中，通常使用镍、铁或钴催化剂来加速歧化反应。由于在任何分步过程中都不存在液相，因此在零重力下操作固体电解质子系统不会出现什么问题。由于这是一种电解过程，因此可以以其设计能力的几倍运行。研究证明，仅通过增加施加到电解槽的直流电压，即可增加 O_2 的输出量。

5）超氧化物还原法

碱金属和碱土金属超氧化物（alkali and alkaline earth metal superoxide）是固体化学物质，在生命保障系统中可发挥提供 O_2 和净化 CO_2 的双重作用。这些活性化学物质的有效性源于当这些化合物暴露于水蒸气（例如航天员呼出的水蒸气）时发生的反应。在超氧化物中，所储存的 O_2 会根据以下反应得以释放：

$$2MO_2(固体) + H_2O(蒸汽) \rightarrow 2MOH(固体) + \frac{3}{2}O_2(气体) \tag{5.20}$$

接着，CO_2 通过与以上产物氢氧化物（MOH）发生反应生成碳酸盐（M_2CO_3）和碳酸氢盐（$MHCO_3$），从而从大气中除去 CO_2：

$$2MOH(固体) + CO_2(气体) \rightarrow M_2CO_3(固体) + H_2O(液体) \tag{5.21}$$

$$2MOH(固体) + 2CO_2(气体) \rightarrow 2MHCO_3(固体) \tag{5.22}$$

在工业规模上生产的唯一超氧化物是超氧化钾（KO_2）。因此，它是唯一在呼吸应用中已被广泛应用的活性化学物质，特别是在苏联的载人飞行任务中。另外，KO_2 罐还被用作消防和矿山抢险等活动中用到的自给式呼吸器，但由于反应放热多，因此其使用效率低（50%～80%），而且存在一定的过热问题。这种低效率被归因于在未被反应的 KO_2 表面形成了反应产物的水合覆盖层。这一问题促使人们对其他超氧化物的研究，特别是超氧化钙 [$Ca(O_2)_2$] 以及 $Ca(O_2)_2$ 与 KO_2 的混合物。$Ca(O_2)_2$ 比 KO_2 具有更高的有效 O_2 浓度，而且其单位重量具有更强的 CO_2 净化能力。而且其与 KO_2 相比，$Ca(O_2)_2$ 与 KO_2 的混合物利用效率更高。尽管存在这些问题，但是 KO_2 还是被成功应用到苏联的许多太空飞行任务中。理论上，每 1 kg KO_2 能够吸收 0.309 kg CO_2，同时每 1 kg 该物质可产生 0.38 kg O_2。

4. 制氧技术

在开放的 ECLSS 中，满足一个人的代谢需求和弥补航天器座舱泄漏所需要的 O_2 可获自被储存的低温 O_2 源，并从被用过的 O_2 燃料箱回收。在再生式 ECLSS 中，尤其是在第一代很长时间的载人太空飞行任务中，人们普遍利用水电解技术来再生呼吸所需的 O_2。水电解反应的基本方程式是

$$2H_2O + 能量 \rightarrow 2H_2 + O_2 + 热量 \tag{5.23}$$

该过程的价值不仅仅是它产生了宝贵的 O_2 以供航天员使用，同时还产生了 H_2，这就可以为 H_2-O_2 燃料电池提供燃料，以满足航天器的电力需求，也可以通过 CO_2 来再生水。为电解槽提供的补给水可来自储箱（其中含有来自 CO_2 还原反应产生的水），从而完成从 CO_2 中回收 O_2 的循环。

每人每天平均呼出 1 kg CO_2，那么从 CO_2 中回收 O_2 的最高产量为每人每天 0.72 kg。呼出的 CO_2 量是根据平均每人每天 0.9 kg 耗 O_2 量来计算的。O_2 的余额在代谢过程中被消耗掉。因此，从 CO_2 中回收 O_2 则闭合了大部分的 O_2 循环。这样，必须在航天器上储存将用于平衡航天员呼吸商和泄漏损失的 O_2。评估 O_2 回收装置时，要考虑的主要标准是可靠性、重量、功率、消耗品需求量、被回收 O_2 的纯度以及与其他生命保障子系统集成的便利性。目前，有竞争力的再生子系统主要为静态给水电解（Static Feed Water Electrolysis，SFWE）和固体聚合物水电解（Solid Polymer Water Electrolysis，SPWE）等技术，但也考虑水蒸气电解（Water Vapor Electrolysis，WVE）、CO_2 电解和超氧化物还原等技术。自 1989 年 12 月以来，水电解系统一直在和平号空间站上运行，产生了几百立方米的 O_2，以几分钟到几十天的间隔运行。

1）SFWE 技术

SFWE 电解卫生水以产生 O_2。静置在进料室中的水以水蒸气的形式通过给水膜扩散到水状 KOH 电解液中。电解池的阳极产生 O_2，而同时阴极产生 H_2。将产物氢提供给 CO_2 还原系统，同时任何多余的 H_2 需要被排掉或储存。SFWE 具有循环给水而提供任何所需冷却的能力。SFWE 电池的基本结构与工作原理如图 5.9 所示。

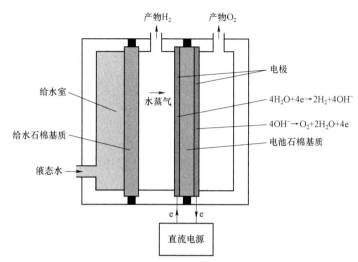

图 5.9　SFWE 电池的基本结构与工作原理

电源由直流电源提供，废热由位于产 O_2 腔附近的循环冷却液去除。电解用水由给水石棉基质（asbestos matrix）提供。水从该基质蒸发，接着在电池石棉基质上冷凝，然后在此处被电解。以上给水基质和电池基质均由被氢氧化钾（KOH）水溶液所饱和的石棉薄板组成。另外，通过阻止可能含有催化剂毒物的液态给水接触电极，来防止电解池中金属电极上的催化剂发生中毒。

在电解开始时，给水基质和电池基质中的 KOH 浓度相等。当电极被通上直流电时，则电池基质中的水被电解，从而增加了其中 KOH 电解液的浓度。然后，存在于电池基质和给水基质之间的 KOH 浓度梯度使水蒸气从给水基质扩散到电池基质。从给水室中被带走的水由外部供水箱进行静态补充。如果与水蒸气电解除湿器模块相耦合，则可以从 SFWE 系统的 O_2 排出管路中除去水蒸气，从而可提供更多的 O_2 并因此无须使用水蒸气/O_2 分离器。与 SPWE 一样，SFWE 可以被连续或周期运行，而且如果需要还可以在高压下运行（7 MPa）。当然，还需要对 SFWE 的阳极/阴极材料进行改进，以提高其电池寿命和可靠性，另外需要改进电解质，以降低电池电阻和功率需求。然而，由于 SFWE 技术达到了很高的成熟度，因此，上述改进就目前来说是多余的。

2）SPWE 技术

SPWE 技术在概念上与 SFWE 技术相似，但其使用的是固体聚合电解质来电解水。SPWE 中的电解质是厚度约为 0.3 mm 的全氟磺酸（perfluorinated sulfonic acid）聚合物膜或实心塑料板。当被水饱和时，该聚合物是极好的离子导体（电阻率为 15 Ω·cm），并且是系统中唯一可需要的电解质。图 5.10 为 SPWE 电池中电极反应的基本原理。

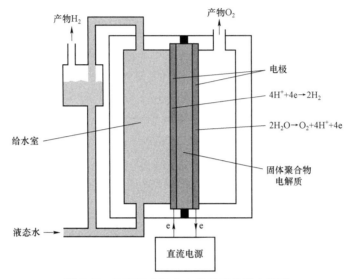

图 5.10　SPWE 电池中电极反应的基本原理

　　为了提高能效，应将催化电极（catalyzed electrode）与膜的两侧紧密接触。在 SPWE 中，要求给水与电池阳极直接接触，以提供冷却。电池膜可以防止 O_2 和 H_2 气体混合，因此也就不需要在电池的 O_2 出口侧安装 H_2O-O_2 分离器。在 SPWE 子系统中，可被利用的去离子化作业水（process water）既是反应物又是冷却剂，并被供应到电池的 H_2 电极侧。SPWE 电池膜的渗透性很强，可以让水从电极或阴极扩散到 O_2 电极或阳极，并在阳极进行电化学分解以提供 O_2、氢离子（H^+）和电子（e）。氢离子通过迁移经过膜而移动到氢电极。电子通过外部直流电源电路到达氢电极。在氢电极处，氢离子和电子以电化学的方式重新结合产生 H_2。H_2 由位于电解槽外部的动态 0 g 相分离泵而与水进行分离。只需要对相应的气体侧从后面进行施压，则 SPWE 子系统就可以在任何压力下传送 O_2 或 H_2。然而，对于高压运行（790 kPa），则将电池封闭在压力容器中，并且跨越 SPWE 的压差由子系统气体发生器控制。SPWE 可以连续运行或周期运行。对于以太阳能电池为动力的太空基地，当其上部的阳光被遮挡时，则周期运行有利于降低能耗。

3）WVE 技术

WVE 直接电解来自座舱大气中的水蒸气，而产生 O_2 和 H_2。湿空气被送至 SFWE 型电解槽的阳极侧室，在阳极产生富含 O_2 的气流以及在阴极产生 H_2，同时膜阻止了 O_2 和 H_2 的混合。该过程持续进行，将 O_2 返回到座舱，并将 H_2 分离以进行处置。WVE 有助于控制座舱湿度，而且由于其接口很少而很适合作为便携式技术，以用于在航天员长时间聚集的情况下提供额外的 O_2。便携式 WVE 技术也是为太空基地提供安全的应急大气再生系统的一种潜在候选技术。图 5.11 为 WVE 的基本结构及工作原理。

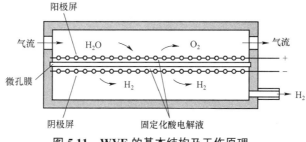

图 5.11　WVE 的基本结构及工作原理

4）CO_2 电解技术

见"3. CO_2 还原中的 4）CO_2 电解"部分。

5）过氧化物类还原技术

见"3. CO_2 还原中的 5）过氧化物"部分。

6）人工鳃提取技术

人工鳃是利用再生式可结合 O_2 的有机金属化合物（organometallic compound），如血红蛋白，而直接从空气中提取 O_2。人工鳃非常适合从植物栽培室或 CELSS 舱室中收集植物所产生的低浓度 O_2。该技术也可被用于从火星大气中分离 O_2。然而，这项技术还处于发展的初期阶段。

5. 制氮技术

由于泄漏和空气损失占总氮损失量的 80%，因此这些氮补给对生命保障系统会产生相当大的影响。航天员所食用的食物中的氮含量只占预计日损失量的 5% 左右。因此，在短期太空飞行任务中，氮气可由高压气瓶补充。然而，对于较长时间的太空飞行任务，则需要考虑使用其他的 N_2 补给方法来减少该补给子系统的质量。氮气的低温储存容易发生蒸发损失，以及约 0.5 kg 的罐体质量损失和每千克可回收氮的损失。肼（hydrazine，N_2H_4）是一种性能良好的液体，其密度与水的相近，但每千克可用的肼的罐体质量损失仅约为 0.2 kg。因此，与肼作为制冷剂（cryogen）相比，氮气可以按照肼的形式用较少质量予以储存。

一种制氮方法是基于对肼进行热催化降解。肼是大多数太空基地的日用品，如可被用作火箭发动机推进剂和卫星补给燃料。肼在 732℃和 1.7 MPa 下进行热催化分解，然后进行催化氨分解后达到以下平衡：

$$3N_2H_4 \rightarrow N_2 + 4NH_3 + 热量 \tag{5.24}$$

$$4NH_3 + 热量 \rightarrow 2N_2 + 6H_2 \tag{5.25}$$

$$3N_2H_4 \rightarrow 3N_2 + 6H_2 + 热量 \tag{5.26}$$

肼制氮气子系统由催化肼分解反应器、H_2 分离器和催化氧化器组成。肼分解反应是放热反应，所以需要 3 个热交换器来排除废热。分离器将氢气从氮产品流中除去。催化氧化器将产品流中剩余的氨和氢气氧化成氮气和水。

目前正在研究氨制氮气子系统，它非常类似于肼制氮气子系统。然而，这两个系统的主要区别在于，肼反应是放热过程，而氨反应是吸热过程。因此，氨分解反应器需要预热器，因为该反应不是自动蔓延的。催化氨分解和氢分离在 N_2H_4 分解后分几个阶段进行。用钯银合金管将 H_2 从 N_2 中分离出来，然后用于 CO_2 还原、姿态控制或其他实验室用途。试验结果表明，N_2H_4 分解/分离的概念是可行的。

6. 微量污染物控制技术

在太空基地的密闭环境中，微量污染物控制系统必须保护航天员免受通过空气传播的生物和化学污染物（包括微粒）的有害污染。因此必须提供一套硬件，以便能够检测大气中有害的微量气体，并将其控制在航天器最大允许浓度（Spacecraft Maximum Allowable Concentrations，SMAC。目前已经制定了许多种污染物的SMAC）之下（请参阅 4.3.1 小节）。当然，从大气中去除微量气体最理想的方法是通过非消耗的方式将它们转化为无害气体，如 CO_2 和 H_2O。

微量气体可能具有多种来源，如航天员的代谢和座舱材料（如塑料、绝缘材料、黏合剂和油漆）的释气和脱气。此外，还有一些次要来源，如热降解、泄漏或溢出，这些也会增加大气中的总污染物负荷。虽然这些污染物的数量及其发生的可能性很小，但是也不能忽视它们，因为这些污染物对航天员是有害的，并且在为设计目的而定义载荷模型时会造成问题。为了减轻微量气体去除子系统的负担，必须在设计和装配太空基地时采取预防措施，以尽量采用向大气排放污染物少的材料。过去，主要是利用消耗性活性炭床进行微量污染物的控制（trace contaminant control，TTC）。现在，正在考虑采用可再生系统以减少大规模的补给损失量，这也是因为随着乘组规模扩大和任务持续时间增加，载人太空基地中的污染物控制将变得越来越重要，而去除子系统也将变得更加复杂。以下为几种典型的微量污染物去除装置及其功能。

（1）微粒过滤器：用来分离灰尘和气溶胶。

（2）活性炭：分离高分子量污染物。

（3）化学吸附床：去除那些不能被活性炭吸收或氧化为 CO_2 和 H_2O 的气体。这些主要是氮和硫的化合物、卤素和金属混合物。

（4）催化氧化器：氧化那些不易被吸收的污染物。

活性炭（碳）吸附床与铂催化氧化器相结合，可以去除座舱大气中的微量污染物，如氟利昂和芳烃。但活性炭床是消耗品，需要定期更换和补充。较好的吸附材料和催化氧化器可以提高微量污染物的去除效率，但最好的方式是采用一种完全再生的系统，从而可消除补给的需求。表 5.11 总结了一种概念性 TCC 系统的设计特点。然而，目前尚未确定一种安全而实用的方法来处理再生活性炭后的污染物。

表 5.11　一种 TCC 概念性系统的基本设计特点

项目	内容
重量	＜100 kg
体积	＜0.3 m³
产热率	—
需用功率	150 W
工作温度	450 ℃
工作压力	100 kPa
工作模式	连续
设计效率	—
基本情况说明	保持催化氧化器的温度；活性炭和其他床在常压下工作
技术成熟度指数	5

项目	内容			
优点	● 能够多样化或非特异性控制空气中多种不同的有机和无机微量污染物 ● 提供一种乡村式的新鲜空气环境			
缺点	● 负荷模型的数据通常是定性的；缺乏材料排气的定量数据 ● SMAC 级别通常基于定性考虑 ● 存在催化剂中毒的问题 ● 月球或火星任务可能需要可再生活性炭床；不具备活性炭床再生的有效方法 ● 需要对集成 TCC 进行长期测试			
未来改进之处	● 研发一种不降低活性炭吸附能力的活性炭再生方法 ● 掌握 TCC 子系统的可靠性和故障模式 ● 收集 TCC 子系统长期运行期间出口处的定量数据			
主要化学方程式	—			
物质形态	输入量/ $(kg \cdot d^{-1})$	输入成分	输出量/ $(kg \cdot d^{-1})$	输出成分
气体	0.015 4（仅含污染物）	20%O_2 80%N_2 污染物<1%	—	20%O_2 80%N_2 微量氧化产物 <1%
液体	—	—	—	—
固体	—	—	—	—

图 5.12 所示为微量污染物控制子系统的基本工作原理。将非再生式活性炭床（也叫固定床，fixed bed）用磷酸浸泡，是为了控制易被吸附的污染物、氨和水溶性污染物。位于固定床下游的过滤器可防止微粒进入系统的其他部分。从固定床排出的大约 10%的空气进入较小的再生式活性炭床，而剩余的空气通过管道进入座舱。与非再生式活性炭床相比，通过再生式活性炭床的低空气流速（可实现较长的停留时间），有助于去除不易被活性炭吸附的污染物。将非再生式活性炭床与再生式活性炭床结合起来，可减少处理负荷模型所需的活性炭重量。利用热解吸和真空解吸对再生式活性炭床进行再活化。在解吸循环结束时，活性炭床的温度为 93 ℃，而活性炭罐内的压力为 6.7×10^{-3} Pa。再生的所需时间为 195 min。非再生式的 LiOH 预吸附床位于催化氧化床的上游，以防止酸性气体（如 HCl 和 SO_2）进入氧化器而导致催化剂中毒。该高温催化氧化器含有一

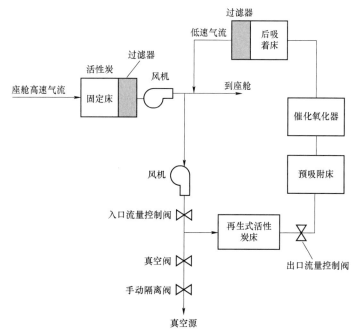

图 5.12　微量污染物控制子系统的基本工作原理

种氧化催化剂，如钯氧化铝（palladium on alumina），其工作温度为 438 ℃。催化氧化器的主要作用是氧化未被吸附在活性炭床上的烃类。从催化氧化器出来的空气流向非再生式的 LiOH 后吸附床后，则可以去除任何不需要的酸性氧化产物。卤代化合物如果接触到氧化剂，则会产生酸性化合物。

目前，正在研究的一种有趣的新型 TCC 技术是反应床等离子体（Reactive Bed Plasma，RBP），它可以在低温（121 ℃）下氧化污染物。RBP 利用等离子体和催化剂的协同作用分解污染物。作业空气通过充满矾土催化剂的环形反应器，在这里其中部分空气被电离成等离子体。该催化剂的主要作用是增加污染物在活性等离子体区域的停留时间，以便在该区域等离子体产生的高能电子和随后产生的物质（主要是活性氧）来氧化有毒物质。此外，RBP 还可以作为高效的静电除尘器来收集和灭活有害颗粒物质。RBP 系统还包括对有毒反应产物的再生式后处理，特别是一氧化二氮（N_2O，俗称笑气）。当前，尽管在 RBP 试验中存在的主要问题是功率大和由周围的电磁干扰而引起性能可能出现下降，但 RBP 仍有可能成为一种高效、低温、长寿命及通用的微量污染物控制装置。

另一种控制微量污染物的方法是超临界水氧化法（super critical water

oxidation，SCWO）。由于它的输入端是座舱大气，因此 SCWO 反应器可能会氧化作业空气中的所有微量污染物，从而无须使用独立的微量污染物控制系统。目前，SCWO 处于开发的早期阶段（见 5.3.2 小节）。

5.1.2 大气监测与控制技术

大气监测与控制系统（atmosphere monitoring and control system，AMCS），主要被用于进行温度、湿度、微量污染物和微生物污染物的监测与控制。对于太空基地，应具备检测、鉴别、量化和提醒航天员的能力，即通过对所有化学污染物和所选微粒污染物进行实时或近实时监测而维护航天员的健康。同样，应具备使用由 ECLSS 提供的许用无毒试剂对污染区域/物质进行消毒的能力。微量气体监测设备必须能够连续监测和显示进入子系统的 CO_2、CO 和总碳氢化合物的浓度，并能够控制这些污染物的水平（见 5.1.1 小节）。微量气体监测系统一般由三个主要部分组成：①通过气相色谱仪提供大气样品的质谱仪；②红外探测器；③专用传感器。

这三个系统必须相互协作，因为没有一种系统能够探测到所有重要的微量有害气体。气相色谱/质谱联用仪（gas chromatograph/mass spectrometer，GC/MS）不能直接分辨分子量相同的物质。红外光谱法对 O_2 等无红外光谱活性的物质是不适用的，而且由于 O_2 分压检测对航天员的生命/健康至关重要，因此必须具有两种容错机制来进行 O_2 分压检测。因此，O_2 检测需要通过专用传感器来完成。为了确定污染物控制系统的尺寸，对于一种化合物 i，其通过装置的必要流速可利用如下公式进行计算：

$$F_i = \frac{G_i}{\text{SMAC}_i \cdot \varepsilon_i} \qquad (5.27)$$

化合物 i 的生成速率 $G_i/(\text{mg} \cdot \text{h}^{-1})$

化合物 i 的去除效率 $\varepsilon_i (0 < \varepsilon < 1)$

化合物 i 的流速 $F_i/(\text{m}^3 \cdot \text{h}^{-1})$

化合物 i 的 SMAC SMAC_i

所选的大气微生物监测参数为菌落形成单位（colony forming unit，CFU）。如该名称所表示的，其必须能够监视在空气中可以形成菌落的微生物种类。由于不能像在地球上那样沉淀，因此可以将空气吹到培养箱中的琼脂培养基上，并在培养 24 h 后计数菌落来实现。然而，这种方法的问题在于，通过培养会使微生物的数量急剧增加。因此，有必要采取特别的预防措施，以避免微生物污染基地。所采用的一种方法是，使用视频图像在地面上对培养的琼脂样品进行评估。另外一种方法是，将大气微生物污染控制与微量气体污染控制相结合（详见 5.1.1 小节），因为在活性炭过滤器中浸有杀菌物质。进行过滤器设计时必须保证在所有额定条件下都能避免过滤器出现"成长"（grow through）情况，否则座舱就会受到大量微生物的污染。

1. 温湿度控制技术（THC）

太空基地的温湿度控制系统必须控制温度和湿度水平，以便能够持续为航天员提供舒适的大气环境。THC 也很重要，因为如果太空基地大气中的相对湿度过高，则水可能会凝结并影响或损坏航天器上的仪器。冷凝热交换器（condensing heat exchanger，CHX），对温度和湿度都有控制作用。自从美国和苏联开启载人航天以来，CHX 就一直被使用。热控制是通过将内部热负荷和外部热通量转移到一个水冷回路来实现的。对于由航天员、电子设备和其他热源产生的热负荷的去除，是通过将空气回路转移到一个或两个冷却回路来实现的。为了在最小重量和体积下实现最大效率以及在多通道交叉逆流（multipass cross-counterflow）下实现合理压降，经试验研究证明，板翅式热交换器（plate fin heat exchanger）是最佳选择。因为这种类型的热交换器具有超大的比热转移面积（specific heat transfer areas）。

由航天员或 CO_2 控制单元产生的湿气，可以通过降低空气温度至露点以下并将冷凝水从气流中分离出来而去除。去除水分可以通过以下三个步骤完成。

（1）将空气温度降至露点以下以使水凝结。

（2）形成冷凝水膜。

（3）从气流中分离冷凝水膜。

有时，通过在 CHX 的排气面上加上一层吸湿材料来实现对冷凝水膜和气流的分离。图 5.13 为 CHX 中吸湿材料的基本功能原理。冷凝水膜通过气流被输送到吸湿材料开孔处，在此其通过负压被排出。从主气流中分离出来的水和空气的数量是由吸湿材料开孔的大小与数量决定的。

2. 污染物监测技术

控制大气污染物的前提是能够同时监测污染物的类型和浓度。由于要监测的化学物质的种类繁多且要求具有很高的灵敏度，因此监控特别困难。通常要求灵敏度要达到十亿分之一（ppb）的水平，特别是对于毒性较强的污染物。将当前的质谱（mass spectroscopy，MS）技术用到浓缩污染物的入口系统处，则可以实现此功能，而且这已被在微重力条件下得到证明。决定微量气体监测方法选择的基本参数如

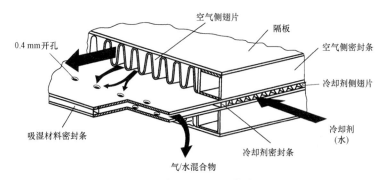

图 5.13　CHX 中吸湿材料的基本作用原理

下：①污染物出现的概率；②污染物的毒性；③污染物的数量或产率；④ECLSS对污染物的去除效率；⑤ECLSS 对污染物的去除能力衰减率。

　　用地面微量气体监测方法时，如在建筑物和工业厂房，一般的困难在于它们有可能引进新鲜而清洁的空气来稀释大气污染物。潜艇上的方法主要是监测大气成分，而不是监测微量气体。因此，为了对太空基地中微量气体的产生和去除过程进行数值分析与模拟，已开发出微量气体污染控制分析软件。

　　1）气相色谱仪/质谱仪（GC/MS）

　　利用气相色谱仪/质谱仪技术分离大气成分（图 5.14），这可被分为两个阶段进行。第一阶段为利用分子扩散进行组分分离的气相色谱仪，第二阶段为利用电磁分离的质谱仪。GC/MS 可以通过减少空气中的正常成分（O_2、N_2 和 H_2O）所造成的干扰而得到改善，因为目前这些干扰阻碍了对重量小于 50 amu 污染物的可靠分

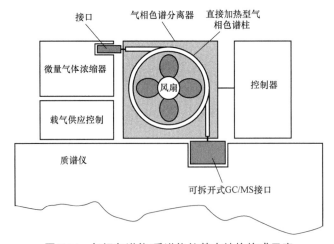

图 5.14　气相色谱仪/质谱仪的基本结构构成示意

析。将探测器灵敏度提高到目前的 1 mg·m^{-3} 以下将是另一项重要的改进。GC/MS 是经过飞行验证的技术，即曾经在海盗号（Viking）火星着陆器上飞行过。

气相色谱法是一种分离化学物质以获得混合物中纯组分的技术。它基于化合物在连续流动期间在两相之间的重复分布，并借助热导率传感器或火焰离子化检测器检测组分。组分的鉴定取决于它们在色谱柱中的停留时间。通过积分检测器的输出确定组分的浓度。气相色谱仪由以下单元组成：①一个分离柱；②一个注入端口或一个在色谱柱一端的入口界面（用于加入混合物）；③一台检测装置（在色谱柱的另一端），以监测从色谱柱出来的被分离化合物；④一套保障系统运行的供气设备。

气相色谱柱中的载气流携带化合物穿过整个色谱柱。载气形成流动相，而色谱柱内的非流动相被称为固定相。流过色谱柱的化合物经历在固定相中溶解的重复循环过程，然后再进入气（流动）相。重复分配的程度和每种化合物在固定相与流动相之间的动态平衡决定了它在气相色谱柱中物质特异性的持续时间。这将导致组分在色谱柱中的运输过程中得到分离。图 5.15 显示了气相色谱混合物组分的基本分离原理。

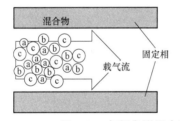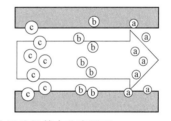

图 5.15　气相色谱混合物组分的基本分离原理

在给定条件下，当混合物被注入色谱柱后，则其中一个组分从该色谱柱中穿出的时间就是这种特定化合物在该特定色谱柱中的停留时间 t_r。感应组分洗脱的检测装置可以发出与各化合物出柱量成比例的信号。结合具体的停留时间，就可以利用该信号进行识别和量化分析（图 5.16）。

在简单的气相色谱设备中，被分离出的化合物由一台非识别装置进行检测，而该装置仅指示是否存在化合物（当然，信号的幅度可用于进行量化分析）。火焰离子化检测器就是这些检测器的一个例子，即在这种检测器中，只有通过比较相同 GC 组成下的保留时间，才能识别化合物。在 GC/MS 中，气相色谱仪的检测器是

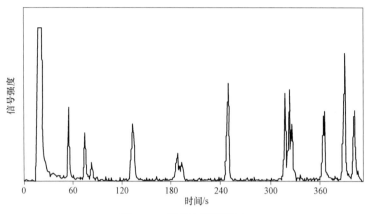

图 5.16 气相色谱图样本

一台质谱仪，也就是一种识别检测器。GC/MS 的每个保留信号对应于一系列的质谱，通过质谱可以识别每种洗脱物。除了保留时间，这还是一种新的信息维度。使用质谱仪监测由 GC 分离的化合物的另一个优点是，未得到良好分离的 GC 峰仍然可以被识别（图 5.17）。

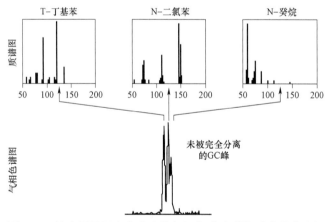

图 5.17 被应用于不完全分离的气相色谱峰群的质谱图谱分析

另外，也基本上可利用质谱仪进行重复分析（repetitive analysis）。它是最先进的太空基地监测仪器之一。质谱仪通过高温灯丝来电离样品气体，并在磁场中分离电离粒子。该仪器通过改变磁场来扫描质量电荷比的范围，以便每次只有一种离子能够击中目标。一般情况下，将 MS 与入口系统进行耦合，从而使污染物集中在选定的吸着剂上。当与这样的入口系统相结合（例如一台气相色谱仪）以用于浓缩污染物时，MS 则会具有检测低浓度所需的灵敏度，并可为化合物识别提供直接相关的数据。

2）傅里叶变换红外光谱仪

傅里叶变换红外光谱仪（Fourier Transform Infrared Spectroscopy，FTIR），其基本原理是使红外辐射通过座舱大气样本，并利用干涉仪来创建红外吸收光谱。红外吸收光谱是空气样品成分的一种特征。然而 FTIR 的一种局限是它不能区分相关的化合物，即具有结构相似的化合物在其红外吸收光谱中可能具有相似的吸光度。此外，由于有些化合物（如氢和氯）并不吸收红外辐射，因此无法用傅里叶变换红外光谱仪检测到。

3）离子阱质谱仪

离子阱质谱仪（Ion Trap Mass Spectroscopy，ITMS），其利用质谱技术对被分析物质进行分离和鉴别。一旦进入离子阱，座舱大气样本就被电离，这样所产生的离子根据分子量而被分离，并由离子探测器进行分析。这一系列操作模拟了串联质谱。基于最新的质谱技术，ITMS 的分析时间最快、重量可能最低且灵活性最大。然而，目前该技术仍处于开发阶段。

3. 火灾探测及灭火技术

火灾是任何太空基地中最可怕的事件之一。虽然通常选择的材料和操作应能防止火灾的发生，但随着任务时间的延长和更加常规化，则发生火灾的可能性也会增加。因此，与过去主要使用的火灾探测装置（"航天员感官"）不同，新型的火灾探测装置在未来的项目中会更加重要。不同类型的火灾会具有不同的特征，因此必须为每种应用而精心设计探测系统。这些不同的特征包括火灾初期由于热击穿而产生的小颗粒、燃烧产生的颗粒（烟）或气体产物、火灾的能量排放（辐射）和高温等。无论如何，都应该避免误报。一旦发现火灾，可以用 CO_2、N_2 或卤代烷（Halon）来灭火。

在进行太空基地火灾探测系统的设计时，需要考虑微重力环境的许多影响问题。例如，在正常重力条件下，燃烧区释放的大量热量会导致形成密度梯度，从而出现浮力驱动的对流流动，但在微重力条件下，则不存在浮力驱动的流动。目前，基本上提出了两种不同的传感器，即烟雾探测器（smoke detector）和火焰探测器（flame detector）。

烟雾探测器可以被安装在空气冷却管道和隔离区。在隔离区，通风风机可进行强制通风，以便将烟雾输送到探测器。在开阔区域，可以用火焰探测器来探测火灾。烟雾探测器监测空气中烟雾粒子的存在。烟雾探测器有两种基本类型。一种是利用光电效应探测烟雾，如减光火灾探测器（obscuration detector）、光散射烟雾探测器（light scattering smoke detector）和凝结核计数器（condensation nuclei counter，CNC）等。另一种是依赖于烟雾粒子与电离大气分子（ionized air molecule）相互作用的电离烟雾探测器（ionization smoke detector）。

减光火灾探测器的基本工作原理是：当烟雾经过光源（激光二极管）和接收器（光电二极管）时，部分光线会被遮蔽，则光电池（photocell）的输出会减少，从而发出警报。如图 5.18 所示。

光散射烟雾探测器的基本工作原理是：当一束光穿过被烟雾占据的空间时，入射光的一部分将被散射到接收器上（图 5.19）。另外，凝结核计数器能够通过增大颗粒的尺寸来检测到更小的颗粒。因此，使空气样本经过加湿器而使其达到 10% 的湿度，也就是此时水就可以凝结在烟雾颗粒上。然后，这些液滴大到足以能够散射光（图 5.20）。

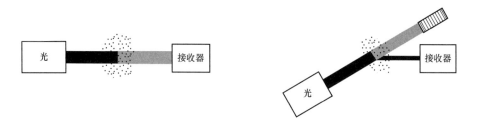

图 5.18 减光火灾探测器的基本工作原理　**图 5.19** 光散射烟雾探测器的基本工作原理

电离烟雾探测器在含有正负电极的电离室中具有辐射源。辐射源使电极间空气中的分子发生电离。当烟雾粒子被附着在离子上时，那么粒子–离子对的质量会增加，这样使得粒子–离子对向电极方向移动的速度下降。由于对流速度保持不变，因此上述粒子-离子对就被带离电离室，并导致所产生的电流减少，从而发出警报（图 5.21）。

通常，火焰探测器监测电磁光谱中的三个波段之一：紫外线、可见光和红外线。例如，典型的碳氢化合物火焰的光谱如图 5.22 所示。火焰探测器可以监测单个或多个波长。通常，紫外检测器可监测 $0.18 \sim 0.26\ \mu m$ 的波长，红外检测器可监测 $0.7 \sim 5\ \mu m$ 的波长，而可见光检测器可监测 $0.4 \sim 0.7\ \mu m$ 的波长。监测不同的波长可以降低或消除错误警报的风险。

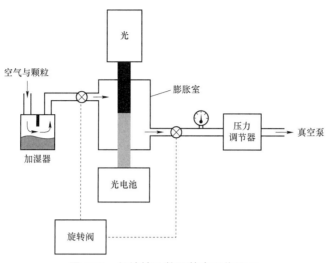

图 5.20　凝结核计数器基本工作原理

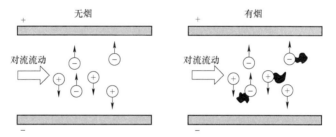

图 5.21　电离烟雾探测器基本工作原理

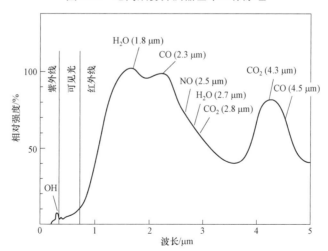

图 5.22　典型的碳氢化合物火焰所发出的辐射能谱

▨ 5.2 水管理

水是所有生命保障的关键。水管理必须满足航天员新陈代谢和洗涤的用水要求，还应具备收集大气冷凝水和废水的功能。饮用水及食物制备用水约为每人每天3 kg，清洗及个人卫生用水约为每人每天4.5 kg。废水还包括大约每人每天1.5 kg的尿液和2 kg的呼吸与排汗，此外还有洗涤废水。大约每人每天0.3 kg的代谢水是由食物在体内氧化形成的，因此构成了人体耗水量与排水量的差值。

特别是在长期任务中，补给所带来的巨大重量需求和航天员对高纯度水质的需求使得水管理成为载人航天飞行的关键技术。在太空基地进行水回收的基本过程可分为两类：蒸馏过程和过滤过程。蒸馏方法主要用于尿液回收，而过滤方法主要用于处理卫生和饮用水。另外，从太空基地大气中的湿气回收水分也具有重要意义。

在蒸馏或相变过程中，主要采用了四种方法：

（1）蒸汽压缩蒸馏（vapor compression distillation，VCD）；

（2）热电集成膜蒸发（thermoelectric integrated membrane evaporation，TIMES）；

（3）蒸汽相催化脱氨（vapor phase catalytic ammonia removal，VPCAR）；

（4）空气蒸发系统（air evaporation systems，AES）。

另外，受关注的三种过滤技术是：

（1）反渗透（reverse osmosis，RO）；

（2）多级过滤（multifiltration，MF）；

（3）电渗析（electrodialysis）。

水回收技术的选择将取决于废水的来源和针对一定应用所要求的水的质量。因此，预计第一代长期太空飞行任务将包括两套水回收和存储子系统。第一套子系统将被用于处理浓废水，如尿液和冲洗水，而第二套子系统则被用于处理淡废水，如洗衣水或洗澡水。饮用水可能会通过相变过程进行回收，而低质量的水将通过过滤回收。然而，终极目标是拥有一套太空基地水回收子系统。

除了专门设计用于回收太空基地废水的子系统外，副产品水还来自其他太空基地子系统，如 H_2-O_2 燃料电池、CO_2 还原系统和用于控制座舱湿度的太空基地冷凝热交换器。来自 CO_2 还原系统的水质量较高，因为它经过了一个高温过程而杀死了有害细菌。同时，用于 CO_2 还原的进气是干净的，而来自燃料电池和冷凝热交换器的水再被利用之前可能需要进行后处理，以去除其中的化学和生物杂质。

5.2.1　尿液回收

在太空飞行任务中，从尿液中回收水是一项复杂的研究和工程任务。在工艺和系统的开发中应考虑以下因素。

（1）尿液是一种复杂的水溶液，含有 100 多种不同的有机物和无机物。其中的主要污染物是尿素（13～20 g·L^{-1}）、氯化钠（8～12 g·L^{-1}）和各种酸（高达 3 g·L^{-1}）。溶液中污染物总含量高达 5%。尿液的显著特征是耐热性低和对其中存在的某些物质的细菌分解较为敏感。在 60 ℃以上，随着微生物菌群的增长，尿素则分解产生 NH_3 和 CO_2。尿液一经储存便会产生沉淀。

（2）对从尿液中回收的水提出了严格要求，要求有机污染物和无机污染物均保持最低含量。

（3）系统设备应在过载和失重状态下均能够运行。

在苏联，已经开发了一种从尿液中回收水的系统。在该系统中，水通过蒸发和蒸汽冷凝来回收。冷凝水被用吸附法净化。为了饮用，需要对净化水进行调节，也就是对其利用食用盐和微量元素进行饱和，并进行消毒处理。自 1990 年 1 月以来，该系统一直在和平号空间站上运行。再生水被用于水电解产生 O_2 及冲洗尿液收集通道。该系统为自动化运行，并需要最低限度的维护。其运行由航天员进行监测，并可通过机载面板进行手动控制。在 1.5 年的运行期间，已经处理了超过 1 300 L 的尿液。在飞行条件下，每人每天产尿量平均为 1.2 L。从尿液可回收 80%的水，这样则完全能够为航天员提供用于制 O_2 的水电解用水。

在美国，正在被开发以用于空间站航天员尿液处理的具有较强竞争性的再生技术是 TIMES 和 VCD 技术。除了 VCD 的功耗需求较低外，这两种技术所需的总系统资源相似。这两种技术的产品水质相当，但 VCD 的处理速率要快得多。另外，TIMES 缺乏处理净水的能力。

1. 蒸汽压缩蒸馏技术（VCD）

在 VCD 处理中，将作业蒸汽进行压缩以提高其饱和温度，然后使蒸汽冷凝在与蒸发器直接热接触的表面上。在饱和温差的驱动下，从冷凝器到蒸发器所产生的热通量则足以蒸发相当于被冷凝的水量。因此，将冷凝潜热（latent heat）进行回收以用于蒸发过程。

以上情况使得 VCD 处理成为一种热被动过程（thermally passive process），即其不需要主动温度控制。在该过程中所产生的废热使操作温度略高于环境温度，即在 21～35 ℃。最终，冷凝器的额定压力为 4.8 kPa。该处理过程中所需要的唯一能源是被用于压缩蒸汽和克服热与机械损失。

将蒸发器、冷凝器和冷凝水收集器进行旋转以实现零重力相分离。VCD 处理技术已经发展到可以回收尿液中 96%以上的水分，从而将尿液浓缩以使其中的固体浓度达到 50%以上。当处理较稀的水流时回收率还会更高。对未蒸发的废水进行再循环，直到固体浓度达到规定的浓度为止，此时将固体从系统中除去并作为盐水储存。从 VCD 处理技术回收水的质量取决于与水共凝的挥发性有机物和氨。为了稳定尿素并防止其分解为氨，可能需要对 VCD 废水进料进行预处理（如用酸）。另外，在被再利用之前，对 VCD 产品水也可能需要进行后处理。在 VCD 蒸馏过程中，所产生的任何不凝气体（noncondensible gas。如 CO_2、N_2 和挥发性有机物等）都会导致压力升高并降低蒸发效率。因此，要想恢复蒸发效率，就需要对蒸发器进行定期排气（evacuation），并处理掉不需要的挥发物。VCD 的另一个缺点是其旋转部件有可能会破坏空间站的微重力环境。VCD 的基本工艺流程如图 5.23 所示。VCD 的基本设计特性见表 5.12。

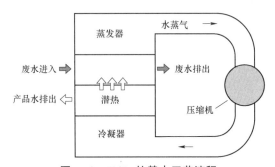

图 5.23　VCD 的基本工艺流程

表 5.12　VCD 的基本设计特点

项目	内容
重量	101.2 kg
体积	0.507 m³
产热率	0.115 kW

续表

项目	内容
需用功率	0.115 kW
工作温度	16 ℃（最小）；30 ℃（标定）；38 ℃（最大）
工作压力	3.6 kPa（最小）；4.8 kPa（标定）；6.5 kPa（最大）
工作模式	按照批次模式进行连续处理（750 h）
设计效率	70%
基本情况说明	基本的 P/C 过程；发展水平很高；对照 TIMES 进行评估
技术成熟度指数	5
可靠性	运行天数未知
可维护性	蠕动液泵的使用寿命是限制因素
优点	● 适用于零重力和低重力环境 ● 被动潜热回收而导致能耗降低 ● 与 TIMES 相比，其产率和水质较高
缺点	● 处理器包含旋转组件 ● 产生须被排放的气体产物 ● 处理器未在稳态模式下运行 ● 需对废水进料进行预处理 ● 水回收率低于 100%而使得需要储存盐水
未来改进之处	● 调整处理器以使之达到稳态运行 ● 取消对废水进料进行预处理 ● 开发最小化 NH_3 生成的操作模式
主要化学方程式	$CO(NH_2)_2 + H_2O \rightarrow 2NH_3 + CO_2$

物质形态	输入量/$(kg \cdot d^{-1})$	输入成分	输出量/$(kg \cdot d^{-1})$	输出成分
气体	0	—	0.03	? %氨 ?%CO_2
液体	32.64	34.8%冲洗水 0.58%预处理水	32.64	34.8%冲洗水 0.58%预处理水
固体	0.87	0.005%臭氧 0.01%硫酸 64.61%尿液（＝96%水）	0.84	0.005%臭氧 0.01%硫酸 64.61%尿液（＝96%水）

2. 蒸汽相催化脱氨技术（VPCAR）

VPCAR 是基于一种化学催化过程，在此过程中，与作业水一起蒸发的杂质被氧化成无害的气体产品，以便消除对消耗性化学品的需求。与 VCD 和 TIMES 不同，VPCAR 是一种物理-化学过程，它将蒸发与挥发性杂质（如与水一起蒸发的氨或任何有机化合物）的高温催化氧化相结合。

图 5.24 示以尿液作为代表性进料的一种 VPCAR 处理过程的简化流程。蒸发器包含一组由全氟化离子交换聚合物（perfluorinated ion-exchange polymer）制成的中空纤维膜（hollow fiber membrane）。废水被输送到纤维膜内部，并从纤维膜外部蒸发。VPCAR 处理过程采用两张催化剂床：在第一张床中，氨被氧化成氧化氮（N_2O）和氮气的混合物，而挥发性碳氢化合物被氧化成 CO_2 和 H_2O。在第二张床中，N_2O 被催化分解为 N_2 和 O_2，而后两种气体可被用于补充太空座舱中的 N_2 和 O_2。氨氧化反应器中的氧化催化剂为在表面上含有 0.5%铂的矾土颗粒，并在 250℃左右运行。N_2O 分解反应器中的催化剂为含 0.5%钌的矾土颗粒，并在 450℃左右运行。将 VPCAR 子系统中的尿液循环和蒸汽回路维持在巴氏灭菌温度（74 ℃）以上，以通过最小化或消除微生物的生长来保持水质。与干热不同，湿热在 VPCAR 消毒过程中对消杀微生物特别有效。VPCAR 既不需要预处理，也不需要后处理。回收的水中氨含量极少，碳氢化合物含量很少，电导率低，且只需调整 pH 值即可满足饮用水标准。然而，VPCAR 采用了与 TIMES 相同的低可靠性膜技术，并在高温下运行还存在其他缺点。该过程的基本设计特点见表 5.13。

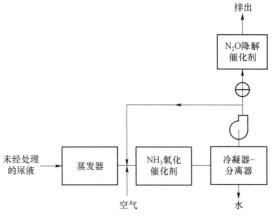

图 5.24　VPCAR 的基本工作原理

表 5.13　VPCAR 系统的基本设计特点

项目	内容		
重量	68 kg		
体积	0.24 m³		
产热率	0.1 kW		
需用功率	0.1 kW		
工作温度	77 ℃（标定）；450 ℃（最大）		
工作压力	50 kPa（最小）；80 kPa（标定）；200 kPa（最大）		
工作模式	—		
设计效率	95%		
基本情况说明	最高温度是催化剂床之一的工作温度；功率需求为设计值		
技术成熟度指数	3		
可靠性	—		
可维护性	—		
优点	● 生产饮用水 ● 催化床分解烃类和氨 ● 可以在微重力环境下运行 ● 不进行预处理 ● 后处理极其简单		
缺点	● 技术发展水平低 ● 功率比 VCD 的高 ● 压缩机可能会出现问题		
未来改进之处	● 需要开发管式蒸发器（tube evaporator） ● 需要开发性能更优的压缩机		
主要化学方程式	—		
物质形态	输入量/ (kg·d⁻¹)	输入成分	输出量/ (kg·d⁻¹)	输出成分
气体	0.02	—	0.08	—
液体	13	—	13	—
固体	0.45	—	0.45	—

3. 热电集成膜蒸发系统（TIMES）

TIMES 子系统采用相变过程，使用热电热泵（thermoelectric heat pump）将热量从水冷凝器传递到蒸发器。TIMES 的基本工作原理如图 5.25 所示。这一过程只回收部分冷凝潜热，并通过多组热电元件将这些热量传递到蒸发器。进入 TIMES 前，尿液需经过单过硫酸氢钾复合盐（oxone）和硫酸而被进行预处理，以固定游离氨、抑制微生物生长、控制异味并减少起泡。oxone 是一种不稳定且危险的液态化学物质，而且在微重力环境下很难将 oxone 作为固体来进行配制。因此，在理想情况下，可采用一种相对温和且不需要消耗品的预处理，如用紫外线来取代 oxone。

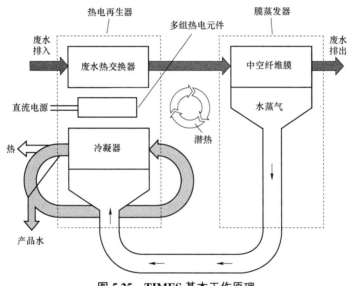

图 5.25　TIMES 基本工作原理

经过预处理的尿液/冲洗水，进入 TIMES 后流经两个平行的热交换器，后者与热电热泵的热面接触。在那里，将废水加热到 66 ℃，然后使之流经中空纤维膜，后者构成子系统的蒸发部分，即蒸发器。蒸发器由 600 根全氟磺酸管（Nafion tube）组成，这些管被组装成 6 束，每束 100 根。将纤维的外部暴露在低压下（17.2 kPa），这样导致水从外管表面蒸发并流向主冷凝器。在主冷凝器中，蒸汽在与热电元件的冷接点接触的多孔板表面上冷凝。部分蒸汽被冷凝后，则剩余蒸汽流向风冷式热交换器，并在那里完成冷凝过程。在蒸发过程中，潜热被回收并得到再利用。对冷凝水进行水质检测，如果合格则通过离心泵（centrifuge-type pump）将其作为产品水而运走。该泵也起到气/液分离器的作用，因为它可以去除被夹带在冷凝水流中的未冷凝气体。不合格的冷凝水会被重新处理。TIMES 可达到 95% 的水回收率。

在 TIMES 的处理过程中需要进行热控制，因为由低效率的热电元件所产生的大部分热量均被用来部分抵消蒸发所需要的热量。因此，在水蒸气交换过程中释放的等量潜热不能被利用，而必须从该处理过程中将其去除。通过使一部分冷凝水循环经过外部热交换器并将热量散发到周围环境，从而保持热控制。可以提高 TIMES 循环回路中的颗粒浓度，直到水中 93% 的水被回收，也就是直至颗粒浓度达到 38%。TIMES 的水质与 VCD 的水质一样，同样取决于与水共凝的挥发性有机物和氨的含量。另外，TIMES 还与 VCD 都存在需要进行盐水储存的问题。因此，还可能需要对 TIMES 的供水进行酸预处理，以稳定尿液中的尿素并防止其分解为氨，而且在被重复使用前还需要进行后处理以减少其中的共凝有机物。基于 20 kg 水日处理量的 TIMES 装置的基本设计特点见表 5.14。

表 5.14　基于 20 kg 水日处理量的 TIMES 装置的基本设计特点

项目	内容
重量	68 kg
体积	0.23 m³
产热率	0.17 kW
需用功率	0.17 kW
工作温度	63 ℃（最小）；66 ℃（最大）
工作压力	17 kPa（最小）；？kPa（最大）
工作模式	连续/批处理
设计效率	91%
基本情况说明	—
技术成熟度指数	4～5
可靠性	—
可维护性	最长的无干涉运行时间为 20 d（1987 年）

项目	内容			
优点	● 具备非移动式蒸发和冷凝表面 ● 由非移动式装置（热电元件）所形成的温差而导致潜热共享 ● 在蒸发段中的中空纤维膜内包含有循环废液			
缺点	● 大量有机纤维会受到酸性氧化环境的损害而失效 ● 小直径管道会导致堵塞/维修问题 ● 较高的操作温度会促使尿素分解增加，因此导致水质比 VCD 的要差 ● 能源利用效率不及 VCD（回收每千克水所需的能源约为 VCD 的两倍） ● 需要进行预处理			
未来改进之处	● 进一步提高可靠性 ● 具备更高的水回收能力			
主要化学方程式	$CO(NH_2)_2 + H_2O \rightarrow 2NH_3 + CO_2$（副反应）			
物质形态	输入量/ $(kg \cdot d^{-1})$	输入成分	输出量/ $(kg \cdot d^{-1})$	输出成分
气体	—	—	0.7	—
液体	21.8	—	21.1	—
固体	0.7	—	0.7	—

4. 空气蒸发系统（AES）

在 AES 中，使用脉冲进料技术（pulse feed technique）将经过预处理的尿液通过微粒过滤器而送到滤芯袋（wick package）。尿液的添加次数和流速由进料泵控制，这由离开滤芯袋的空气相对湿度和被处理的液量所决定。在两次加液之间需留出足够的时间，以便在下一次之前进行尿量分配。循环加热气流使尿液中的水分蒸发，而将尿液中的固体颗粒留在滤芯袋中。当滤芯中积累了足够的尿固体时则停止进料泵，然后使负载滤芯干燥，并更换新的滤芯袋。离开滤芯袋的潮湿空气经过冷凝热交换器。位于冷凝器下游的水分离器将水从气流中带走，并将其泵入产品水回路。合格产品水通过微生物止回阀进入后处理部分，在此对其进行过滤以除去微量污染物，然后将其储存起来以供航天员使用。整个干燥程序可从废水中回收近 100%的水。供 8 人使用的 AES 的主要设计特点见表 5.15。

表 5.15　供 8 人使用的 AES 的主要设计特点

项目	内容
重量	—
体积	—
产热	—
需用功率	0.315 kW
工作温度	7 ℃（最小）；60 ℃（标定）；60 ℃（最大）
工作压力	103.4 kPa（最小）；103.4 kPa（标定）；103.4 kPa（最大）
工作模式	装置被启动后连续运行，直到尿液/冲洗水箱排空，然后将其关闭
设计效率	100%
基本情况说明	通过水蒸发，从被尿液饱和的毡垫（在回路中空气在其之上进行循环）实现尿液中的水蒸馏
技术成熟度指数	5
可靠性	相对较高，可能受到压缩机、吸湿材料、风扇和阀门（标准航天级产品）等驱动
可维护性	滤芯蒸发器的设计允许航天员能够随时接近滤芯单元以进行定期更换；由于味道难闻而需要处置时，对干燥而失效的滤芯进行有效包装与密封
优点	● 水回收几乎达到 100% ● 设备简单，并具有标准的航天级机械部件 ● 对进料不敏感 ● 在常压下工作（容易密封） ● 间歇或连续操作
缺点	● 功率大 ● 后勤补给需求量大（滤芯的重量及体积） ● 需要对尿液进行预处理
未来改进之处	● 使用再生式滤芯 ● 提高芯吸效率 ● 提高能量回收率 ● 建造工程开发设备
主要化学方程式	—

物质形态	输入量/ (kg·d^{-1})	输入成分	输出量/ (kg·d^{-1})	输出成分
气体	0	—	0	—
液体	—	—	—	—
固体	—	—	0	—

5. 液相催化氧化处理系统

液相催化氧化处理系统（aqueous phase catalytic oxidation treatment system，APCOS）是另外一种废水处理系统，其功能是通过氧化去除废水中的有机污染物。APCOS 的核心是一套催化氧化器，它由装有一种催化剂的两个被串联在一起的不锈钢反应器组成。在线路板试验中，该系统成功处理了由有机物（如乙酸、乙醇和苯酚）和无机盐（如氯化钠、氯化钾和碳酸铵）组成的污染物。

在此处理过程中，将气态给水输送到系统，在不锈钢回热式热交换器（regenerative heat exchanger。也叫再生式热交换器或热回收换热器）中进行预热，并通过一台串联式加热器将其所需工作温度提高到 140 ℃左右。然后，将氧气以约 620 kPa 的压力（即高过系统压力 140 kPa）注入反应器内的给水中。然后，该两相混合物经过催化剂，从而将有机化合物进行氧化。使反应器排出物通过回热式热交换器进行冷却。任何自由气体，即未溶解的 O_2 和 CO_2，都可以从循环储罐中逸出。因此，必须要始终使系统保持足够高的压力，以确保水处于液态。

6. 超临界水氧化技术

超临界水氧化技术（super critical water oxidation，SCWO）的详细内容见 5.3.2 小节。

5.2.2 卫生废水回收和饮用水处理技术

在洗涤和淋浴后的污水中含有多种机械杂质和化学成分，如脱落的上皮细胞、头发、污垢、脂肪、尿素、氨和其他有机和无机化合物，它们是人体脂肪和汗水的组成部分。卫生废水的组成取决于许多因素，如洗涤剂等级、卫生程序周期、人的个性、身体和情绪负荷强度以及环境参数。仅此一点就能解释卫生水性质的差异：溶解 O_2 为 450～600 mg·L^{-1}、pH 值为 4.8～7.1、脂肪为 180～800 mg·L^{-1} 及尿素为 3～100 mg·L^{-1}。在太空基地，溶解杂质的数量和组成不仅取决于在卫生程序中被冲走物质的数量和特性，而且取决于来自运输空气的冷凝物（如氨、醇、丙酮等），该运输空气将水运送到洗手和淋浴设备而形成喷射水流。

针对和平号空间站，开发了卫生水回收系统，以用于从洗手和淋浴设施接收未经处理的水（作为水/空气混合物）、分离混合物相、储存未经处理的水、从机械和溶解杂质中回收纯净水并储存、预热并将纯净水提供给洗手和淋浴设施。该系统在和平号空间站上自动运行而为 3 名航天员提供洗手和淋浴用水。而且，系统运行可由航天员通过系统控制面板进行监视。本系统的主要性能指标如下：

（1）水回收能力　　　　　　　　　　　　　　　　　　0.9 L·h^{-1}

（2）能耗　　　　　　　　　　　　　　　　　　　　　0.55 W·L^{-1}

（3）重量（按总处理量达到 6 600 L 时的使用寿命计算）　530 kg

（4）可更换耗材的重量　　　　　　　　　　　　　　　400 kg

美国载人航天工程饮用水和卫生用水处理的主要有竞争力的再生技术是多级过滤技术（MF）和反渗透处理技术（RO）。MF 和 RO 所具有的定量资源相似，而 MF 所需要的功率、补给重量和体积等均略低一点。而且，MF 处理技术较好地解决了可靠性、集成性和复杂性这三个主要问题，因为它的单程操作设计更简单也更可靠。利用膜进行水回收的其他拓展方法是电渗析（electrodialysis）和扩散渗析（diffusion dialysis）。这些基于膜的水处理方法的基本情况比较如图 5.26 所示。详细情况介绍如下。

1. 反渗透技术（RO）

在标准渗透过程中，在渗透压的驱动下水会从低浓度移动到高浓度溶液。在反渗透过程中，这一过程则完全相反：对废水施加压力，直到超过其渗透压，这样就迫使水通过半透膜，而留下大部分离子和较大的有机化合物。尽管目前的膜不能去除小分子有机物，但是 RO 装置仍可去除所有悬浮固体、所有大分子和大多数低分子量盐。这样，可获得大量相对纯净的渗透液和少量高浓缩的液体，对后者必须利用 VCD 进行处理或予以储存。目前的滤膜需要超滤（ultrafiltration，UF）进行预处理来去除悬浮固体，以及需要消耗品的 MF 吸收床进行后处理。UF 是一种过滤大部分悬浮物和大分子的过程，同时允许低分子量的盐和水渗透过膜。作为 RO 系统的第一阶段，UF 的主要功能是去除可能会污染 RO 膜的大量污染物。提高膜的

项目	反渗透	超滤	电渗析	扩散渗析
图示	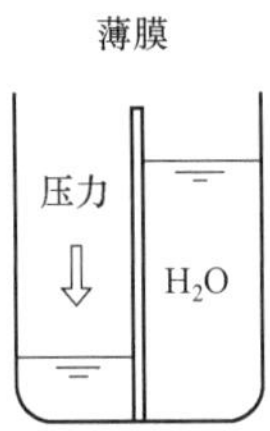 薄膜 压力 H₂O	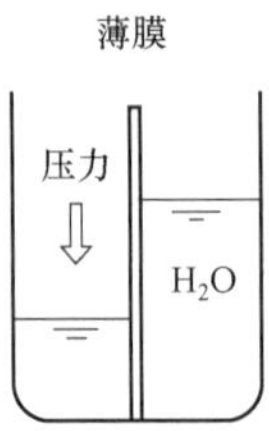 薄膜 压力 H₂O	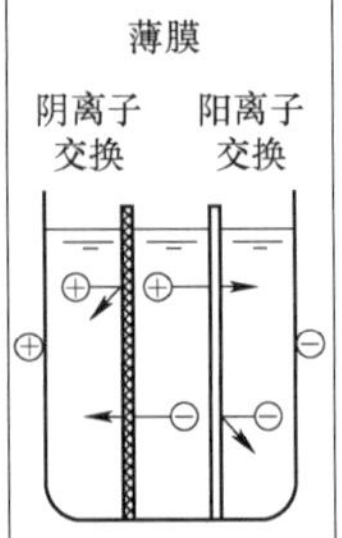 薄膜 阴离子 阳离子 交换 交换	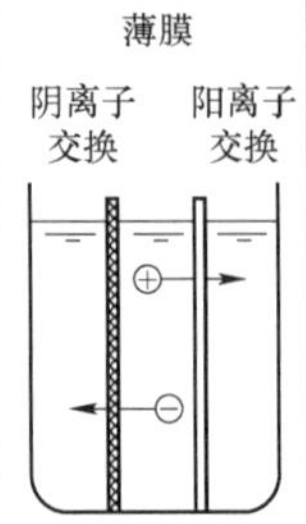 薄膜 阴离子 阳离子 交换 交换
分离原理	大小	大小	电荷和大小	大小
驱动力	高压	低压	电场	浓度差
离子的 选择性分离	较差	较好	最佳	较好

图 5.26　四种膜分离方法主要性能比较

性能可以省去进行预处理和后处理。另外，改进膜结构也可以提高系统的性能。RO 的基本结构为螺旋形，而 UF 采用管侧（tube-side。也叫管程）进料设计。在理想情况下，RO 系统将在高于巴氏灭菌温度（74 ℃）的条件下运行，以防止微生物滋生。图 5.27 为反渗透工艺的一种简化流程。

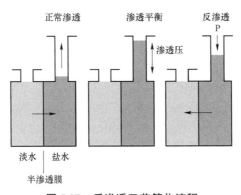

图 5.27　反渗透工艺简化流程

在太空，有两种膜，即内层中空纤维膜（inside skinned hollow fiber membrane）和双层膜（dual layer membrane）在 RO 处理工艺中最受关注。中空纤维膜由多孔聚砜基底（porous polysulfone base）和沉积在纤维内部的专有抗溶质薄层组成。中空纤维结构具有较高的膜表面积–体积比，从而提高了功能模块的紧凑性。废水被注入中空纤维膜的内部，以最大限度地减少膜表面的污染或污垢物聚积。双层膜由沉积在多孔金属或陶瓷管内部的氧化锆和聚丙烯酸的混合物制成。这种膜具有吸引

力的地方是它的高水通量或吞吐量（在 2.8 MPa 时为 19 μm·s⁻¹）及其在巴氏灭菌
温度（74 ℃）下的高稳定性。在利用中空纤维膜和双层膜回收洗涤水的过程中，
所需的预计比能约为 10 W·kg⁻¹（回收水）。膜本身是该处理过程的关键部件。由
于进料溶液在高固相浓度下会具有高渗透压，因此用 RO 进行全水回收是不现实
的。在太空基地进行水回收时，利用 RO 的最大优点是其能耗低，并在零重力条件
下无须气液两相分离器。一种供 4 人使用的 RO 系统的基本设计特点见表 5.16。

表 5.16　供 4 人使用的一种 RO 系统的基本设计特点

项目	内容		
重量	8.5 kg		
体积	0.056 m³		
产热率	0.015 kW		
需用功率	0.02 kW		
工作温度	7 ℃（最小）；22 ℃（标定）；47 ℃（最大）		
工作压力	310 kPa（最小）；2 750 kPa（标定）；3 100 kPa（最大）		
工作模式	连续		
设计效率	80%		
基本情况说明	—		
技术成熟度指数	5		
可靠性	1 000 d		
可维护性	偶尔可能需要冲洗		
优点	—		
缺点	—		
未来改进之处	—		
主要化学方程式			
物质形态	输入量/（kg·d⁻¹）	输入成分	输出量/（kg·d⁻¹）	输出成分
气体	—	—	—	—
液体	—	—	—	—
固体	—	—	—	—

2. 多级过滤技术（MF）

通过 MF 处理，可从来自温湿度控制子系统的冷凝水和来自 CO_2 还原反应中形成的水获得饮用水。在 MF 处理过程中，使废水通过串联式过滤器和填料柱而得到净化。维持水流通过多级过滤器所需的唯一压力是克服过滤器和填料柱之间的小压降。MF 的优点之一是它是一种相对简单的技术，因此在太空应用中几乎不需要开发。然而，MF 的缺点是需要消耗品来再生离子交换床和需要合适的活性炭再生方法。

MF 包含三个基本步骤：第一是通过过滤除去微粒，第二是通过活性炭床去除废水中的悬浮有机污染物，第三是通过阳离子和阴离子交换树脂床去除无机盐。MF 由位于上游的一个过滤器和 6 个串联式单床组成。每个单床由一个吸附床（活性炭）和一个离子交换树脂床组成。随着时间的推移，第一个单床较下游其他单床会更快受到污染。一旦达到存储容量后，则将该单床拆掉，并将其他 5 个单床挪动上来而填补空白。接着，在该串联式单床的最后安装一个新单床。微生物控制是通过加热整个子系统到巴氏灭菌温度（74 ℃）来实现的，或利用化学方法处理（通过微生物止回阀注入碘）作业水而得以实现。供 4 人使用的一种 MF 系统的部分设计特点见表 5.17。

表 5.17　供 4 人使用的一种 MF 系统的部分设计特点

项目	内容
重量	3.9 kg
体积	0.001 24 m^3
产热率	0.000 38 kW
需用功率	0.000 38 kW
工作温度	16 ℃（最小）；55 ℃（最大）
工作压力	70 kPa（最小）；210 kPa（最大）
工作模式	连续
设计效率	99.9%
基本情况说明	—
技术成熟度指数	5
可靠性	—

续表

项目	内容			
可维护性	如被用于完全处理，一般在运行后第 15 d 进行更换			
优点	● 在一个盒子中包含所有废水处理组件			
缺点	● 实际上不能被再生 ● 必须被更换和丢弃			
未来改进之处	● 采用再生技术 ● 提高吸附剂的能力			
主要化学方程式	—			
物质形态	输入量/ $(kg \cdot d^{-1})$	输入成分	输出量/ $(kg \cdot d^{-1})$	输出成分
气体	0	—	0	—
液体	114	100%水	114	100%水
固体	0.015	0.01%有机碳 0.01%无机物	0	0.001%有机碳 0.002 5%无机物

3. 电渗析技术

电渗析技术（ED），利用离子交换树脂和离子交换膜对受污给水进行去离子处理。离子交换膜被用作阻挡水流的屏障，它把系统分成 3 个相邻的隔室：一个为稀释室，而在其两侧均有一个浓缩室。给水进入充满混合床离子交换树脂的稀释室。给水中的离子与离子交换树脂发生反应，并通过这些树脂沿作用于跨隔室的电势梯度方向转移。由于离子交换膜的半透性和电势梯度的方向性，因此离子浓度将在稀释室中下降，而在浓缩室中上升。该系统从浓缩室输出盐水，而从稀释室输出纯净去离子水（电导率约为 $0.1~\mu S \cdot cm^{-1}$）。需要对给水进行预处理和后处理，以提取未被电去离子方式（electrodeionization）除去的污染物，包括非离子型物质、有机污染物、氯和二氧化硅。电击离子方式能够对多种给水进行去离子化处理，包括大量的盐去除以及 RO 产品水的净化，从而产出净化水。电渗析废水处理技术的基本工作原理如图 5.28 所示。

在电去离子系统中，离子交换树脂被连续进行电再生，这样就不需要再生化学品，从而免去了进行化学品处理、废物中和及腐蚀等问题。相对于 MF，ED 系统的缺点是复杂程度高，并需要进行盐水储存。供 240 人使用的一种电渗析系统的基本设计特点见表 5.18。

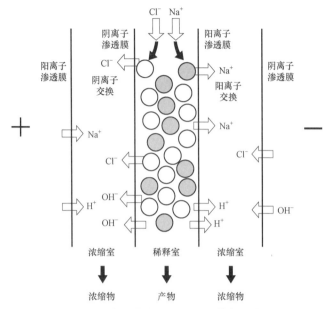

图 5.28　电渗析废水处理技术的基本工作原理

表 5.18　供 240 人使用的一种电渗析系统的基本设计特点

项目	内容
重量	—
体积	$0.261 \ m^3$
产热率	0.46 kW
需用功率	0.46 kW
工作温度	10 ℃（最小）；22 ℃（标定）；35 ℃（最大）
工作压力	140 kPa（最小）；280 kPa（标定）；420 kPa（最大）
工作模式	连续
设计效率	98%
基本情况说明	可能需要进行预处理或后处理
技术成熟度指数	4
可靠性	高
可维修性	以冲洗方式进行保洁

续表

项目	内容			
优点	—			
缺点	—			
未来改进之处	—			
主要化学方程式	—			
物质形态	输入量/ $(kg \cdot d^{-1})$	输入成分	输出量/ $(kg \cdot d^{-1})$	输出成分
气体	—	—	—	0.000 1%H_2 0.000 8%O_2/Cl_2
液体	6 000	100%给水	6 000	98%产品水 2%废水
固体	—	—	—	—

5.2.3　冷凝水回收

可以说，最"纯净"的含水产品之一是来自航天员呼出的水汽和皮肤散发的水汽的冷凝水。大气湿度冷凝水约占收集自航天员的 45% 的水总量（每人每天为 1.1～1.7 kg 水）。在苏联开发的冷凝水回收系统中，使空气/冷凝水混合物从热控制单元送入气/液混合物过滤器，之后进入冷凝水分离器。将分离器内的液腔充满后，则启动抽吸泵，从而将被分离出的冷凝水输送到净化单元。将从冷凝水中分离出来的空气排入座舱。将水从净化单元排入调节单元，之后用矿物盐对其进行饱和至饮用水标准，并用银离子进行保存。然后，将矿化后的水输送到饮用水储罐。该系统的操作几乎是完全自动化的，并由航天员在航天器中的控制面板上进行监控。该系统自 1975 年以来一直在礼炮 4 号至礼炮 7 号空间站及和平号空间站上运行，为航天员提供热水和冷水，以用于食物制备和洗澡。水回收的能源需求为 4 kW · m⁻³，从冷凝水中可回收 100% 的水，且其质量符合相关标准。系统设备的比重为 0.2 kg/kg（回收水）。根据空间站上系统的性能数据，航天员对饮用水和食品制备水的需求至少有 80% 可以得到满足。到 1991 年 9 月底，和平号空间站上的系统已回收了约 6 t 的冷凝水。

5.2.4　水质监测

水质监测是保障太空基地供水安全的前提。目前，美国 NASA 等已经制定了太空基地的饮用水和洗涤水或卫生用水标准（详见 4.3.1 小节），水质监测子系统的功能是确保这些标准能够不断得到满足。水质监测子系统应该是自动化的，而且应能够连续或频繁地测量决定水质的重要参数。需要被经常监测的参数包括 pH 值、氨含量、总有机碳（total organic carbon，TOC）含量、电导率和微生物浓度，可以利用商业传感器对它们进行测量。另外，不常被监测的参数是颜色、气味、浑浊度、起泡程度和重金属浓度。饮用水的味道也必须是可接受的。可以通过测量碘含量来间接监测微生物含量，以确保始终存在杀菌剂。水质监测系统的基本工作原理如图 5.29 所示。

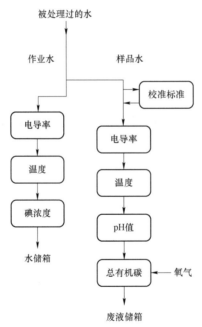

图 5.29　水质监测系统的基本工作原理

■ 5.3　废物管理

废物管理子系统负责废物的收集、处理和储存。在载人航天器中，废物包括湿的和干的灰分、粪便和食物加工废弃物，必须对它们进行收集、稳定与储存，以防止对航天员或设备造成不利甚至有害的后果。对于长期太空飞行任务，必须考虑在消耗品的补给和后处理之间进行权衡，而对废物进行后处理与再利用可能会成为一种经济上合理的做法。

废物管理子系统必须处理的主要废物种类包括：①以半固体、固体或其混合形式产生的废物；②来自水管理系统和基本上以浓缩物形式被转运来的废物；③来自空气再生系统和以浓缩或吸收的气体和颗粒形式被转运来的废物。废物管理操作的基本顺序是：①收集和隔离；②分级（fractioning）；③稳定或储存；④适时回收利用。

对于短期/短时间太空飞行任务，并无回收利用计划。这时，对废物只是简单收集，必要时予以稳定化处理并在压实后进行储存。对于中期任务和/或近地太空飞行任务，除了通过相变技术从废物中回收部分水外，仍然不需要进行大量的废物回收。由于所需要的重量和体积巨大以及生物与化学废物降解可能会污染太空基地，因此在长期任务中储存废物是不可行的。然而，之前为较短和较近的太空飞行任务所发展的技术，对于远距离/长时间的太空飞行任务来说仍然适用，特别是对于非生物可降解的废物更是如此。对于生物可降解废物，二次资源概念（secondary resource concept）将会逐步推动新技术开发，并使之将来适用于星球基地中此类废物的处理。对于已经建立的永久性星球基地和行星际载人航天器，二次资源概念将对消耗品的设计提出严格要求，以确保它们可以被直接再生或适合进入各种回路，主要是水和食物循环。此外，植物最终将在太空中被栽培以提供食物，那么届时所产生的大量不可食植物材料将需要与其他固体废物一起被处理，从而为植物栽培室提供 CO_2 和矿质营养物质。不可食植物材料将约占干固体废物总量的 98%。在表 5.19 概述了在太空基地中产生的各种废物。

表 5.19　不同废物种类概况

废物等级	废物具体种类
可被生物降解的废水	卫生水、代谢水、呼吸/蒸腾水、粪便中的液体成分、尿液
可被生物降解的固体废物	粪便、固体部分、带有束缚水的废物、尿液中的固体成分、汗液和卫生水中的固体成分、衣服
代谢产生的废气	CO_2、微量气体、甲烷、悠氧（oxygene，U-oxygen）

废物等级	废物具体种类
不可被降解的废水	实验和/或医疗产生的废液
不可被降解的固体废物	零件、塑料、金属
非代谢产生且不可被降解的废气	排放的废气

物理-化学废物处理系统的要求取决于所应用的处理技术，它们在 O_2 需求量、废物流含水量、温度、压力和反应时间等方面均有所不同。下面还将详细介绍考虑到的几种不同处理技术：①超临界废物氧化（super critical waste oxidation，SCWO）；②湿式氧化（wet oxidation，WO）；③燃烧/焚烧（combustion/incineration）；④电化学氧化（electrochemical oxidation，EO）；⑤废物管理-水系统（waste management-water systems，WM-WS）。

如前所述，首先要对废物进行收集、分类和稳定。废物稳定化处理的方法如下：①冷凝；②采用干热或湿热方式进行干燥；③渗透压调节；④冷冻；⑤极端 pH 值下处理；⑥金属或有机物毒素消除；⑦银-（Ⅱ）-氧化［Silver-(Ⅱ)-oxidation］。经过稳定化处理后，废物可以被储存或被进一步降解。降解过程的基本步骤如下：①机械加工，如分级；②化学处理，如 pH 值同化或萃取；③酶或催化处理，如水解或脱氨；④发酵（需氧或厌氧）；⑤氧化，如湿氧化、超临界水氧化或燃烧；⑥产品后处理，如去矿化作用（demineralization）、过滤或反渗透。

对于物理-化学废物处理系统，不同的废物处理方法可能会需要不同的废物含水量。一般来说，数量和组成均恒定的废物会使处理更容易一些。废物输入的基本特征要求如下：①可被氧化；②具有一定的含水量；③具有一定的颗粒大小和均匀性。

通过物理-化学废物处理方法（如湿氧化、SCWO 或燃烧）氧化有机物，产生 CO_2，其可被植物用于光合作用或被还原。由于处理过程中废物的氧化速率与植物对 CO_2 的消耗速率相比会非常高，那么如果在系统中栽培植物的话，则需要一些缓冲罐。然后，由植物或 CO_2 还原系统产生的 O_2 可被再次用于废物的氧化过程。由于在这一过程中的 O_2 消耗率通常很不连续，而植物是很连续地生产 O_2，因此同样可能需要一些缓冲罐。在物理-化学氧化过程中所产生的矿物质可被作为植物的营养物质，而且必须在营养需求和生产之间保持平衡。在这些物理-化学过程中，必须将所产生的废气和颗粒从气体回路中予以滤除。总之，在物理−化学系统中，废物几乎完全被氧化，而且系统具有良好的可控性。然而，存在的问题是，它们之间并未达到物质输入与输出之间的平衡。鉴于此，将在第 6 章介绍更有前途的生物废物处理方法。

5.3.1　粪便收集及储存技术

在过去的载人航天任务中，所有的固体废物都被储存起来并运回地球，这涉及到大量的运输成本。将航天员的固体废物压实并装在储罐中。当储罐满了后则将其送回地球并重新补给。如上所述，对于废物管理系统，对其储存的合理改进就是能够处理废物并回收其有用成分，这是开发密闭 ECLSS 的重要步骤。

在一种典型的具有真空脱水的气流废物收集系统中，空气被一台离心式鼓风机抽吸，经过使用者后而进入大便收集装置，这样气流就将粪便移动到塑料袋内衬的底部。接着，空气被从大便收集装置抽出，之后经过活性炭过滤器后被送回座舱。排便完毕后，航天员用橡皮筋将收集袋密封，并关闭鼓风机。最后，使用者将粪便包转移到干燥装置中。尿液收集是通过一根管子，借助与收集粪便相同的鼓风机所产生的气流来移动尿液。液−气混合物经过液−气分离器，之后从中流出的液体被送入储尿罐，而空气由鼓风机从过滤器中抽出后送回座舱。作为废物收集系统的一个示例，航天飞机废物管理系统的基本结构构型如图 5.30 所示。

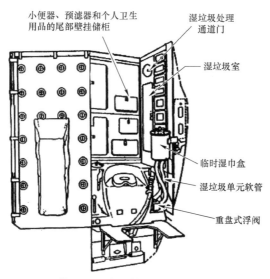

图 5.30　航天飞机废物管理系统的基本结构构型

5.3.2　固体废物处理

如前所述，基本上可以考虑以下三种主要的废物处理方法：①湿氧化；②燃烧/焚烧；③生物处理。下面将进一步介绍基于前两种废物处理原理的方法，在第 6 章将介绍生物废物处理方法。

1. 超临界水氧化法（SCWO）

SCWO 废物处理过程中，对废物分解利用的是处于超临界状态的水（温度和压力分别高于 374 ℃和 22.1 MPa），其作为进行氧化降解有机化合物的处理介质（process medium）。SCWO 不需要催化剂。水在超临界状态下表现出独特性，使得这一过程对废物破坏特别具有吸引力，即它作为溶剂的性质发生了变化。通常，在标准温度和压力下不溶于水的有机化合物在超临界水中也能溶解，就像 O_2 一样。与湿式氧化不同，这使得氧化能够在单相中发生。如果有足够的 O_2，且反应器的温度和压力又足够高，即在 649 ℃和 25.3 MPa 以上，则有机化合物以及作业大气和微量污染物气体会一起被完全氧化成 CO_2、H_2 和 N_2。因为无机盐在超临界水中的溶解度很低而会从溶液中析出，所以这有助于将无机盐从水相中分离出来。高温和高分子密度会使氧化反应快速进行，并基本实现完全反应。例如，有机盐在不到 1 min 的时间内其氧化效率会高于 99.99%。

通过进行适当的反应器设计，就像在湿氧化中那样进行的，超临界水中由废物氧化所产生的热量则可以被保留在反应器中，从而能够最大限度地减少该反应过程所需的外部热量或能量。除了处理冷凝水、洗涤水和尿液/冲洗水外，SCWO 还可以处理所有类型的航天器废物。SCWO 能够利用各种废水产生饮用水，从而可以完全实现饮用水供应。在使得 SCWO 成为一种重要的航天器技术之前，必须进一步解决与高工作压力和温度、材料腐蚀以及后处理以去除部分有毒产物气体等相关的安全问题。供 4 人使用的一种 SCWO 实验室试验板模型的基本设计特点见表 5.20。

表 5.20　供 4 人使用的一种 SCWO 实验室试验板模型的基本设计特点

项目	内容
重量	694 kg
体积	2.12 m³

续表

项目	内容		
产热率	0.36 kW		
需用功率	1.44 kW		
工作温度	374 ℃（最小）；650 ℃（标定）；750 ℃（最大）		
工作压力	22.1 MPa（最小）；25.3 MPa（标定）		
工作模式	连续		
设计热效率	100%		
基本情况说明	—		
技术成熟度指数	3		
可靠性	—		
可维护性	—		
优点	● 可将空气中微量有机污染物的氧化与水中空气有机污染物的氧化结合在一个装置或反应器中 ● 在短驻留时间内（<5 min）可达到高降解效率 ● 可用于从水中分离无机盐		
缺点	● 反应器需要在高压和高温下运行 ● 由于氧化反应会放热，因此温度控制可能较为困难 ● 金属可能会腐蚀和污染产品水		
未来改进之处	● 深入阐明有关主要废物流的质量和能量平衡关系 ● 掌握耐腐蚀反应器材料的可靠性和失效模式 ● 掌握盐晶体成核与生长规律 ● 掌握盐分离技术（特别是在微重力环境下）		
主要化学方程式	有机物 + $O_2 \rightarrow CO_2 + H_2O$		
物质形态	输入量/$(kg \cdot d^{-1})$	输出成分	输入量/$(kg \cdot d^{-1})$	输出成分
气体	2.59	—	3.77	—
液体	25.3	—	25.3	—
固体	1.27	—	0.098	—

2. 湿式氧化法（WO）

湿式氧化法是指在高压和高温下对稀废浆（含约 5%固体）或浓废浆（含 1%～10%固体）进行氧化。氧化发生在空气或 O_2 环境中，压力约为 14 MPa，而温度范围为 200～300 ℃，反应最后会产生大量的 CO_2 和水。将泥浆－O_2 混合物剧烈搅拌 15～60 min。利用该技术，可以将稀废物进行氧化。

在湿式氧化过程中，所产生的碳、氮、氢、氧、磷等重要生物元素的形态取决于处理过程中温度和压力的控制范围。目前尚不掌握关于湿氧化过程中输入和输出的详细情况。湿氧化法可去除 60%～95%的初始碳量（initial carbon quantity，COD）。无论如何，这一过程中 COD 的去除率并不等于它产生的 CO_2 量，因为碳的部分还原会降低 COD，但未必也会降低 CO_2。由于湿氧化条件不太严苛，因此其不能把溶解的金属元素稳定在不溶的氧化物中，这样这些元素会留在排出液中。相反，如果条件足够严苛，设备则可能会被腐蚀，并且金属会被引入排出液中，由此导致这些有害金属可能会在食物链中积累。

湿式氧化法在太空基地应用中的主要优点是可回收有效水，并将固体废物减少到重量和体积非常小、无菌而不可降解的灰分。湿式氧化法对于种植植物以提供食物的太空基地特别具有吸引力。在湿式氧化结束后，所出现的由有机物焚烧产生的 CO_2、液相中的矿质营养物质以及沉积物等均可以被用作植物养分。然而，由于需要 O_2 和高压存在潜在危险，因此导致该技术对于航天而言并不是特别理想。另外，通过湿式氧化的不完全燃烧可能需要通过催化氧化对产品气体和液体进行后处理。实验采用不同催化剂［如钯（Pd）、钌（Ru）、钌＋铑（Rh）］进行催化湿式氧化，初始压力和温度条件分别为 25 kgf · cm^{-2} p O_2 和 320 ℃，COD 为 20 000 μmol · mol^{-1}，氮含量（kj－N）为 30 mmol · mol^{-1}。

3. 燃烧/焚烧法

燃烧（combustion）是燃料中可燃成分的快速放热氧化。燃烧的方法包括从焚烧（incineration）（在有过氧情况下发生完全燃烧）到蛋白质分解（proteolysis。在无氧情况下，有机物在高温或高压下或两者同时存在时发生的破坏性蒸馏、还原或热裂解和冷凝）等多种措施。局部热解（partial pyrolysis），或叫缺氧燃烧（starved-air combustion，SAC），是一种不完全燃烧，当没有足够的 O_2 来满足焚烧需求时就会发生这种情况。通常，处于氧化态最高的生物元素最容易重新融入生物循环。因此，根据其潜在的实用性，只应考虑焚烧和 SAC 这两种方法。与 SAC 相比，焚烧的主要优点是其能够将大多数重要的生物元素氧化到它们的最高氧化态。

干法焚烧法（dry incineration）是一种浓缩固体废物的燃烧，包括航天员粪便、尿液和非航天员废物。在被加热之前，废物经蒸发被浓缩至固体重量占到总重量的约 50%，然后在空气中或 O_2 中并在接近正常大气压力下被加热至约 540 ℃。纯 O_2 是首选的氧化剂。干法焚烧法的最终产物是无菌的，由冷凝水、无机灰分和气体（主要是 CO_2）组成。当采用干法焚烧法时，可能还需要一个催化加力燃烧室（afterburner）以促进燃烧。干法焚烧的缺点是燃烧不完全，即使有加力燃烧室也是如此。产品水在被再利用之前可能需要经过进一步处理，而且在燃烧之前需要能源密集型蒸发或预干燥。可以说，该处理过程效率不高，因此需要增加一个催化加力燃烧室来达到可接受的燃烧效率。

SAC 是废物处理的替代燃烧方式。同样，将废水固体送进燃烧炉之前需要对其进行机械脱水。被部分氧化的剩下部分作为气体排放出炉，并在催化氧化单元中可以被完全氧化。催化氧化使用的 O_2 量相对较少。SAC 用比焚烧更少的 O_2 可完成污泥的氧化过程。SAC 的其他优点是，它更稳定和更容易操作，因为可以通过调整气体输入速率来使之得到控制，而且它产生的有毒排放物很少而颗粒较大（这样更容易被去除）。

这两种燃烧方法产生不同的氮化合物。焚烧会产生硝酸盐（NO_3^-）和亚硝酸盐（NO_2^-）。虽然前者很容易被植物利用，但后者对植物有毒。因此，需要有效的亚硝酸盐接收器。与之相反，SAC 处理将氮转化为氨，氨随废气离开焚烧炉，并被转化为大气氮和加力燃烧室中的水。这种形式的氮对生命保障系统中的大气是安全的，但对大多数植物却并不可用。

4. 电化学焚烧法（EI）

电化学焚烧法（electrochemical incineration，EI）是早期被开发的另一种废物处理技术。这是一种非热电解（non-thermal electrolysis）技术，即在催化电极表面将有机固体废物和尿液氧化为 CO_2、N_2、O_2 和 H_2。预计 CO_2 和 N_2 将是阳极氧化的产物，而 H_2 将是阴极还原的产物。该技术的优点是：①运行温度较低（149 ℃）；②无须消耗大气中的 O_2 即可氧化有机废物；③功率要求较低。因此，该技术具有被进一步开发的潜力。

5. 废物管理-水系统法（WM-WS）

WM-WS 能够同时处理固体和液体废物。该系统采用高温（647 ℃）催化氧化的处理过程，而且在微生物控制方面可能较其他水回收技术要更有效。最初的 WM-WS 包括一个钚热源，因此被称为放射性同位素热能（radio isotope thermal energy，RITE）系统。

第 6 章
生物再生生命保障概念

■ 6.1　生物再生生命保障与 CELSS

6.1.1　基本原理

在前面的章节中已经表明，在生命保障系统中通过再生式物理–化学子系统，可以闭合水和氧的回路。然而，在未来的太空基地中将要求实现碳回路——生命保障系统中的第三个也是最后一个回路的闭环。由于要在发射时携带执行任务所需的大部分材料，或补给这些材料，因此随着航天员规模和任务期限的增加，费用将变得非常昂贵。尤其是在月球或火星上的基地将不得不以最大的再生能力运作，因为给如此遥远的定居地提供补给的成本会很高。然而，只有在先进生命保障系统得以发展的情况下实现碳回路的闭合才有实际意义，即在该系统中代谢废物得以再生且食物得以生产。如果这部分或全部由再生过程完成，就会得到（部分）密闭生命保障系统。如果再生过程使用生物系统，则可获得生物生命保障系统（biological life support system，BLSS），也叫生物再生生命保障系统（bioregenerative life support system，BLSS）。BLSS 的基本工作原理如图 6.1 所示。

BLSS 必须是一个平衡的生态系统，本质上是生物技术系统，由航天员、动物、植物和微生物组成，并与机械和物理–化学硬件相结合。生物再生生命保障系统基本上可被分为以下两类。

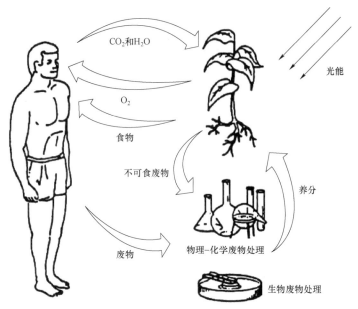

图 6.1　BLSS 的基本工作原理

（1）化学合成系统。在以氢细菌（hydrogen bacteria）为基础的系统中，氧和氢由水电解产生。这些细菌含有稳定的氢化酶（hydrogenase）。这样，它们则能够利用尿液、镁盐和铁盐、O_2 和 CO_2 等原料生产出蛋白质含量为 70%～85% 的食物。

（2）光合作用系统。在太空中栽培植物的明显优势是其不仅能够生产食物，而且特别是还能够再生大气。具体来说，如植物等自养生物，吸收包括航天员在内的异养生物排出的 CO_2，并产生异养生物需要的 O_2。例如，根据光合作用方程式，O_2 由藻类（如小球藻）利用 CO_2 产生：

$$CO_2 + H_2O + 光 \rightarrow O_2 + 生物量 + 热量 \tag{6.1}$$

部分可食用生物量，经人体代谢而被再次转化为 CO_2 和 H_2O。其余可食生物量将被部分氧化并出现在尿液、粪便和汗液等分泌物中。如果这些产物后来被完全氧化，再加上不可食生物量，就可以形成一个完全密闭的生态系统，即"人工生物圈"（artificial biosphere）。然而，由于存在泄漏，因此必须持续进行消耗品补给，特别是氮气和氧气。

密闭系统的粮食生产需要废物再生系统提供的矿物营养。由于废物转化器是基于微生物的活动，因此必须考虑其生物量的可食部分。废物主要是有机分子，通常被分解成矿物质、CO_2 和 H_2O。生物量的不可食部分来自光合自养生物，如高等植物和微藻，并被部分转化为可食生物量。图 6.2 给出了 BLSS 中食物生产的整体运行原理。

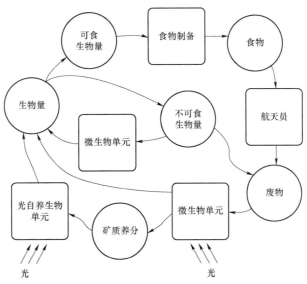

图 6.2　BLSS 中食物生产的整体运行原理

因此，为了食物生产而将生物技术引入生命保障系统不仅引起了若干有待解决的问题，而且开辟了解决其他生命保障需求问题的新领域。下面简要介绍不同的生命保障子系统。

1. 大气管理

如上所述，含氧的光合自养生物，如高等植物，根据光合作用方程式，利用 CO_2 和水生产食物。此外，许多低重量的易挥发有机化合物作为空气污染物存在于小型密闭的居住空间中。这些空气污染物主要来自航天员的新陈代谢排放、设备排气、冷却回路泄漏和消防设备释放等，其可被作为多种微生物的底物。因此，利用已经出现的生物空气过滤器（biological air filter，BAF），可能是污染控制问题的一种解决途径。

2. 水管理

进行水再生时存在的主要问题是消除使其不能饮用或不卫生的化合物，它们主要是微生物（包括细菌、病毒、原生动物和酵母）以及有机化合物和无机化合物。已经被开发的方法既有纯物理的方法，如连续膜过滤、蒸发和冷凝，也有化学的方法，如超临界水氧化，但它们的功率都很大。自然选择的解决办法是利用植物的蒸腾作用，也就是水分从叶片上进行蒸发。植物的蒸腾水可被容易回收（通过冷凝），并被认为是可以饮用的。另一种解决办法，是采用地球上常用的生物处理方法来再生使用过的水。

3. 废物管理

随着任务时间的延长，航天员产生的废物量也会增加。这需要一种良好的废物管理系统，以尽量减少储存废物的体积和质量，这可能需要依靠压缩和脱水相结合的方法。生物处理可以进一步降低生物可降解成分的质量和体积。生物降解会产生如 CO_2 和氮气等最终产物，但也会产生一些不太想要的产物，如氢气和硫化氢。

一种理想的生命保障系统将反映地球上的生态过程，即依靠自然的生物再生过程来回收废物，并提供食物、空气和水。因此，一种生物再生生命保障系统应由三个功能子系统组成，它们与地面生态系统的子系统相对应：①消费者（人和动物）；②生产者（植物和藻类）；③分解者（微生物）。

将这种复杂生态系统的缩小版移植到航天器或星球基地是一项艰巨的任务。为了确保一种生物系统能够有效运行，则需要周密选择生物，要求后者首先能够完成生命保障功能，同时在生态学上与系统中的其他生物以及与航天员能够兼容。在缺乏自然地球引力的情况下，那么维持该系统的健康和生产力则需要严格控制系统进程与接口。如果没有适当的控制机制，那么系统就会变得不稳定和不平衡。

尽管目前在理论上已经可以在太空中采用这类人工生物圈，但要使之成为现实仍需要很长一段时间。其原因不仅是太空中的极端环境条件，如微重力和辐射，还在于在该系统中所存在的高度复杂性和各种各样的反馈过程。另外，如果只需要为航天员提供生命保障，那就没有必要建成与诺亚方舟完全相同的东西。因此，美国 NASA 在 20 世纪 70 年代末启动了一个名为"受控生态生命保障系统"（CELSS）的开发项目，以实现生物再生生命保障系统的太空应用。该项目的目的是研究在地外环境中构建生物再生生命保障系统的可行性。图 6.3 示出了生命保障技术升级与可能的太空飞行任务发展之间的对应关系。

CELSS 的运行基于植物或藻类等光合生物，来生产食物、氧气和饮用水，并去除航天员呼出的二氧化碳。另外，需要物理子系统来保障这些生物功能，包括温度和湿度控制硬件、将生物量转化为食物的食物加工系统和将包括废水在内的废弃物转化为有用资源的废物处理系统。CELSS 较整个物理–化学系统的优势主要体现在心理支持和后勤保障方面。首先，CELSS 能够提供较物理–化学系统更接近地球

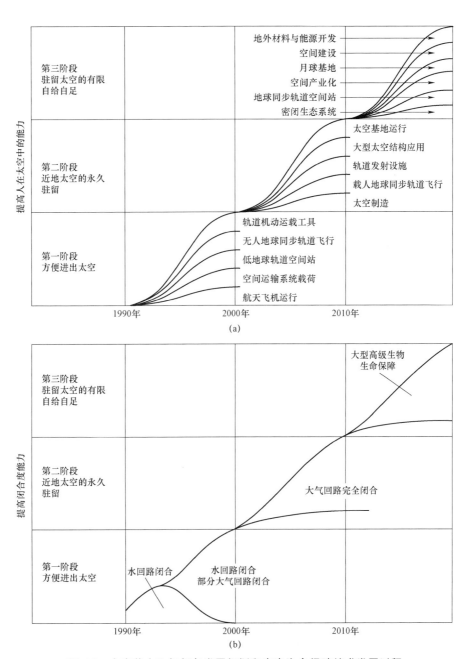

图 6.3　太空载人飞行任务发展规划和未来生命保障技术发展过程

（a）任务发展规划；（b）生命保障技术发展进度安排

的环境，因此在心理上则更能满足航天员的需求。此外，CELSS 还能生产新鲜的水果和蔬菜，从而能够增加航天员饮食的多样性和适口性。后勤保障优势是 CELSS 可以生产航天员生存所需的所有成分，而几乎不需要再补给。少量的液体和固体废物将是不可回收的，而且对部分凋亡的生物必须进行替换，但总的再补给要求将大大低于物理–化学系统。植物和/或藻类培养系统将是 CELSS 的最大组成部分。植物培养系统主要负责食物生产，此外还可以提供氧气、去除二氧化碳以及处理液体和固体废物。

生物再生系统的主要问题是几种产品的供需差异。如果简单地闭合一种生物系统，那么即使将它暴露在与开放系统相同量的光和热下，也会导致该系统的最终崩溃。这其中的根本原因与系统的缓冲能力有关，该缓冲能力部分是由地面生态系统的巨大规模提供的。因此，氧气由植物以循环的方式产生。异养生物或者用氧生物，同样会循环利用氧气。每种生物会根据其成熟状态、瞬时代谢率或食物供应程度而以循环的方式产生二氧化碳。在一个小型系统中，这些未被连接的循环未必相一致。而且最为重要的是，在一个小型系统中，大气体积不足以维持氧气的稳态浓度，或吸收二氧化碳的速率快到足以维持该气体的稳态浓度。而且，并不是所有废物都可以在不经过任何预处理的情况下被光合生物所利用。

因此，必须建立人工缓冲区，并通过人为干预来调节系统。在许多方面，这样的系统类似于一个典型的农场，即必须选择农作物，淘汰非农作物，在需要时提供水和营养，并在成熟时收获食物。特定气体的大气缓冲能力必须由机械方式来提供。这样的机械结构必须能够除去某些大气成分并补充其他成分。运行机械和生物系统所需的能量可能来自阳光，但也可能通过核反应堆等其他方式予以提供。该系统的控制将不再依赖于自然的自我调节机制，而是依赖于通过传感器装置和定期分析进行的持续监测。系统的行为必须符合系统功能的既定但多变的模型。唯一被建立的该类系统是生物圈 2 号（见第 7 章）。最后，不应当忘记的是，作为一种副产品，对具有相对密闭生物循环的此类生物生命保障系统开展实验研究，也许能获得一些基本知识和工具，来处理甚至解决一些与环境有关的问题，而这些问题在地球上越来越受到关注。这个问题将在第 9 章进一步予以讨论。

6.1.2　建模和设计

在太空应用中，选择合适的生物再生生命保障系统取决于任务类型和可用技术，它们决定了这样一种系统的体积、质量、能源需求和成本。在这方面，可以考虑 BLSS 或 CELSS 类型：①地基 CELSS；②月球 CELSS（1/6 g，月球日是 29.53 个地球日）；③火星 CELSS（1/3 g，1 d 为 24.7 h）；④微重力（μ-g）CELSS。

为了在太空中利用 CELSS，则必须考虑以下方面的要求：①发射能力（低质量和体积）；②任务要求（低能耗、高可靠性和易维护性）；③环境条件（在微重力和辐射条件下的功能）。

关于成本，必须确定盈亏平衡点（breakeven point），以便获得一种指标，以说明系统针对不同的飞行时间应建立什么样的系统才能最具成本效益。对于任何生命保障系统的首要需求，都是通过生物手段生产食物。因此，必须闭合碳回路，如图 6.4 所示。同样重要的是，需要明白在这种情况下，水、大气、食物和废物这四种成分并不能被严格分离。在这方面，CELSS 的基本工作原理如图 6.5 所示。

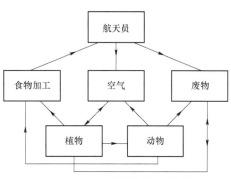

图 6.4　CELSS 中碳物质流循环示意图

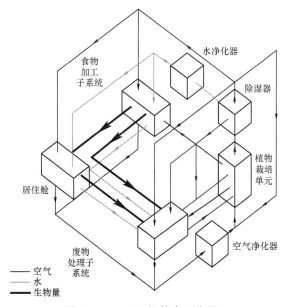

图 6.5　CELSS 的基本工作原理

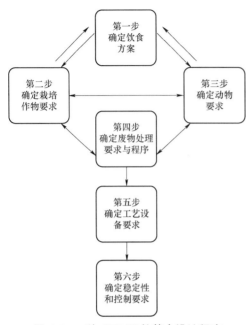

食物生产需求是 CELSS 的设计驱动力。一种 CELSS 的基本设计程序如图 6.6 所示，必须从航天员饮食规格以及对维生素和微量元素的要求开始。下一步将必须是选择合适的动植物种类。随着 CELSS 的不断发展，这一选择将被重新评估和测试。一般来说，生物再生生命保障技术在实际应用之前必须首先经历以下三个重要发展阶段：①获得关于特定生物过程的完整科学知识。②根据科学知识开发所需的生物技术。③将这些生物技术整合成一种有效的生命保障系统。因此，从工程学的角度来看，CELSS 的开发过程可能包括如

图 6.6　一种 CELSS 的基本设计程序

表 6.1 所述的八个阶段。

表 6.1　CELSS 的开发阶段

阶段	说明
1	确定基本原则和发展方向
2	定义概念设计
3	开展设计分析或实验测试
4	进行关键功能的试验板验证
5	在相关环境中进行部件测试
6	在相关环境中进行模型系统测试
7	在太空条件下对样机进行测试
8	开展基本产品设计

当然，在进行系统整合之前，需要在不同学科中开展多项单一的实验研究，来评估这些领域的生物、化学和技术基础。然而，开发一种可操作的太空生物生命保障系统需要双重发展路径。在选择技术和植物种类等的同时，必须应用数学模型来降低发展风险。这些数学模型应当描述所有系统组件之间的功能耦合以及它们的动

态行为。此外，这些数学模型还应包括系统稳定性的定义，并最终形成计算机化控制和系统管理的基础，包括问题预测、趋势分析、作物预测和后勤需求预测。此外，对 CELSS 的研究需要包括从子系统开发到整个系统集成与行为的地基及天基研究。

NASA 公布的当前 CELSS 计划时间表如图 6.7 所示。到 1998 年，NASA 想要证明无人 CELSS 的可行性。表 6.2 列出了在不同领域实现这一目标的基本研究要求。

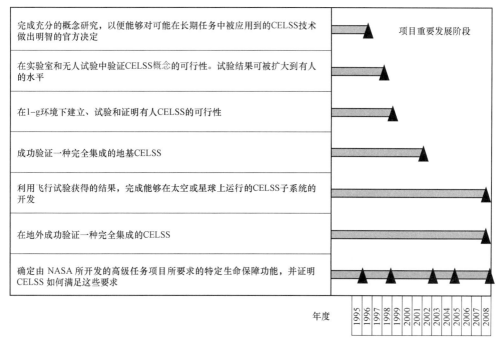

图 6.7　CELSS 计划时间表（1993 年规划）

表 6.2　CELSS 相关科学和技术发展要求

领域	发展要求
环境	①材料选择 ②大气选择 ③重力选择 ④辐射屏蔽要求制定和方法学研究 ⑤生态系统权衡（tradeoff）研究 ⑥污染物和毒物的化学分析与控制 ⑦光照要求制定 ⑧太阳光反射器和过滤器开发

领域	发展要求
管理与控制	①关键生物学性能参数监测 ②生物传感器开发 ③生物稳定性标准定义 ④面向系统预测的数学模型开发 ⑤CELSS 管理和控制原理研究
农业	①合适的作物种类确定 ②最佳的种植和收获技术开发 ③空间环境中植物培养和生理学研究 ④种植和收获设备概念研究 ⑤辐射对植物种子萌发的影响研究 ⑥植物无土栽培技术开发 ⑦强制生长对植物的影响研究 ⑧植物全生长周期内光合效率研究 ⑨植物激素在微重力下的活性研究 ⑩植物产生的有毒气体监测与净化 ⑪动物的潜在用途研究 ⑫满足水要求的植物筛选
水产养殖	①鱼类和/或藻类的潜在用途研究 ②基于废物转化的食物生产生态学研究 ③高产及高营养植物生产与收获技术开发 ④光合作用过程研究
食物合成	①可接受的微生物源和生产方法学研究 ②蛋白质和碳水化合物的可接受化学合成生产
食物加工	①减少设备与资源需求的食物加工、储存与配置的新概念研究 ②食物保存和包装改良方法研究
饮食设计	①人体营养需求分析 ②食物及食物来源选择标准制定 ③各种食物源的营养等价研究 ④非常规饮食和食物源的生理与心理可接受性研究 ⑤作物/植物搭配适宜性研究 ⑥消化系统的适应性研究

续表

领域	发展要求
废物加工	①矿物分离与回收等物理-化学技术开发 ②废物流特性研究 ③废物处理技术开发 ④大气处理技术开发 ⑤植物蒸腾水被用作饮用水技术开发 ⑥代谢废物转化为植物养分技术开发 ⑦废物彻底转化为有用产品技术开发 ⑧废物储存要求确定 ⑨微生物废物处理技术开发 ⑩再生式化学过滤器技术开发 ⑪化学分离方法研究 ⑫从废物中获取辅助性非食物产品技术开发 ⑬植物废料副产品回收技术开发

　　到 2020 年，NASA 希望能够在 1 – g 条件下演示有人 CELSS 的可行性。届时将要解决的一些主要关键问题包括：①研究长期密闭期间饮食对心理的影响；②确定废物处理的健康和安全要求；③实现安全而可靠的整体系统运行；④研究控制系统对不稳定性的响应；⑤研究通过混沌和模糊逻辑校正不稳定性的能力。

　　在 CELSS 计划中，还安排利用小型 CELSS 试验设施（CELSS test facility，CTF），即所谓的沙拉机（Salad Machine），在空间站上进行飞行试验以用于生产沙拉蔬菜，并为特定试验开发各种硬件（见 6.4.11 小节）。预计将在 2004 年之前完成此计划，其所要回答的关键问题涉及：①低重力条件下的作物生产力；②低重力条件下最优环境的确定；③形态学与繁殖规律；④针对预期生产力问题的对策；⑤有关物理–化学技术在太空中的作用问题。

　　因此，到 2008 年，应了解空间环境如何干扰在地面上顺利运行的综合 CELSS，以及如何在植物培养系统中集成自动化和机器人程序。到那时，还可能就遗传工程技术在 CELSS 中的作用和未来做出合理决定。目前，仍然需要解决的问题包括在太空中的能源消耗和营养需求。此外，如何实现 CELSS 长期稳定这一重大问题也必须得到解决。一旦上述所有问题都得到解决，就可以得到一套密闭生物再生生命保障系统，它可能类似于图 6.8 所示的一种完整的 CELSS 初始参考构型。

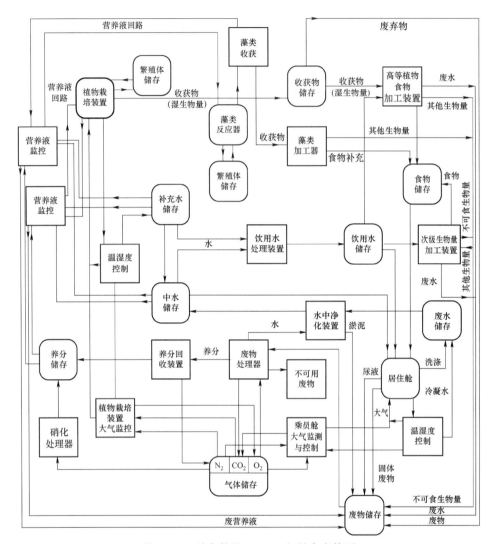

图 6.8　一种完整的 CELSS 初始参考构型

无论生物再生生命保障系统的结构如何，其质量都必须尽可能低。系统的质量是由不同组件组成的。这些组件可被分为两组，即取决于任务时间型和独立于任务时间型。为了说明在质量计算中需要考虑哪些具体的组成部分，表 6.3 总结了植物生产系统的时间依赖性和时间独立性组件。当然，时间独立性组件的数量会随着闭合度的增加而增加。

然而，CELSS 尽管具有优势，但还有一些缺点，这就是为什么关于物理-化学和生物生命保障子系统哪个更可靠在专家之间产生持续争论的原因。表 6.4 总结了实际上在 CELSS 中起关键作用的生物部件的优点和缺点。

表 6.3　与时间相关和无关的 CELSS 部件

项目	时间独立性组件	时间依赖性组件
组件内容	①植物栽培室（结构） ②能源系统（太阳能、光照） ③植物栽培结构（容器、栽培基质和营养液、泵、风机、光源、紧固件） ④冷却系统（冷凝器、蒸发器、压缩机、发动机、电线） ⑤食物制备系统（干燥器、磨面机、萃取器、蒸煮器、储存器） ⑥维修工具、备件储箱、备件 ⑦废物处理系统 ⑧控制系统（传感器、监视器、计算机） ⑨储水箱，包括箱体和管道	①由于泄漏而导致损失的生物量供应 ②最初在轨食物补给 ③任务期间被用到的备件 ④植物生产系统中的水（指包含在植株、被储存生物量、废物、营养液、浓缩物、水箱及循环液中的水）

表 6.4　生物部件的优缺点比较

生物部件	优点	缺点
微生物	将有机废物转化为水、二氧化碳和可被利用的植物养分	①消耗氧气 ②过程较慢 ③控制机制未知
低等植物（藻类）	①将二氧化碳转化为氧气 ②简单，系统稳定	①味道差 ②难消化
高等植物	①将二氧化碳转化为氧气 ②提供食物 ③通过蒸腾作用处理水分	①产生大量的不可食生物量 ②高功率和占用体积大 ③可靠性不高

6.1.3　系统级问题

在设计受控生态生命保障系统时,确实会出现一些在地面生态系统中不存在的问题,主要包括:①质量流和能量流的协调性;②微型化;③稳定性。这些问题的产生主要是人工生态系统的规模相对较小的缘故。虽然在地球上存在几乎"无限"的缓冲能力,但这些能力在人工系统中并不具备。因此,系统的稳定性也是一个问题。下面将更加详细地讨论这些议题。

1. 质量流和能量流的协同性

生态系统在一定程度上具有自我调节（self-regulation）的能力。生态系统的规律对自然和人工系统都是有效的。生态系统中的能量流会沿着食物链，从初级消费者到终端分解者。它以结合光能开始，到以有机物的完全分解结束。在每个阶段，能量以热能和辐射能的形式被释放，或作为以有机物质而流失（详见 2.2 节）。在 CELSS 中，乘员是唯一的消费者。因此，能量流被导向植物培养以生产食物。在设计一种人工生态系统时，需要确定不同子系统的周转率，并可根据环境条件进行调整。主要因素是将辐射能转化为可食生物量。

由于空间站或星球基地将是一种密闭系统，而且有必要监视系统的所有部分，因此质量平衡技术似乎最能说明空间站的功能。为了说明这样一种模型，最初拟包含 8 个单元，它们分别是：乘员居住（异养生物）、植物栽培（自养生物）、食物加工、废物处理、大气管理、水管理、物质储存（缓冲）和物理–化学再生。最初，将监测以下生物系统中共有的元素流：碳、氢、氧、氮、硫和磷。通常，具有对这些元素进行快速和准确分析的方法，并且可以较容易地跟踪这些元素在上述 8 个单元之间的流动情况。通过利用个体代谢和发育需求模型，可以计算出对上述 6 种元素的瞬时需求，并预测这些元素在以上某个单元中的进出转移情况。

生态系统的模型可以被看作是由占据一个确定空间的生物和非生物组件组成的系统的呈现，而能量、质量和信息从这一空间中流过。自养生物（如植物）的光合特性使得它们可利用太阳光的辐射能，将 CO_2、NO_2（二氧化氮）、PO_4^{3-} 以及其他矿物质和气体合成复杂聚合物、碳水化合物、脂类、蛋白质和核酸。异养生物的氧化反应最终释放出自养生物所需要的 CO_2 和其他矿物质。这种矿物质固定和释放的循环是可被用模型来模拟的生态系统的一个方面，因为每一种矿物成分进出生物体的流速可用数学方法对其描述如下。

图 6.9 描述了元素 X 在 3 个储存单元之间的运输：无机养分储存室（X_1）、自养储存室（X_2）和异养储存室（X_3）。自养生物以特征速率（TX_{12}）吸收无机养分，并将其融入生物量中，由异养生物（TX_{23}）吸收，并将其再矿化回到无机养分（TX_{31}）。因此，在这个简单的闭合回路中，质量守恒定律规定在每个单元中的质量变化区间是流入该单元的质量流率减去流出该单元的质量流率的函数：

$$\Delta X_1 = T_{x31} - T_{x12} \qquad (6.2)$$

$$\Delta X_2 = T_{x12} - T_{x23} \qquad (6.3)$$

$$\Delta X_3 = T_{x23} - T_{x31} \tag{6.4}$$

当然，在上述每个单元中的质量变化率之和必须等于零：

$$\sum_{i=1}^{3} \Delta X_i = 0 \tag{6.5}$$

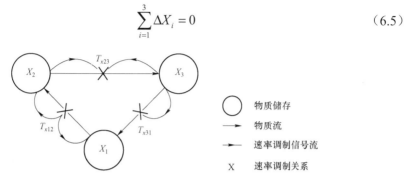

图 6.9　一种微型生态系统中的碳流动模型

或者，由于质量既不增加也不减少，所以它是常数：

$$X_1 + X_2 + X_3 = M = 常数 \tag{6.6}$$

在以上单元之间的元素质量流的速率是各个单元的状态函数。这在图 6.9 中由速率调制信号流表示。因此，对于该密闭元素循环，其函数对应关系可由以下方程式表示：

$$T_{x12} = k_{x12}\left(\frac{X_1}{a_1 + X_1}\right)X_2 \tag{6.7}$$

该方程式描述了这样一种观测结果，即假如当无机养分储量（X_1）或自养种群（X_2）趋向于零，并且 X_1 增加到一定水平时将趋于饱和，则被吸收的养分物质流趋向于零。与上述情况类似：

$$T_{x23} = k_{x23}\left(\frac{X_2}{a_2 + X_2}\right)X_3 \tag{6.8}$$

对于捕食性物质的流速，当捕食者（X_3）或被捕食者（X_2）的种群数量趋近于 0 时，那么 T_{x23} 将趋近于 0，并且随着 X_2 增加到一定水平时 X_2 将趋于饱和。最后，矿化率可用以下方程式来表达：

$$T_{x31} = k_{x31}(X_3) \tag{6.9}$$

由于当异养种群（X_3）趋近于 0 时，矿化率（T_{x31}）将降至 0，且与营养储量的大小（X_1）无关，并且当 X_3 增大时也不会达到饱和。参数 k_{x12}、k_{x23}、k_{x31}（速率常数）和 a_1、a_2、a_3（饱和常数）由许多变量决定，如温度、压力、生物物种、元素的空间分布和光强等的变化。

这些方程定义了一种简单密闭元素循环模型基于时间的行为。尽管生态系统中的上述主要 6 种元素（碳、氢、氮、氧、硫、磷）都是被单独建模的，但是在进行任何生态系统中元素流的逼真表示时都必须考虑到功能耦合的问题，以便将所有单个元素循环集成到单个动态系统中。这可以通过各元素流之间的交叉耦合来实现。

这些连接将信息从一个循环传递到另一个循环，从而使后者的行为受到前者行为的调节。图 6.10 中的示例描述了在简单的三元密闭生态系统中，一种元素（如碳）的流动可能调节另一种元素（如磷）的流动方式，反之亦然。当然，真实的生态系统要比这个简单的两种元素三个单元的循环模型复杂得多。

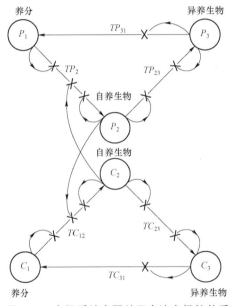

图 6.10 密闭系统中两种元素流之间的关系

2. 微型化

设计 CELSS 时的一个主要问题是生态系统的微型化。这样，就必须缩短周转率并减少质量。因此，必须部分加快系统运行进程并减小体积。系统的微型化会导致系统的缓冲能力下降，从而使整个系统失去了稳定性和自我调节能力。微型化所带来的问题之一包括质量流循环，即由于无法安装大的储库，所以必须调整子系统（生产者、消费者、分解者）的质量周转率。同时，由于微型生态系统的缓冲能力较低，因此感染的危险增加，从而导致自我调节能力会明显降低。

3. 稳定性

影响生态系统稳定性的因素有：①物质积累；②边界层次；③导致营养缺陷的元素固定；④微生物感染。

由于缺乏足够的缓冲能力，因此在小型生态系统中，必须利用监测和控制系统来维持平衡，这样在早期就能够发现与纠正偏差。由于生物系统永远不可能完全无菌，所以必须对系统中的微生物彻底进行界定与监测。可将微生物分为伴生菌群和功能菌群。伴生菌群对整个系统可能有积极和消极的作用。该菌群起指示作用，其可以保护系统免受病原微生物的侵害。永远也不可能将这些菌群完全消除，而是只能通过卫生措施加以稳定。营养液中与植物接触的微生物将会分解有机物，但由于营养液被得到循环利用，因此也会引起微生物的浓度升高。

密闭空间的大小、生物系统对环境扰动的敏感性以及对控制和可预测性的需求都表明，在太空生态系统内的监测、感应和控制应通过使用系统的计算机化数学模型来指导。在运行生命保障系统时，该模型可以通过仿真实现预测功能。甚至在构建物理系统之前就应开发出模型，以便该模型起到模拟系统行为的作用，并有助于识别必须事先评估的参数。通过数学质量流来模拟密闭生态系统的技术，似乎为理解这些系统提供了许多优势。

在这方面，除了数学模型外，ESA 提出的用于系统级研究的密闭生态系统试验台［Closed Ecological System (CES) testbed］也令人特别感兴趣。由于航天员是一种重要的生物部件，其会受到生态系统稳定性的影响，也会对该系统的稳定性产生影响，因此需要在系统中包含能够逐渐发展而集成航天员的试验装置，以便开展合适的测试研究。此外，与这些长期任务相关的可居住性问题，如自然和人工环境、健康管理、内部建筑和生命管理设施，应在一个名为"HABLAB"的基地对其进行研究，因此将整个项目称为"CES-HABLAB"。这将是一种专用、逼真和受约束的环境，可将所创建的该环境用于模拟外星基地除低重力和辐射以外的几乎所有方面。

CES 设施是一套包含人的稳定生态系统。该设施优化了物质的回收利用，主要是利用废物流再生水、空气和食物，并且在地球上处于真正的限制和回收条件下能够模拟生命保障和可居住性等。因此，建立这样一种设施，并与研究和测试CELSS 与可居住性问题的手段相结合，是为未来载人任务做好准备所必不可少的。

另外，上述 CES–HABLAB 在本质上应该是不断发展的。它应该能够弥合现有的宜居性发展和生物生命保障之间的差距，典型的是利用小型模型、计算机模拟值、微生物系统、利用高等植物所开展的非常初步的研究结果和完全开发的中心，这样将能够支持前面提到的各种活动。CES 设施对增加灵活性的要求特别高，这就需要加大模块化的概念。在一个整体密闭的空间内，根据最终完全被开发的 CES 的预计需求来确定其大小，这样则可以开展许多不同的实验，它们相互之间要么完全隔离，要么以受控方式相互连接，如通过气路和水路等。所提出的 CES 的特点包括以下几个方面。

（1）用于电源、数据交换、热控和流体交换的标准服务接口，穿过地板而被放置在 4 m × 4 m 的矩阵线路网上。因此，在 CES 之下建立了一个广阔的服务区。

（2）在 CES 中将需要阳光，以保障有关地面生态系统的研究，并为未来月球或火星基地准备所需要的技术。

（3）需要一套"肺"系统，以确保在严密控制的单元内外保持压差。原则上，每次在 CES 中进行密闭试验都需要单独的肺来进行压力补偿。

（4）具备供人员和设备进出的气闸舱。

（5）具备与 HABLAB 部件和居住舱等连接的对接口。

（6）具备用于实验保障与限制的标准机架（standard rack）。

（7）具备 ECLSS 设备（主要是物理–化学设备），以确保在 CES 中具有合适的环境。

（8）具备综合控制和巡回检测设备。

该中心的 HABLAB 部分主要由两个区域组成：一个被用于进行建筑和室内设计研究，可采用相对廉价并可快速重构的木制模型和计算机模拟设备；另一个被用于探索孤立、内部结构和不同 ECLSS 配置等的长期影响。该区域应该与 CES 相邻，因为它将会使用许多相同的设施，并最终需要直接与 CES 连接。

■ 6.2 微生物系统

微生物是一个庞大而多样的群体，以单细胞或细胞簇群的形式存在。微生物包括细菌、藻类、原生动物、病毒和真菌。微生物的细胞不同于动物和高等植物的细胞，后者不能独立生存，而是只能作为多细胞生物的一部分而存在。单个微生物细胞，通常能够独立于其他细胞而完成生长、产能和繁殖的生命过程。然而，对于病毒而言并非如此。它们被认为是"非细胞的"（acellular），因为它们缺乏功能性膜和在宿主细胞外部复制的能力。除病毒外，微生物包括两种基本的细胞类型。

（1）真核微生物。它们包括具有明显被隔开的细胞核（即该细胞器带有膜）和 80S 核糖体的生物。真核微生物包括藻类、真菌和原生动物。

（2）原核微生物。这些生物中的细胞器缺乏膜结合组织，即不具有明显的细胞核，并含有 70S 核糖体。原核微生物以蓝细菌（蓝绿藻）和细菌为代表。

在地球上的极端环境中也发现了细菌，如在海底的火山口和极地冰帽。其温度范围甚至与月球和火星上的温度范围相当。此外，一些细菌对 X 射线、γ 射线和紫外线强度的抵抗力超过了被认为存在于太空中的辐射强度。此外，研究表明细菌能够在整个 pH 值范围内正常生长，并且只要没有快速变化，则其可承受的压力范围就会很大。正如洛夫洛克（James Lovelock，英国皇家学会院士，提出"盖娅假说"。译者注）所表述的那样，细菌所具有的这种能承受极端环境条件的能力打开了许多微生物在太空中被潜在应用的大门，而且它们甚至还可能被用来帮助"改造"火星。

在载人且自给自足的环境中，会不可避免地存在细菌、真菌和病毒。然而，只要能够控制微生物的数量，则它们的存在就未必会引起问题。可以说部分微生物是有害的，而其他微生物则可能有利于生命保障和健康维护。在生物再生生命保障系统中，微生物系统有可能被用于以下三个目的：①食品生产；②大气再生；③废物处理。

在食物生产方面，微生物的一大优势是它们的生长速率快和收获指数高。它们也是所谓的单细胞蛋白的重要来源。利用微生物的主要问题是会伴随有核酸的产生（表 6.5）。根据建议，对所有来源的核酸的摄入总量每日不得超过 4 g，而且其中只有一半可以从非常规来源获取。因此，所被选择的微生物生物量的最大日摄入量是大约 50 g 干重，而且只能占蛋白质日建议摄入量的 30%～40%。

表 6.5　各种生物体内的核酸含量

项目	细菌	酵母菌	微藻	高等植物
核酸/%（干重）	10～20	5～10	2～5	1～2

许多微生物能够产生一些脂肪，并且在缺氮的情况下还能产生碳水化合物。因

此，微生物可被视为蛋白质的部分潜在来源，并在进一步开发之后，还可以将其作为碳水化合物的可接受来源。另外，每日还可以从中摄取部分特定的维生素和矿质元素。作为示例，蓝绿藻螺旋藻（*Spirulina*）的营养价值见 6.4.2 小节中的表 6.17。

在大气和废物再生方面，必须提到欧洲正在进行的两项研究：微生态生命保障系统（Micro-Ecological Life Support System Alternative，MELISSA）和生物空气过滤器（Biological Air Filter，BAF）。MELISSA 是一种基于微生物的生态系统，旨在将其作为一种工具来为载人航天任务进一步开发生物生命保障技术。MELISSA 的驱动要素是利用废物、CO_2 和矿质元素进行可食生物量的再生，以及利用太阳光作为能源来进行生物光合作用。通过在废物回收回路中加入厌氧步骤，以最大限度地减少对光的依赖。MELISSA 具有 4 个连续的微生物培养单元，其中所培养的微生物及其作用分别如下：①嗜热梭菌（*Clostridia*），进行废物液化发酵；②梭状芽孢杆菌（*Photorhodochromogens*），用于去除可溶性有机物；③硝化细菌（*nitrobacteria*），用于铵离子硝化；④螺旋藻，用于食物生产和二氧化碳/氧气的循环利用。MELISSA 的控制系统将会非常复杂，其最明显的特征是具有大量的测量和/或控制参数。

生物空气过滤器（BAF）是空气质量控制的一种新概念。BAF 的原理，是使一种支撑物/吸附剂材料与选定的处于接近静止状态的微生物相结合，而将各种污染物转化为无害化合物，主要包括二氧化碳、水和盐。BAF 由被膜隔开的两种不同的气相和液相组成（图 6.11）。气相中存在的污染物通过膜转移到含有微生物和营养物质的液相，因此导致在膜表面形成生物层（biolayer）。

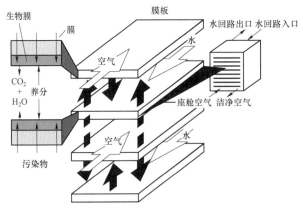

图 6.11　生物空气过滤器的基本工作原理

通过利用膜过滤器和密闭液相，将微生物装在 BAF 内部，这对于在太空座舱内使用的密闭空气循环系统非常重要。对于大多数要被处理的污染物，选择了一种或多种细菌菌株，它们能够对污染物进行完全的好氧矿化作用而使之转变为二氧化碳、水和盐。研究发现，超过 85% 的主要大气污染物是可被生物降解的。BAF 的有效运行在很大程度上取决于生物过滤器中微生物群落的动力学特性。各种化合物必须由具有不同降解能力的混合微生物种群来降解。在恒化器实验中，已经研究了混合种群降解多种不同污染物的复杂互作效应。在 50 多天的实验期内，对甲苯、氯苯和二氯甲烷的去除率超过了 99.4%。在实验中已经发现，污染物可以在非常低的浓度下被降解，与纯污染物相比，共培养微生物对混合污染物的生物降解性能会有所提高，而且在 BAF 条件下培养后某些微生物菌株的稳定性和性能均得到了很大提高。

将一个实验性的 BAF 舱与一个拥有 4 名乘员的欧洲太空飞行模拟装置进行集成，在此用真实大气开展净化实验。在该实验中，除了其他化合物外，甲烷、丙酮、甲苯和（异）丙醇等化合物通过 BAF 系统均能被去除。然而，经典的物理-化学方法是将氧化催化剂与吸附前、吸附后和化学吸附过滤器相结合，研究结果证明其存在许多严重问题，如某些化合物对中毒高度敏感以及存在产生化学分解产物的风险，而这些分解产物可能比最初的污染物更难清除或毒性更大。因此，与物理-化学系统相比，BAF 被认为具有生物催化剂活性固有的几个优点，如体现在对意外污染物的适应性强、过滤效率高和在意外中毒后恢复正常效率的能力强等方面。

在废物处理方面，在 CELSS 中有机废物的生物降解，主要可通过利用活性污泥处理技术或堆肥处理技术（composting）来完成。这些将在 6.4.6 小节中进一步予以讨论。

6.3　藻类

如前所述，光合作用可能是成功开发 CELSS 的一个关键生物学过程（biological process），且有可能会同时发挥生命保障系统的大部分主要功能，即生产食物、氧气和水，并清除二氧化碳。在能够进行光合作用的生物中，有两种微生物具有多种特点而使其成为生物再生生命保障系统中具有吸引力的候选对象，即绿藻（Chlorophyta）和蓝藻（Cyanophyta）。

将绿藻和蓝藻应用于太空生命保障方面的优势如下：①生长速率快；②代谢可控；③收获指数高；④其气体交换特性符合人体需要。然而不幸的是，在 CELSS 中引入微藻也会存在一些问题，如藻类食物的营养充分性和可接受性，藻类的收获和加工以及藻类培养的长期稳定性。然而，尽管用于分离细菌或藻类细胞的技术，以及利用部分细胞材料制造营养食品的技术还处于起步阶段，但是已有望解决某些具体问题，如无论是在太空中还是在地球上均可为人提供蛋白质。然而，如果藻类食物被人直接食用，则可能必须补充其他来源的食物。另外，间接利用被廉价生产的单细胞食物，例如，通过向动物喂食藻类食物，然后将其用作人的食物，也是一种有前途的方法。

自 20 世纪 60 年代初以来，美国和苏联都进行了先期是动物而后来是人与藻类系统相集成的气体交换实验。最激动人心的藻类实验可能是在 20 世纪 60 年代的苏联进行的。在该实验中，一个人在面积为 4.5 m^2 的密闭房间中生活了 30 d，由一个容积为 30 L 的藻类光生物反应器维持。在此期间，人所需要的氧气完全由培养在该特定反应器中的小球藻提供。该系统经历了 15 个再生周期，并达到了高稳定性。例如，一氧化碳和甲烷的积累在几天之后即稳定下来。此外，将冷凝水进行收集和过滤后而被再用作饮用、食物制备和卫生等用水，而尿液也是如此。另外，在每天的饮食中添加了 50 g 干小球藻。

6.3.1　藻种及属性

大多数与太空条件下持续培养相关的藻类生理学研究，都是针对相对少数的几种绿藻（真核）和蓝藻（原核）进行的。目前，所被考虑与太空相关应用的主要藻种是小球藻（绿藻）、栅藻（*Scenedesmus*。绿藻）、组囊藻（*Anacystis*。蓝藻）及螺旋藻（蓝藻）。

然而，并没有理想的藻类。例如，小球藻是一种产量极高的藻类，在适宜条件下，它的质量能在 9 h 内增加 1 倍，还是氧气的有效生产者。另外，螺旋藻具有很高的食用价值。因此，在某些情况下，在诸如小球藻与螺旋藻之间，就其易于培养及收获性和营养价值等之间可能需要进行一定的权衡。此外，原核的固氮蓝细菌（蓝绿藻）种类值得关注，因为它们具有一些良好特性，如养分需求低，部分种类的再生时间短，对环境压力的耐受性强，蛋白质含量高以及光谱适应范围广（600～650 nm）。在藻类培养系统的设计中，光的影响可能是最重要的考虑因素。由于藻类能够适应不同的光照条件,因此光强的变化可以引起与藻类生理状态相对应的变化。生产力遵循一些普遍规则,即最大生产力可在以下两种情况下出现:第一是相对较高的种群密度,第二是比生长率(specific growth rate)约等于最高生长率的一半。

在自然条件下,300~950 nm 范围内光谱的每部分都会被一种或另一种生物利用。在绿藻中,最大吸收是由叶绿素 a 和叶绿素 b 所引起,其最大吸收峰分别为675 nm 和 650 nm。但蓝藻含有辅助色素(即藻胆蛋白,phycobiliprotein),其光的吸收范围在 500~650 nm,并且这种能量可通过传递给叶绿素而被进行光合作用所利用。另外,还没有像光那样定量计算出 CO_2 和 O_2 对藻类生长的影响。研究发现,一些藻类能够泵送 HCO_3^-(碳酸氢盐),从而能够以类似于 C_4 植物的方式浓缩无机碳。藻类利用 CO_2 的主要特点是:①CO_2 是一种底物,其 0.03%的大气浓度对于藻类培养物并不饱和,即后者通常在空气中 1%~5%CO_2 浓度下实现运行;②对 CO_2吸收酶学已经很清楚;③已经认识到藻类能够吸收 HCO_3^-但对其原理并不清楚;④必须解决传质和界面问题。

O_2 既是光合作用的产物,又是其抑制剂。一般来说,大气高 O_2 浓度的有害效应可以通过使用高 CO_2 浓度来规避。O_2 与 CO_2 之间的浓度关系相当复杂,这取决于特定生理学、HCO_3^-泵送和传质等因素。与其他生物相比,藻类对温度的反应并不特殊。一般来说,藻类生长的温度范围很广,而特定品种的最佳生长的温度范围为 2~3 ℃。另外,耐高温小球藻的最佳生长温度范围为 39 ℃,而一些耐热的蓝藻的最佳生长温度范围大于 50 ℃。

藻类生长所需的主要矿物质是固定氮(fixed nitrogen),氮原子与碳原子的比例约为 1:6。尿素、氨和硝酸盐都可被用作氮源,并且已经有一些利用人体排泄物的实验。其他所需要的元素是钾、镁、硫和磷。此外,大约有 10 种微量元素似乎是最佳生长所必需的。藻类生长可被看作是一种平衡化学方程式:

$$6.14CO_2 + 4.7H_2O + HNO_3 + 光 \rightarrow C_{6.14}H_{10.3}O_{2.24}N + 8.9O_2 \qquad (6.10)$$
$$同化熵 = 0.69$$

$$6.14CO_2 + 3.7H_2O + NH_3 + 光 \rightarrow C_{6.14}H_{10.3}O_{2.24}N + 6.9O_2 \qquad (6.11)$$
$$同化熵 = 0.89$$

随着分子生物学和遗传学的发展,似乎在不久的将来有可能会专门改变藻类的营养和/或其他性质。然而，这些经过改良的生物在培养中会如何表现仍然是个问题。

6.3.2 藻类食物生产

在藻类再生系统中，一定数量的再生氧与一定数量的藻类总生物量（X）相关，其中部分生物量（Y）将被用作食物。生物量 X 是所选藻类品种、生长条件、收获方法和其他因素的函数。部分生物量 Y 显然是 X 的函数，但它也是空间、生长条件和收获方法的函数（见 6.3.3 小节）。此外，部分生物量 Y 是食品加工变量的数量函数，如纯化方法、制备方法和适口性。

藻类含有丰富的维生素和蛋白质，如蛋白核小球藻（*Chlorella pyrenoidosa*）含有 40%～60% 的蛋白质、约 20% 的碳水化合物、10%～20% 的脂肪和 5%～10% 的灰分。然而，目前所收集的数据表明，人的食物中藻类的允许含量不超过 20%。实验表明，将 50～150 g 干藻添加到人的食物中会引起消化不良现象，即打嗝、恶心和食欲不振，几天后这些症状才会消失。然而，并未观察到胃肠道的客观干扰。单细胞藻类作为食物的缺点，是其难以消化的细胞壁导致其不能被充分吸收。研究证明，利用某些细菌、低等真菌和软体动物的纤维素酶对藻类细胞壁进行酶解，则可以提高藻类蛋白质的消化率。因为直接食用未经纯化的单细胞生物量似乎并不可行，因此将来需要重点开展以下相关工作：①证明从生物量中提取纯化的可食用成分的可行性；②证明转化这些食物成分的可行性；③按比例缩小相关工艺以适应太空条件；④分析生物量利用程度与所需设备重量之间的关系。

蛋白质的回收可能是最容易的工作，其次是液体回收。然而，碳水化合物在很大程度上存在于细胞壁中，而回收这些碳水化合物需要进行大量的化学处理，而且这些碳水化合物可能并不具有营养价值。处理中的一些替代方案如图 6.12 所示。每千克干藻体的质量和能量分布估算值见表 6.6。该估算是推测性的，但它确实为初步考虑营养需求提供了基础。这表明，为了获得营养均衡的饮食，则需要额外添加碳水化合物。

特别是，蓝藻似乎在营养价值以及作为食物的加工方面有很多优势。蓝藻的大多数主蛋白应易被分离。在设计将酶处理与温和机械处理或渗透性冲击相结合以降解生物并释放其内部物质时，与真核藻类相比这种设计在原则上要相对容易。蓝藻也已经被广泛用作世界各地动物和人的食物来源。事实上，在中国，它已被使用了几个世纪。

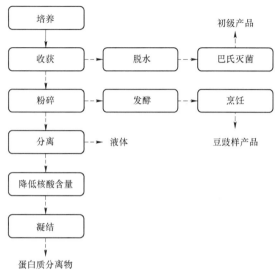

图 6.12　利用藻类生产食物替代品的基本流程

表 6.6　每千克干藻体的质量和能量分布估算值

组成	近似重量分布				营养价值	
	总计		细胞壁/g	细胞质/g	部分/$(J \cdot g^{-1})$	总量/J
	%	g				
蛋白质	45	450	67	384	18.84	8 478
核酸	5	50	—	50	—	—
脂肪	15	150	40	110	39.78	5 967
碳水化合物	25	250	219	30	15.49	3 873
纤维	5	50	50	—	—	—
灰分	5	50	—	50	—	—
总计	100	1 000	376	624	—	18 318

6.3.3　太空藻类培养

由于对生产性的藻类培养要求复杂，再加上航天器的重量和能量限制，因此以前在航天器上很少开展藻类光合反应器（photosynthetic reactor）的在轨试验研究。在地基藻类光合反应器中，采用依赖于重力的过程，如气泡曝气和混合，以及溢流收集。在航天器上，上述过程则必须被在太空环境下能够运行的功能类似的过程所替代。1987 年在苏联所发射的宇宙 1887 号（COSMOS 1887）生物卫星上，作为藻类–细菌–鱼类生态系统（algae-bacteria-fish ecosystem）的一部分，将小球藻搭载于一个密闭水族箱中。实验结果表明，小球藻在飞行过程中生长活跃，繁殖达到两代以上。1989 年，在苏联所发射的宇宙 2044 号生物卫星上也搭载有一套藻类–微生物–鱼类生态系统，并证明在轨藻类的生长与地面对照相比也未发生大的变化。迄今为止，关于单细胞太空培养的主要研究结果如下：①微重力会显著促进细菌、藻类和原生动物的细胞增殖；②生物周期性不受干扰，但细胞分裂速率较快；③培养中的单个细胞对重力敏感，即重要的细胞功能受到低重力条件的影响；④葡萄糖消耗量明显减少，表明微重力环境下细胞代谢发生了变化。

　　虽然藻类的短期生长似乎没有问题，但长期暴露于太空环境可能会影响培养物的稳定性或生存能力，如航天飞机座舱内的空气中含有许多来自航天飞机结构材料释放出来的挥发性有机物。将藻类培养物连续暴露于此类化合物可能会使其在体内积累直至达到毒性水平。其他问题可能只有在藻类被长期暴露于航天器环境后才会被显现，包括电离辐射的诱变效应、藻类培养物的微生物污染以及对液体和粒子行为的传热传质技术的应用。可能受到影响的生物参数包括生长速率、光合与呼吸作用、藻类组成以及有机化合物和无机化合物的分泌。为了适当评估藻类培养物的长期行为，将需要持续几百代藻类的太空飞行，相当于持续几个月的增长。

■ 6.4　高等植物

　　如前所述，生物生命保障中一个最重要的方面是开发和验证满足一种重要的生命保障需求的技术，即食物生产。在前面的章节中已经表明，藻类可以有效利用生长空间、产生氧气、富含蛋白质、可被作为食物补充并可以高效处理代谢废物。然而，研究也发现高产藻类系统难以长期维持，不能提供均衡的美味饮食，并需要烦琐的维护和收获程序。因此，藻类生产可被看作是解决食物生产问题的第一次尝试，但是，只有从高等植物生物量中才有望获得可供航天员食用的健康而可接受的食物。虽然每天的蛋白质摄入量可以很容易地用单细胞蛋白质来满足，但只有植物才能满足航天员即便不是全部也是大部分的食物需求：热量、蛋白质、脂肪、碳水化合物、矿物质、维生素和微量元素。当把高等植物部件引入生命保障系统时，这些植物不仅可以提供食物，还可以被用于发挥以下两种功能。

（1）大气再生。当供给植物必要的光能时，它们就能够消耗水和大气中的二氧化碳，并将其转化为碳水化合物和氧气（光合作用）。

（2）水再生。所有的光合作用反应都产生大量的热量，这些热量被通过蒸腾作用从植物叶片中排出。可以收集植物的蒸腾水而使之用作卫生水或饮用水。

这就意味着，通过在长期或大规模载人航天任务中使用高等植物来进行食物生产，则可以将随身携带的食物和氧气的大量存储与补给成本降至最低。然而，与食物供应和补给替代方式相比，就这种生物生命保障系统在飞行期间的盈亏平衡点（关于质量）尚未达成普遍共识。显然，闭合的程度越高，那么植物生产系统达到盈亏平衡点的时间就越晚。

在 CELSS 中，要求所培养的植物必须能够提供最佳的甚至可能是完整的食物。除此之外，在进行生物量的生产时还能实现最大的氧气和水生产以及最大的二氧化碳吸收。作物生理学家普遍认为，在受控环境中生长的植物的营养价值差异较大，但这与在田间环境中生长的植物的营养价值相近。因此，可以根据地面植物生产经验来估算植物生产系统的需求和性能数据，其基本情况如表 6.7 和表 6.8 所示。然而，应当注意的是，这些需求在很大程度上会随植物种类的变化而变化。

表 6.7　植物生长基本需求量估值

参数	需求量
$CO_2/$（$g \cdot m^{-2} \cdot d^{-1}$）	40～300
水/（$kg \cdot m^{-2} \cdot d^{-1}$）	5～10
矿物质/（$mg \cdot m^{-2} \cdot d^{-1}$）	10～100
光照周期/h	8～24
光照功率/（$W \cdot m^{-2}$）	13～170

表 6.8　植物氧气、水和生物量等基本产量估值

参数	产量
$O_2/$（$g \cdot m^{-2} \cdot d^{-1}$）	30～220
蒸腾水/（$kg \cdot m^{-2} \cdot d^{-1}$）	5～10
可食生物量/（$g \cdot m^{-2} \cdot d^{-1}$）	20～40
不可食生物量/（$g \cdot m^{-2} \cdot d^{-1}$）	4～20

如果把以上表格中的数量考虑进去,那么为一名航天员提供由高等植物生产的足量消耗品所需的面积估算值由表 6.9 所示。

表 6.9 高等植物栽培面积需求

消耗品	每人所需面积/m²
水	3～5
氧气	6～10
食物	15～20

在进行植物生产系统设计时,必须考虑的环境因素包括温度、光照强度、光照周期、光谱组成（光质）、大气 CO_2 浓度、灌溉、水质、植保、施肥和栽培技术。此外,根据太空条件以及可用体积和能源的限制,那么用于植物生产的重要标准是:①快速生长（短生长周期和/或连续收获）;②高收获指数;③低投入的基因型（genotype）在最小的空间、光照和水等条件下的生长;④必要时在劣质水中生长;⑤高蒸腾速率,以实现水的快速周转;⑥植物的 CO_2 同化速率和人的呼吸速率之间能够达到平衡。

在密闭环境中种植植物时,很大的担忧之一是在系统中可能会积累毒素,而这些毒素可能会损害或杀死植物,甚至可能会危害航天员的健康。潜在的污染物可能由空气、根部基质或水所携带。它们可能来自航天员、航天器或植物本身。已知植物会释放至少 200 种不同的物质,包括碳氢化合物、醛类、醇类、酮类、醚类、一氧化碳、各种有机酸、内酯（lactone）、黄酮（flavone）、乙烯（ethylene, C_2H_4）和三萜（triterpene）。另外,人体还会释放出约 150 种挥发性物质,这些物质可能会集中在密闭系统中并破坏植物生长。在 BIOS-3 中,证实了植物毒素的严重性。结果表明,在没有藻类的情况下,高等植物生长旺盛,但一旦将藻类引入该单元后不久,植物则出现死亡。据推测,藻类释放出的未知毒素可能会杀死这些植物。此外,还需要注意种子和培养系统应尽可能不含致病微生物。在受控环境中,生长茂盛的植物很少出现病害问题,除非病原体由某些外源引入。

另外,为了在生物再生生命保障系统中获得最高的作物产量,必须精确控制生产环境条件。大多数植物在光期为 16～18 h 和暗期为 6～8 h 的交替光暗期下生长最好,且产量最高。另一个对达到最高产量至关重要的条件是植物的种植间距。已经明确的是,用于种植的最佳叶面积指数（即叶片的垂直密度）取决于光照强度和光质的变化。此外，为了优化生产参数，可以选择以下与植物表型（phenotype）有关的两种选项：第一种是遗传因素，即通过选择和栽培获得具有所需性状的植株；第二种是生产费用，即在一套密闭系统中的所有可控因素。

为了优化生产参数，还可以通过植物育种和基因工程对植物的遗传信息（基因型）进行有限操作。总之，关于将高等植物融入生命保障系统的计划应具有多个目标。

（1）确定太空飞行任务的时间长短和类型与航天员营养需求之间的函数关系。

（2）根据以下条件进行植物选择：①具备提供足够可食生物量的能力；②具备与太空条件兼容的生长条件；③具备在基于废物再生的培养基上生长的能力。

（3）开展在密闭和有限条件下（植物污染控制和监测、水和二氧化碳供应、氧气去除、氮源、光照强度和光质以及生物节律）植物生长固有问题的模型研究。

（4）开展由于宇宙射线和粒子所引起的突变而导致的有关所选品种遗传变异性的安全问题研究。

（5）微重力对植物生命周期（从幼苗到果实）的影响研究。

（6）开展控制系统优化研究，以更好地管理高等植物部件的不同子系统以及与前面、周围和后面单元之间的关系。

6.4.1　植物生理学

1. 基本植物栽培流程和要求

地球生物多样性由两种因素决定：生物内部的遗传信息（内源因素）和生物外部的环境（外源因素）。在这里，介绍了植物生长的环境因素和要求。基本的植物生长要求是：①碳以 CO_2 的形式存在；②氢和氧以 H_2O 和 O_2 的形式存在；③光照波长在 $400\sim700$ nm。由于这些要求，因此植物在生长过程中会发生以下生理过程。

（1）在光照期，光合作用超过呼吸作用，并导致植物物质的形成，作为一种净效应，在消耗 CO_2 的同时产生 O_2。

（2）在黑暗期，呼吸作用导致 CO_2 的产生和 O_2 的消耗。

（3）在光照期和黑暗期，植物蒸发水分，在此过程中植物借助根部从土壤即基质中吸水。光照期的蒸发速率高于黑暗期。

影响地球上植物生长的许多因素总结见表 6.10，这些因素同样也会影响太空环境中植物的生长。它们包括生长面积、光周期、植物根环境、CO_2 浓度、温度、湿度、辐射和重力。在太空中，这些参数的控制不由自然力提供，因此必须在进行系统设计时加以体现。

表 6.10　高等植物的需求和生产力

消耗量	合计	产量	合计
$CO_2/(g \cdot m^{-2} \cdot d^{-1})$	40～300	$O_2/(g \cdot m^{-2} \cdot d^{-1})$	30～220
水$/(kg \cdot m^{-2} \cdot d^{-1})$	5～10	蒸腾水$/(kg \cdot m^{-2} \cdot d^{-1})$	5～10
矿质养分$/(mg \cdot m^{-2})$	10～100	可食生物量$/(g \cdot m^{-2} \cdot d^{-1})$	20～40
光照周期/h	8～24	不可食生物量/$(g \cdot m^{-2} \cdot d^{-1})$	4～20
功率$/(W \cdot m^{-2})$	13～170		

1）植物生理参数

无论是在地球上还是在太空中，栽培植物的主要目标都是获得最高的作物产量。虽然可以通过操纵植物的基因型如基因工程来提高产量，但产量主要还是取决于生长条件。因此，植物栽培最重要的环境因素和参数如下：

（1）入射光合光子通量（incident photosynthetic photon flux，PPF），$\mu mol \cdot m^{-2} \cdot s^{-1}$；

（2）光合作用组织对入射 PPF 的吸收；

（3）光合效率，即每摩尔吸收的光子所固定的 CO_2 摩尔数；

（4）呼吸碳利用效率（carbon use efficiency，CUE），即固定在生物量中的净碳与在光合作用中所固定的单位碳的比值；

（5）收获指数（harvest index），即可食生物量与总生物量之比；

（6）CO_2 同化速率，$gCO_2 \cdot m^{-2} \cdot d^{-1}$；

（7）蒸腾速率，$gH_2O \cdot m^{-2} \cdot d^{-1}$；

（8）叶面积指数；

（9）干物质生产率，$g \cdot m^{-2} \cdot d^{-1}$；

（10）呼吸率，$gO_2 \cdot m^{-2} \cdot d^{-1}$；

（11）植物生长期，d；

（12）营养需求；

（13）栽培程序；

（14）种子需求；

（15）光照需求（光周期及光照强度）；

（16）面积需求；

（17）温度需求。

这些因素可以被改变以优化作物产量，并使植物栽培单元纳入整个系统。例如，部分高等植物的收获指数被列于表 6.11 中，叶类、根类、果实类蔬菜和发芽类作物的各自生长要求被分别列于表 6.12 和表 6.13 中。

表 6.11 部分高等植物的收获指数比较

收获指数	植物种类
0.1～0.2	向日葵
0.2～0.3	甜羽扇豆
0.3～0.4	蚕豆、花生、菜豆、亚麻、油菜、大豆
0.4～0.5	大麦、豌豆、燕麦、玉米、黑麦、芥菜、菊芋、小麦
0.5～0.6	黄瓜、甜瓜、芹菜、番茄、西葫芦
0.6～0.7	胡萝卜、马铃薯、红甜菜、白甘蓝、甜菜
0.7～0.8	茄子、芜菁、胡椒、欧洲萝卜、甘薯、山药、洋葱
0.8～0.9	花椰菜、甘蓝
0.9～1.0	蘑菇、大白菜、菊苣、甜菜、薄荷、韭菜、莴苣、菠菜

表 6.12 高等植物的生理学数据比较

作物适应性目录					
光合作用特性	作物类别				
	I	II	III	IV	V
光合作用途径	C_3	C_3	C_4	C_4	CAM
最大光合作用时的辐射强度/$(J \cdot cm^{-2} \cdot min^{-1})$	0.8～2.5	1.3～3.4	4.2～5.9	4.2～5.9	2.5～5.9
光饱和时 CO_2 的最大净交换率/$(mg \cdot dm^{-2} \cdot h^{-1})$	20～30	40～50	70～100	70～100	20～50
光合作用的温度响应 最佳温度/℃	15～20	25～30	30～35	20～30	25～35
光合作用的温度响应 有效温度/℃	5～30	10～35	15～45	10～35	10～45

续表

光合作用特性	作物类别				
	I	II	III	IV	V
最大作物生长速率/ （g·m^{-2}·d^{-1}）	20～30	30～40	30～60	40～60	20～30
水利用效率/（g·g^{-1}）	400～800	300～700	150～300	150～350	50～200
作物种类	荠菜、马铃薯、燕麦、番茄、黑麦、葡萄、除虫菊、甜菜、小麦、鹰嘴豆、法国豆、阿拉伯咖啡、向日葵、橄榄、大麦、甘蓝、扁豆、亚麻	花生、无花果、法国豆、大米、大豆、豇豆、芝麻、番茄、紫扁豆、玫瑰茄、烟草、向日葵、葡萄、蓖麻、甘薯、甜橙、香蕉、柠檬、鳄梨、梨、椰子、棉花、杧果、罗布斯塔咖啡、橄榄、油棕、可可	龙爪稷、珍珠粟、饥饿稻、甘蔗	日本谷子、谷子、普通谷子、高粱、玉米	剑麻、菠萝

表 6.13　几种蔬菜的生长要求

项目	叶菜类 （莴苣）	根茎类 （洋葱、萝卜、胡萝卜）	水果类 （番茄、辣椒、黄瓜）	芽菜类 （紫花苜蓿、菜豆、萝卜）
光强/ （μmol·m^{-2}·s^{-1}）	250～275	275～400	300～400	环境光强
光周期/h	18～24	18	18	环境光周期
温度/℃	22～28	15～25	20～28	20～28
湿度/%RH	50～85	50～70	50～75	高湿～90
气体组分/ （μmol·mol^{-1}）	CO_2＝300～1 500	待定	CO_2＝300～1 500	良好的有氧发芽
生物相容性	无乙烯基塑料或铜	无铝	无乙烯基或氨	标准
霍格兰氏营养液	半标准	半标准	半标准，100%铁+钙	水

续表

项目	叶菜类（莴苣）	根茎类（洋葱、萝卜、胡萝卜）	水果类（番茄、辣椒、黄瓜）	芽菜类（紫花苜蓿、菜豆、萝卜）
气流/（m·s⁻¹）	0.1～1.0	0.1～1.0	0.1～1.0	0
基质及营养液输送	无基质；雾培或液培	无基质	无特殊基质	无基质/润湿
植物根区容积	15 cm × 15 cm × 15 cm；2.5 cm 深	5 cm × 5 cm × 15 cm；对于球茎容积为 47 cm³；对于洋葱高度为 25 cm	30 cm × 30 cm × 30 cm	10 cm × 10 cm × 5 cm；食品包装袋
污染控制	乙烯和气态氨控制	待定	乙烯控制	标准
通道	无特殊通道，除了改变植物间距	收获期间盛放基质	授粉需要特殊通道	标准

2）光合作用

在光合作用过程中，碳、氢和氧结合形成葡萄糖，并额外产生氧气。该过程发生在植物的叶片中：

$$6CO_2 + 6H_2O \xrightarrow{\text{光}} C_6H_{12}O_6 + 6O_2 \tag{6.12}$$

叶片把大部分的葡萄糖输送到植物的其他部分，在那里葡萄糖被转化成新的植物生物量，包括新的叶片。这种新生物量的组成各不相同，但一个典型的例子可能是：

$$1gC_6H_{12}O_6 + 0.1gNO_3^- + 0.003gSO_4^{2-} + 0.12gO_2 + 0.034g其他矿物质 \rightarrow \\ 0.65g新生物量 + 0.34gCO_2 + 0.27gH_2O \tag{6.13}$$

该方程式表明植物会回收自身的一些碳、氢和氧，并还需要许多其他的化学元素。光合作用发生在绿色植物的叶绿体内。波长在 400～700 nm 的光合有效辐射（PAR）所产生的能量被用于将水光解（photolysis）为氢离子（H⁺）和氢氧根离子（OH⁻）。利用氢离子的还原电位将二氧化碳还原为单糖，而氢氧根离子的氧化电势被用于产生氧气。可将这些光合作用的生化过程归纳为以下反应：

$$4H_2O \xrightarrow{\text{PAR}} 4H^+ + 4OH^- \tag{6.14}$$

$$4H^+ + CO_2 \rightarrow CH_2O + H_2O \qquad (6.15)$$

$$4OH^- \rightarrow 2H_2O + O_2 \qquad (6.16)$$

因此，光合作用的主要产物是碳水化合物的基本碳单元（CH_2O）和呼吸所需的再生氧。利用这些基本碳单元，则合成氨基酸、维生素、碳水化合物和其他人体营养代谢所需的有机成分。C_3 和 C_4 植物对 PPF 的叶片光合反应如图 6.13 所示，并可以用三个参数表示：①暗呼吸，R_d；②原点处的斜率 α，代表表观量子效率（mol $CO_2 \cdot mol^{-1}$ 光子）；③在高 PPF 下的最大同化率，A_{max}。在大多数 C_3 植物中，α 大约是 $0.05 \sim 0.07$；根据植物种类，A_{max} 的变化范围为 $2 \sim 60\ \mu mol \cdot m^{-2} \cdot s^{-1}$（主要是 $15 \sim 45\ \mu mol \cdot m^{-2} \cdot s^{-1}$）；$R_d$ 通常是 A_{max} 的 $8\% \sim 10\%$。

A_{max} 随外部 CO_2 浓度变化而变化的情况如图 6.14 所示。在 C_4 植物中，在大约正常的大气 CO_2 浓度条件下，即 $350\ \mu mol \cdot mol^{-1}$ CO_2 时，则 A_{max} 会迅速上升到一种稳定水平。在 C_3 植物中，由于光呼吸作用的影响，因此在 CO_2 浓度为 0 时 A_{max} 为负，但随着 CO_2 浓度增加，A_{max} 的增长却较为缓慢，而只有在 CO_2 浓度上升到约为 $1\ 000\ \mu mol \cdot mol^{-1}$ 时才达到一种稳定状态。

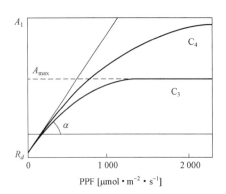

图 6.13　叶片同化效率与光照强度（PPF）之间的函数关系

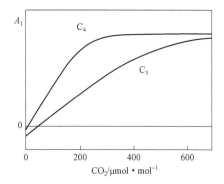

图 6.14　叶片同化效率与 CO_2 浓度之间的函数关系

为了预测光合速率，已经开发了植物生长模型，其中植物生长是如温度、湿度和光照等环境条件的函数。这些可能有助于开发密闭人工环境。可将这种简单的生物量生产模型写成：

$$P_n = \Delta B / \Delta t = eI_a = eI_0(1-a)(1-e^{-kL}) \qquad (6.17)$$

式中：P_n 为总植物生物量的净产量；L 为叶面积指数（从植被顶部到土壤表面）；B

为植物总生物量；a 为密闭冠层对可见光的反射率（0.05）；t 为时间；I 为冠层所吸收的 PPF；I_0 为冠层所接收的 PPF；e 为所吸收的 PPF 向生物质的转化效率（mol 干物质·mol^{-1} 光子）（e_{max} =0.05）；k 为 PPF 的消光系数（extinction coefficient）[0.4（直立叶）＜k＜0.9（水平叶）]。

一般情况下，每天每平方米的植物种植面积可以固定 25～57 g 的 CO_2。由于植物的光合速率在其成熟期会下降，因此需要及时收获以维持植被的大气循环能力。

3）向重性（gravitropism）和向光性（phototropism）

在进化过程中，许多生物进化出了感知重力的机制。植物对其作用做出反应的特性被称为向重性（也叫向地性，geotropism）。作为向重性生物，植物的根在重力的作用下向下生长，而芽向上生长。此外，还有一些与重力相关的机制控制着枝条的角度、叶片的方向和其他行为。植物的方向和特殊形状加上某些植物激素的极性运动会导致分化过程。这些作用是由于在所有影响植物的环境因素中，重力的大小和方向是最恒定的，而且对植物细胞的生长、伸长和发育的影响最为显著。

当植物感受到重力时，它们的第一步反应是感知重力。这是从物理刺激到生物信号的转换。换句话说，重力通过以下两种方式诱导植物细胞中的机械反应：第一种是间接诱导单细胞附近的矢量和静水压力，而第二种是通过直接作用，即在此过程中高等植物中重力的主要接收器即平衡石（statolith）位于细胞内。这些间接影响导致地球植物发生了很多适应性的变化，如茎干抵抗重力的能力。平衡石是一种含有致密淀粉颗粒的特殊质体（specialized plastid），它们通过沉降到根冠细胞的下表面和在主茎维管束附近的薄壁细胞中而发挥向重力作用。该生物信号必须传播到茎的能够做出弯曲反应的部位，即到达茎生长区域的细胞外层。此外，整个激素调节过程也通过极性运输系统与重力有关。

此外与上述向重性非常相似的反应是向光性。在单侧光照射的情况下，植物对其组织内的光梯度产生反应，并根据光照强度而进行向光或背光弯曲。可见，由于物理刺激类型不同，所以向光性和向重力性具有不同受体。然而，由于都做出发生弯曲的这样一种类似的生长反应，所以在信号转导链（signal transduction chain）中很可能存在公共通路。主要通过利用单色光照射幼苗来进行光依赖性植物生理学研究。必须是在标准化的基质、湿度和温度等条件下进行这些植物的培养。与向重性相关的实验存在无法排除重力的问题。一种可能性是使用回转器（clinostat），它通过低速旋转来模拟零重力。植物从另一个方向永久性地识别重力矢量，因此积分等于零。与在太空无重力环境下进行的试验比较表明，回转器可以定性而非定量地模拟多种效应。为了阐明向重性和向光性的信号转导链，那么如果能够对光和重力有可能进行"开"和"关"则很有帮助。目前，这只有在太空微重力条件下才是可能的。向光性反应不能独立于向重性补偿，但可能通过附加的引力刺激来进行实验，以测试光诱导的可逆性，反之亦然。为此，提出了不同太空植物学研究装置的概念，如植物学装置（Botany Facility）或重力生理学植物装置（Gravitational Physiology Plant Facility）。

2. 地外环境的影响

影响生物过程最重要的物理环境因素是辐射和重力。如果生物生活在地球之外，那么这两个因素都会发生改变，即辐射的数量和质量会增加，而重力会减弱。现在，对在低重力环境下生物的生长模式知之甚少。在植物、动物和人类的重力感知系统中，沉积过程在刺激-反应链中可能是触发信号转导机制的第一步，而这一转导机制以生物在太空中的定向而结束。例如，对在 $1-g$ 条件下（地面对照试验）和微重力条件下生长的水芹（cress）根系的研究表明，地面对照试验的根系呈定向生长，其生长方向与重力矢量大致平行。然而，在微重力下，根几乎是直的，并与种子盘形成角度，这些都多少有些相似。这说明在几乎无刺激的环境下，种子萌发和根系生长受内源因素控制（即由遗传决定）。

在太阳系内的重力强度从轨道空间站和星际航天器上的近 $0-g$ 到火星上的约 $1/3-g$ 不等。在其生命周期中，CELSS 中的植物可能会经历几种重力水平之间的转换，如在地球和火星之间的运输过程中就会出现这样的情况。目前，尚未有已知的方法能够被用来在地球上模拟这些低重力场，除了利用失重飞机、探空火箭或落塔来分别创造只持续几分钟或几秒钟的微重力环境。然而，在低重力下进行有意义的植物生长试验通常需要几天到几个月这样长的处理时间。目前关于低重力的长期影响，很多知识来自在苏联的空间站和卫星上所进行的微重力实验。银河宇宙辐射（GCR）对植物的影响是另一个尚未被完全了解的问题。潜在的问题包括产量下降和对后代的遗传影响。在地球上，大多数有害的 GCR 均能被大气阻挡，然而，在太空中缺少大气层，因此就需要采用人工方法来保护生物免受辐射的侵害。植物的辐射剂量上限通常高于人类，但超过该上限将同样会产生致命后果。

将在地球上发育成熟的高等植物种子带入空间进行培养，其整体形态并未出现畸形，则这可以被认为至少在 1 周的时间内植物的代谢途径、生长激素分布和运输现象等并未出现严重紊乱。然而，关于植物材料更为详细的研究表明，在微重力条件下，细胞分裂、核及染色体行为、新陈代谢、生殖发育和种子活力等都会受到干扰。

然而，可以假设在太空中的光合和呼吸作用等基本的代谢过程。这些过程的运行速率是否能与地基植物的相媲美还不得而知。因此，需要研究如何在太空农业系统中有效利用高等植物。研究需求分为两类：物理学参数和生物学参数。早期的研究必须集中在物理学参数上，因为要成功进行大多数生物学参数实验，就必须控制这些物理学参数。物理学参数的研究需要包括以下几点。

（1）通过固体基质输送水和营养物质。由于在失重状态下水不能依赖重力进行运动，因此必须采用其他的水运输方法。固体培养基可用于 CELSS 的早期试验阶段，以便于保持令人满意的生长条件。

（2）在水培（hydroponics）和/或雾培（aeroponics）系统中液体往返根的运输。在 CELSS 的运行中，很可能需要使用水薄膜或喷雾系统的水培方法来减轻系统的总重量，并简化对元素的回收进行调节与控制。

（3）氧和二氧化碳在液体与固体基质中的溶解与扩散。在进行充分的生物评价之前，应该了解微重力下气体运动的物理特性。这应包括氧气和二氧化碳通过液体与固体栽培基质的扩散速度以及在这些基质与大气之间的交换速度。一旦确定了溶解度和扩散速率，就应该评估溶液、水膜（water-film）和雾培系统，以确定如何在根表面与每个系统之间提供足够的气体交换。

生物学参数问题包括以下几点。

（1）育苗和种皮脱落。在 CELSS 试验中应研究的育苗问题，包括发芽种子的胚根难以穿透固体基质，以及包围子叶的种皮无法脱落。在地面研究中，当种子在没有物理限制的基质表面发芽时，这两个问题都被遇到过。

（2）为了保持植物生产力而进行的根、茎和叶定向。在太空飞行期间，需要仔细研究芽和根的方向，以查明其对植物生产力和栽培技术的影响。必须研究通常为负向重性的茎秆生长，以确定在没有重力的情况下光是否可被用作方向刺激因子。应在用于食物生产的光照水平下对每个候选种的生长开展研究，以确定是否可以掌握有效方向。同样，应该研究每个候选种的根系生长情况。

（3）花芽形成、传粉和受精。为了进行可食用生物量的生产和繁殖，需要使多种农作物进行花芽分化、花的发育、授粉和受精。在失重状态下，应对每个候选种进行花粉从花药到柱头的转移、培养花粉管对受精的影响以及胚胎发育等研究。虽然这类研究通常需要完整的开花植物，但在短期试验中，用切枝或芽进行这些过程的研究是可行的。在研究中应仔细监测环境中的乙烯浓度，因为高浓度的乙烯会引起花与果实败育及果实早熟。

（4）可食生物量积累。在可食植物器官中进行碳水化合物和蛋白质的有效储存，并使这些器官正常发育，是有效利用高等植物进行太空种植的关键。然而，没有证据表明营养器官，如小麦或大豆种子，在微重力条件下能够正常发育并积累碳水化合物和蛋白质。应详细研究每个候选作物种的可食器官的特定生长和发育情况。

（5）顶端优势（apical dominance）。应当研究微重力对候选种顶端优势的影响。在种子被用作食物的物种中，保持健康的主茎发育可能对实现可食生物量的高产至关重要。

（6）植物生产和交换率。对 CELSS 来说，太空试验的一个非常重要的阶段将是确定太空农业系统的植物生产力是否与地球系统的类似，甚至更好。在这些试验中应该评估生产力的所有方面，包括：①可食生物量的产量；②不可食生物量与可食生物量的比例；③氧产量；④二氧化碳的消耗量；⑤水的再生量。

然而，除非有足够大的植物栽培装置来维持植物到成熟期，否则这些研究是无法进行的。这些装置必须能够控制每种植物在其整个生长周期中的主要环境变量，如光、温度、湿度和二氧化碳。如果生产能力与在类似的地面控制系统中的相比要低得多，那么，则应探索利用由离心产生的人工重力来提高产量。

1）重力

有关植物在太空中生长的根本性问题是细胞如何"感受"重力，以及它们的发育和功能如何在太空环境中受到影响与改变。一旦这些问题得到了回答，就可能会促进人们对重力是如何影响植物、器官和细胞的发育与过程有一个整体了解。植物的生长与发育是由多种因素决定的，如酶、蛋白质和激素样作用物质。这些物质的运输和行为也受到重力的影响。据目前的认知，关于微重力的生物物理效应可以总结如下。

（1）降低细胞内的压力/应力。低重力的一个明显效应是导致细胞内的物理应力和负荷发生了变化。在植物生理学的许多领域中，压力和应力的降低是至关重要的。

（2）粒子沉降和气泡浮力。低重力的另一个明显但基本的影响是导致流体中粒子的沉降减少，甚至完全消失。相应地，在微重力条件下气泡和囊泡由于浮力的降低而不能有效移动，或者只能停留在原地。

（3）搅拌/对流。在正常 1-g 重力条件下，当液体或气体中存在密度梯度时，就会发生搅拌和混合，且由于这种移动而导致梯度最终消失。热梯度以同样的方式诱导对流和混合。然而，在微重力条件下这种混合效应则根本不会发生。

（4）表面变化。在正常重力条件下，重力通常会抑制气泡和水滴的增大。在微重力条件下，表面力和与流动有关的现象则更容易被研究。

目前，有关植物细胞生物学研究的主要结果如下。

（1）种子基本可以发芽并成长为植株，而且其总体形态特征与生长在地球上植株的基本上相同。

（2）在高等植物中，最显著的差异是由于重力感应导向系统（重力响应）失效而导致茎和根丧失了正常的相对方向。

苏联的实验观察到，植物在微重力环境下能够完成整个生命周期的生长与发育过程，并能形成有活力的种子，表明可以产生有生命力的种子，但也存在大量的异常种子。然而，令人怀疑的是这些有生命力的种子随后是否会成长为正常植株。因此，还需要研究空间微重力对植物长期发育的影响。综上所述，微重力环境不仅为评估利用植物和微生物来提供生命保障的可行性提供了机会，而且也为开展基本的植物和细胞研究提供了机会，因此可用来阐明调节地球上正常的植物和细胞生长与发育的基本机制。

2）辐射

如 3.1 节所述，太空中的电离辐射强度会有所增加。例如，为了研究宇宙辐射对植物的影响，苏联利用东方号和联盟号宇宙飞船进行了莴苣、甘蓝、洋葱、豌豆、大麦和其他作物的在轨培养实验。另外，例如在美国，将 200 万粒不同种类植物的种子搭载于长期暴露装置（Long Duration Exposure Facility，LDEF）。以上这些植物种子被选自 55 个科、97 个属、106 个种及 120 个品种。

LDEF 于 1984 年 4 月被发射，并在发射后一天被打开，以完成为期一年的太空飞行任务。然而，主要由于 1986 年 1 月发生了挑战者号航天飞机事故，因此它最终在 1990 年 1 月才被收回。地面试种结果表明，除了 3 个例外，其他所有来自

LDEF 的种子都能够正常发育并产生种子。因此，他们认为种子在飞行实验中的突变率非常低，发生的概率不到千分之一。这一结果也被命名为"面向学生开发的太空暴露实验"（Space Exposed Experiment Developed For Students，SEEDS）进一步证实（在 LDEF 上搭载了大约 1 250 万颗品种为 Rutger's 的番茄种子）。将种子密封装在压力为 101 kPa 和相对湿度为 20% 的 5 个铝罐中。在每个铝罐中放置被动型最高温度计（passive maximum temperature thermometer），并在种子层之间放置热致发光被动剂量计（thermoluminiscent passive dosimeter）。将这些铝罐固定在一个托盘上，然后将该托盘装载到 LDEF 上。另外，在地面上将相同数量的种子放置在温度为 21 ℃、压力为 101 kPa 和相对湿度为 20% 的受控环境中，以作为对照。

SEEDS 是第一个在 LDEF 中被进行的实验。辐射数据表明，种子接收到剂量为 3.5～7.25 Gy 的辐射。随后，将 SEEDS 实验包分发给高中和大学。每个实验包里有一小包种子，里面有 50 颗地球种子和 50～100 颗太空暴露种子。学生们比较了种子的发芽和生长特性，并将数据返回给 NASA 进行分析。结果总结见表 6.14。很明显，太空中暴露的种子和地球种子的数据之间没有太大区别。另外，将莴苣、萝卜和水芹种子在和平号空间站上储存 240 d 后也得到了类似结果。

表 6.14 SEEDS 实验结果总结

生物性状	空间暴露种子	地面对照种子
发芽率（种子播种后第 14 d 的发芽情况统计）/%	66.3	64.6
发芽所需的平均时间/d	8.4	8.5
苗龄为第 56 d 的植株平均高度/cm	21.2	20.9
苗龄为第 56 d 的植株平均宽度/cm	12.0	11.9
开花率/%	73.4	72.3
第一朵花开的平均时间/d	46.7	46.9
结果植物的比率/%	74.6	76.1
从种植到果实形成的平均时间/d	94.3	94.4

美国和苏联的其他实验结果表明，在太空条件下，植物遗传系统遭到了明显破坏，并且突变数量出现增加。此外，还观察到植物的生理功能、花朵和叶片的数量与形状等均发生了变化。在短期飞行中，小剂量的电离辐射会刺激植物发育。在此

情况下，植物会生长得更加旺盛，而且其体内的酶活性会受到激发等。然而，若将电离辐射剂量增加到长期飞行的水平时，则植物的辐射刺激现象就会表现为受到了宇宙射线的有害影响。那么，根据这些结果，在进行长期飞行的准备时解决如何保护植物而使之免受宇宙辐射的问题则很紧迫。

一般来说，消除辐射危害并不容易，因为辐射可以穿透到不同深度。由于重量和成本的限制，则必须排除在太空中使用铅屏蔽。苏联的研究结果表明，在植物生产中几乎不可能使用已知的被用来降低温血动物辐射敏感度的化学物质，因为在植物细胞中这些保护性物质不仅不能被很好吸收，还会被迅速破坏。相反，有必要利用有利于植物有机体自身生物合成保护性物质的方法。针对莴苣、甘蓝、豌豆和其他模式植物进行的实验表明，当植物被暴露于某些生理活性物质时，则可以降低电离辐射的有害影响。这些物质不仅起到了辐射防护的作用，即在辐照前用防护物质对植物进行处理而使其不受电离辐射的伤害，而且即使在辐射后被使用也表现出一定的防护作用。另外重要的是，通过改变营养液中矿物质的百分比，也可以大大提高植物对电离辐射的耐受性。不过，苏联的研究人员认为，与动物有机体相比，植物有机体对电离辐射的抵抗力会更高。

3）太空生物实验

自由太空中的环境条件，如微重力和太阳及银河宇宙辐射的状态，在地面试验中所被进行的模拟都无法令人满意。例如，在加速器中，为了获得低剂量率而长期暴露在加速粒子中是不切实际的。此外，它们是基于以单向方式被应用的单能辐射物种（monoenergetic radiation species）的单一来源。因此，设计生物卫星是为了研究微重力、辐射、细胞中基本生化过程、太空中动植物的发育和生长以及地球上24 h 周期性被剥夺等对众多生物的影响。历史上，曾经有许多卫星被用来进行过太空生物实验：起初是几颗伴侣号卫星（Sputnik）卫星（1957—1961，苏联），到稍后的发现者–29（Discoverer–29）和水星号–5（Mercury–5）（1961，美国），到后来的 BIOS–1 至 BIOS–3 以及 OFO–1（1966—1970，美国），再到宇宙（COSMOS）计划的许多卫星（自 1962 年以来，苏联）。COSMOS 卫星的飞行时间长达 21 d，自 1975 年以来已得到成功回收。当然，从 20 世纪 70 年代初以来，在礼炮号、天空实验室及和平号等空间站以及航天飞机和太空实验室中也进行了许多实验。

关于太空环境因素对植物影响的第一个实验，是在人造卫星伴侣 2 号上进行的。当时，小球藻以及洋葱、豌豆、小麦和玉米等不同品种的种子均被完成飞行实验，并成为第一批成功返回地球的物种。小球藻也随东方号载人飞船飞入过太空。此后，植物在许多空间站、宇宙飞船和苏联的 COSMOS 生物卫星上都被进行过在轨搭载。当时，在太空中小麦和豌豆不能开花，更不用说结种了。这些植物在其形成阶段就已经死亡。后来发现，这是由为这些特殊条件所建立的特殊栽培技术引起的。1978 年，在礼炮号空间站上采用了两种种植洋葱的方法：科学法和"农民法"。研究发现，如果不对植物的顶部进行修剪，它们就会开始腐烂；相反，如果修剪其顶部，它们就会长得很好而不会腐烂。然而，最终无法使这些植物开花。

在礼炮 6 号空间站，郁金香即将要开花时被带入太空，但最终却没有开花。遗憾的是，一直未能弄清其原因。后来，选择附生热带兰花进行太空实验。这一次，实验的部分兰花开花了。但花几乎立刻就凋落了，而植物本身却在生长，不但长出了叶子，而且长出了气生根。这些奇异的植物在礼炮 6 号空间站上生长了 6 个月，但却从未开花，但只要把它们送回地球上的温室里，它们马上又会开花。目前尚不清楚这些植物为什么没能在太空中开花。在另一项实验中，将一些植物的胚芽（plantule）在小型离心机中培养，该离心机可以在空间站上产生高达 1–g 的恒定加速度。结果表明，从生理学意义上来讲离心力等于重力。在离心机中，胚芽明显沿着离心力的矢量方向生长。相反，在静止块中，则观察到幼苗完全迷失了方向。另外，利用一台静磁场引力装置（magnetogravistat unit），研究了另一种因素异质磁场（heterogeneous magnetic field）的影响。它对还阳参（crepis）、亚麻和松树胚芽的影响也弥补了重力场的缺失。另一项在礼炮 6 号空间站上开展的飞行任务中，拟南芥（*Arabidopsis*。一种在人工土壤中生长良好的自花传粉植物）在一间植物栽培室中开了花。该实验证明，在失重状态下可培养的植物基本上能够完成"从种子到种子"的所有发育阶段。

在和平号空间站上，利用被称为 Svetoblok 的装置开展了一系列植物栽培实验。例如，1991 年曾试图在 Svetoblok 中完成小麦完整的生命周期。在该持续 107 d 的实验中，小麦生长缓慢，从第 40 d 后则停止生长，但第 100 d 时又重新开始生长。将小麦植株带回地球后在较高光强下进行培养，则产生了麦穗和种子。1990 年，首次向和平号空间站引入 Svet 温室这样一种更大的植物栽培设备。在首次实验中，在 Svet 中种植了萝卜和大白菜。虽然种子萌发率较低且飞行植物的生长速率明显下降，但首次在微重力条件下生产出萝卜块根，其鲜重和干重分别为地面对照植株的 31%和 61%。

　　1967 年，美国的 BIOS-2 卫星在太空飞行 45 h 后被回收。研究表明，失重状态对幼小而活跃生长的细胞和组织影响最大。具有高代谢活性的快速分裂细胞比分裂较慢的成熟细胞受到的影响更大。所观察到的辐射效应取决于生物特性。在某些情况下，辐射与失重的协同影响要比在地面对照中观测到的大，而在其他情况下影响较小。关于粮食生产，最有趣的可能是小麦幼苗的试验结果：小麦幼苗的茎生长加快、糖合成酶活性增强以及根的方向发生紊乱。在其他植物中，也观察到叶和茎出现了方向紊乱。BIOS-2 卫星的基本实验结果表明植物对重力变化反应明显。

　　在美国开发的航天飞机或太空实验室中进行的实验，包括植物栽培单元（Plant Growth Unit，PGU）和重力植物生理学装置（Gravitational Plant Physiology Facility，GPPF）。该 PGU 被配备了 3 盏 15 W 的植物生长荧光灯、一台用于日夜周期控制的计时器、若干温度传感器、若干电控风扇、若干升温加热条、一套数据采集系统和若干内置电池。将 GPPF 搭载于航天飞机的国际微重力实验室-1（IML-1）中，而进行在轨飞行实验。在该设备中，可进行小麦和燕麦胚芽鞘的培养（处于黑暗中）。最初，将胚芽鞘置于人工 1-g 环境下（由离心器旋转产生），以便获得直的胚芽鞘以供下面研究幼苗的向重性和向光性反应。该实验主要被用于研究在 1-g 环境下，在复杂的向重性逆反应缺失的情况下植物如何对光刺激做出反应，并用于研究在 0-g 环境下植物向光性的量效关系（dose-response relationship）。

　　从 1992 年开始，美国 NASA 利用 ASTROCULTURE™ 装置进行了一系列植物在轨栽培试验。作为美国微重力实验室 1 号（U.S. Microgravity Laboratory-1）任务的一部分，在航天飞机 STS-50 上进行了 ASTROCULTURE™-1（ASC-1）飞行实验，目的是验证基于基质的多孔管养分输送系统（Porous Tube Nutrient Delivery System，PTNDS）的性能。开发该系统以向植物提供营养，同时在根部保持良好通气，并防止水分在低重力下逸出。PTNDS 主要由多孔管、循环泵和压力控制器等组成，且实验表明其在微重力条件下工作良好。作为 SPACEHAB-01 任务的一部分，ASTROCULTURE™-2 参加了航天飞机 STS-57 的飞行任务。在 ASTROCULTURE™-3 实验中（STS-60，SPACEHAB-02），采用了一种沸石基质（详见 6.4.3 小节）。结果证明，水在基质中的进出表现良好，而且基质能够按计划将植物生长养分释放到溶液中。尽管 ASC-3 是另一种工程测试实验，即在基质中不进行植物培养，然而，在未来的 SPACEHAB 任务中，例如在 STS-63 至 STS-73 期间，将在沸石基质中培养植物。

　　欧洲对太空植物栽培的研究贡献包括两台装置，第一台是在 1993 年的 IML－2 任务中被搭载的生物架（BIORACK），第二台是图 6.15 所示的尤里卡植物学装置（EURECA Botany Facility，以下称为 EURECA 植物学装置）。BIORACK 包括若干培养箱、一台冰箱、一台冷却器、一台储物设备、若干观察设备和一只手套箱。在 IML－2 任务期间，在 BIORACK 中进行了关于酵母细胞生长、植物根系生长和辐射测量等实验。EURECA 植物学装置是被搭载在 EURECA 平台上的"轨道温室"。该设备的基本性能见表 6.15。

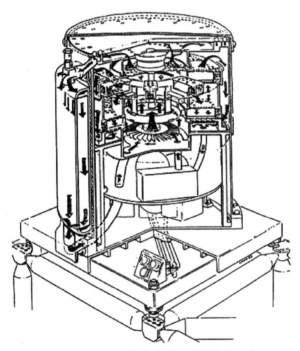

图 6.15　EURECA 植物学装置内部结构示意图

表 6.15　EURECA 植物学装置的基本性能

项目	基本情况
目的	高等植物从种子到种子培养，及真菌从孢子到孢子培养
载体	EURECA 平台
任务时间	6 个月
特点	①18 个 μ－g 小杯（5 cm×5 cm×15 cm） ②6 个 1－g 对照小杯（5 cm×5 cm×15 cm） ③光照单元

续表

项目	基本情况
特点	④视频观测单元 ⑤数据采集单元 ⑥授粉装置 ⑦固定设备
生命保障子系统功能	①大气湿度控制 ②大气压力控制 ③大气成分控制 ④大气污染控制 ⑤土壤含水量控制

6.4.2　植物筛选方法

在太空中栽培植物有许多独特性，例如，太空温室的面积有限，因此植物的生产率极其重要。为了保障长时间载人航天飞行，将需要混合作物系统。这些作物必须能够高效利用光，并能够提供均衡饮食。生产效率会受到以下三个作物特性的影响：①单位体积生产的可食生物量；②从种植到收获的生长期；③每克干重可食生物量所含的生物可回收热量。

首先，在植物筛选过程中必须明确长期太空任务中航天员的营养需求，因为它们是所有筛选工作的基础。一旦确定了所有的营养需求，那么就必须根据可能不同的太空任务状况和不同的现有食物来源，来确定哪一部分需要通过再生手段来实现。在这一点上，还必须考虑所选物种的生物相容性（biological compatibility）。为了权衡食物来源，必须综合考虑微生物、藻类和高等植物。在这些之间的权衡标准可被分为四类：①操作标准；②安全性及可靠性；③食物特性；④对生命保障子系统的影响。

在太空飞行条件下，尽管高等植物的食物特性非常好，但利用其作为食物来源却存在较大弊端，主要表现在操作标准上。相反，就食物生产而言，微藻是很好的候选物种，但它们可能被认为只能作为部分日常饮食（占到饮食干重的 25%～30%，详见 6.3 节）。

1. 筛选标准

在筛选用于生物再生生命保障系统的植物种时，必须考虑到许多方面，它们可被分为以下几类：①生物量生产和营养含量；②植物需求及其生长条件；③大气再生能力；④水回收能力；⑤废物再生能力；⑥在地外环境中的行为；⑦与其他系统的交互作用。

1）生物量生产和营养含量

在 CELSS 中所被栽培的植物，必须能够为航天员提供在营养和心理上令人满意的饮食。所被筛选的植物必须能够产生均衡饮食，即其中蛋白质、脂类和碳水化合物以及所有必需的矿物质与维生素均需要达到精确平衡。此外，生物量在储存期间应该是可口且稳定的。因此，必须根据多项标准对选定的植物种类进行评估，包括：可食生物量比例；可食植物生物量产量；能量含量；营养成分；可口性；可接受的食用量和频率；使用灵活性；储存稳定性；毒性；航天员对该食物的熟悉程度。

在这方面，植物生产系统和航天员之间的接口也可通过选择适当的物种和操作过程来达到匹配。只有通过航天员的呼吸商（respiratory quotient，RQ），才有可能进行轻微适应。RQ 取决于食物中脂肪和碳水化合物的含量。脂肪含量越高，那么每个 CO_2 被转化为 O_2 的就越多（详见 4.3.1 小节）。当然，低投入的基因型植物种，即需要的空间、光线、水分和养分等很少，但能产生最大可食生物量的植物是最好的选择。此外，具有短营养生长期和连续收获可能性的快速生长的植物将是有利的。任何被选定植物种的收获指数，即可食生物量占总生物量的比值（理想值为1.0）应尽可能高，以便最小化废物产量和质量传递中的损失。

2）植物需求及其生长条件

应该选择可食生物量产量尽量高、不可食生物量产量尽量低以及对加工需求尽量低的植物种和品种。因此，针对植物生长单元，必须考虑以下参数：①所需空间大小；②劳动力需求；③植物栽培系统的重量；④电能需求；⑤种植系统的研制和维护成本。

所选植物的冠层结构应能够截留最大的入射光，并能够有效利用可用空间。所有被选植物都应当具有相同的环境耐受性（如温度、pH 值、光强、光质和光周期、CO_2 分压和湿度），以减少对不同气候生长条件的需求。无论如何，被选植物应该具有最大的灵活性和对不受控制的极端环境的耐受性。关于授粉和繁殖，应该选择自花传粉（autogamous）或至少是风媒传粉（anemogamous）的植物。如果需要，这些植物应该适合水培或雾培条件。其他标准包括：①环境耐受性；②光周期和温度要求；③授粉和繁殖；④营养生长期（与任务设计相关）；⑤收获方法；⑥连续收获；⑦使用劣质水的可能性；⑧与其他植物的相容性；⑨生态和遗传稳定性以及抗感染能力；⑩整个系统的闭合程度；⑪耗水量和蒸腾速率；⑫O_2 生产和 CO_2 同化。

3）大气再生能力

当生长活跃的植物在进行光合作用时，将二氧化碳固定在有机碳中并释放出氧气。如果将植物生长区域的大气与太空基地中的航天员居住区域有效地结合起来，那么这些氧气则可被用于航天员呼吸。植物还可以帮助维持再生生命保障系统中的二氧化碳水平，即航天员在航天器中呼出的二氧化碳可被循环到植物生长区域。只有与从每种植物获得的可消化食物相关的交换才是有用的。植物不可消化部分分解期间必须消耗的氧气与光合作用释放的氧气在数量上是相等的。而且，只有当不可消化的植物部分被氧化分解为二氧化碳，水才能算得上是真正再生。这就是植物应优先选择能够提供最大可食和最小不可食生物量的另一个原因。为一名航天员提供足够氧气所需要的最小表面积取决于被培养的植物种类和表面积能被光合作用组织持续覆盖的程度。

4）水回收能力

高等植物会蒸腾可预测的水量，蒸腾速率在光照时比在黑暗时要大得多。蒸腾水可被用来保持植物生长区域的湿度，也可被直接用于航天器其他座舱的湿度保持。一些水可被冷凝后作为饮用水使用（详见 6.4.7 小节）。

5）废物再生能力

利用高等植物在再生生命保障系统中回收航天员废物似乎是可行的。如果缺乏某些营养元素，则可能需要对活性污泥进行适当的矿物质补充（详见 6.4.7 小节）。

6）地外环境中的行为

这一点在很大程度上是未知的，而只能在太空条件下才能得到确定。必须进行从种子到种子的飞行实验。已知地外环境辐射具有诱变作用，因此要么必须找到保护座舱的方法，要么必须找到抗辐射的植物（详见 6.4.1 小节）。

7）与其他系统的交互作用

高等植物舱，应该与生命保障系统的其余部分以及与基站或基地的其余部分充分匹配。

2. 属性与营养价值

一个成年人可以从严格的素食中获得足够能量。其所需的能量与年龄、体重、性别、体力活动程度（包括身体压力和心理压力）及环境条件有关。在食用素食时，蛋白质在提供能量和身体所需的氨基酸方面是最令人关心的问题。植物中蛋白质含量一般较低，而且其质量较差。此外，还发现大多数植物蛋白在肠道中并没有得到充分利用，其消化率在 20%～89%，而多数接近 75%。脂肪是饮食中的另一个重要组成部分，是能量的来源，也被用于烹饪。大部分维生素和矿物质都可以从植物中足量获得，然而，由于植物中不存在核黄素（riboflavin）和维生素 B_{12}，因此很难从植物足量获得这两种物质。在矿物质和微量元素中，碘的浓度可能处于亚适浓度，而钙、铁、锌和铜的低生物利用率（bioavailability）致使这些元素呈缺乏状态，尽管它们名义上可能数量充足。因此，可以考虑额外补充这些微量营养元素（详见 4.3.1 小节）。

科学家已经提出了几种饮食搭配来满足人体的营养需求，并提供各种各样令人感兴趣的新鲜食物。这些食物包括几种大宗作物，如水稻、小麦、玉米、菜豆和马铃薯。其他被推荐的食物包括西蓝花、菠菜、莴苣、豌豆、花生、芜菁、番茄、洋葱、胡萝卜和甜菜。水果也可能被包括在内，如草莓、树莓（raspberry，又名山莓、木莓或覆盆子。译者注）和菠萝。然而，还需要进一步开展研究，以确定哪些种和哪些种的组合是最好的。事实上，研究可能会证明单靠素食并不足以长期保持健康。也可能需要食用陆地动物、鱼类或其他生物以补充营养。

根据美国 NASA 的要求，有个作物专家组已经选择了一些重要的作物品种，以作为生物再生生命保障系统中航天员的食物来源。选择的植物种类分为两组：第一组是常见的食用植物种类，可为航天员提供主要营养需求；第二组是营养价值较低但心理价值较高的植物种类。

已被选出的第一组植物种类及其生长和营养特性如下。

1）小麦

小麦热量密度高，是多种不同类型食物的原材料。生物量的可食用部分很高。此外，小麦淀粉含量高，并含有适量蛋白质（高达 14%）、磷、铁、硫胺素（thiamin）和烟酸（niacin）。在种子成熟发育期间，小麦则停止进行光合作用。

2）水稻

水稻热量密度高，含有 8%营养均衡的蛋白质、磷、铁、硫胺素和烟酸。

3）马铃薯

马铃薯是高热量食物，而且几乎不需要进行加工。马铃薯中的碳水化合物含量很高，而其蛋白质含量与水稻的差不多。另外，它们是维生素 C 和钾的良好来源。马铃薯块茎的生产需要专用机械系统来进行支撑。

4）甘薯

和马铃薯一样，甘薯也是一种高热量食物，几乎不用加工就可以食用，而且其蛋白质含量也和马铃薯的差不多。此外，它们适应温暖的环境，碳水化合物含量较马铃薯的高出 30%。甘薯含有钾、维生素 A 和维生素 C，而且它们的叶子和嫩枝均可被食用。展开后的根系需要专用机械支撑系统，而且茎的藤蔓式生长可能是一种缺点。

5）大豆

大豆是膳食蛋白质的主要来源，其种子蛋白质含量在所有常见食用植物中最高（45%～50%）。这种蛋白质极易被消化。此外，大豆含有均衡的氨基酸、脂肪（20%，必须经过加工）、磷、铁、钾和硫胺素。

6）花生

花生是蛋白质的主要来源（25%）。其所含的必需氨基酸不很均衡，但其含有大量脂肪（45%，不需要经过加工）、磷、铁、钾、硫胺素和烟酸。然而，对于花生，所存在的问题是其种植和收获程序过于复杂。

7）莴苣

莴苣含有维生素 A 和维生素 C。

8）甜菜

甜菜能够提供糖，但提取糖的设备会导致运输重量增加。它们可被生吃，而且其茎叶也可被食用。

已被选出的第二组植物种类及其生长和营养特性如下。

1）芋头

芋头（taro）是一种热带块根作物。

2）四棱豆

四棱豆（winged bean）是一种很好的蛋白质来源。四季豆的顶部和根部都可被食用，并适应温暖环境。

3）西蓝花

西蓝花含有维生素 A、维生素 B_1、维生素 B_2、维生素 B_7 和维生素 C。

4）草莓

草莓含有维生素 B_2、维生素 B_7 和维生素 C，并具有很高的心理价值。

5）洋葱

洋葱没有明显的营养价值，而且其生长习性很特别。

6）豌豆

豌豆是丰富的蛋白质来源，并含有大量的蛋氨酸、极少量的脂肪和大量的矿物质，如钾、铜、铁、硫和磷。豌豆没有强壮的茎，因此需要一种专用培养系统。

表 6.16 列出了几种具有代表性的高等植物和螺旋藻的营养成分，以供比较。

表 6.16 具有代表性的高等植物和螺旋藻的营养成分

项目	螺旋藻	莴苣	菠菜	番茄	水稻	小麦	马铃薯	大豆	向日葵
能量/$(kJ \cdot 100\ g^{-1})$	255	69	122	101	1 488	1 484	326	660	2611
蛋白质/$(g \cdot 100\ g^{-1})$	10.8	1	2.9	0.9	8.4	12.7	2.1	13	19.3
糖类/$(g \cdot 100\ g^{-1})$	1.95	21	3.6	4.3	77.7	70	17.1	11	24.1
脂肪/$(g \cdot 100\ g^{-1})$	1.1	0.2	0.3	0.7	1.1	2.5	0.1	6.8	49.8
水/$(g \cdot 100\ g^{-1})$	85	95.8	91.5	93	12	13	79.8	67.5	5.3
收获指数/%	100	85	70	45	45	40	80	50	33
必需氨基酸/mg									
项目	螺旋藻	莴苣	菠菜	番茄	水稻	小麦	马铃薯	大豆	向日葵
异亮氨酸	670	75	145	21	370	435	92	570	1 140
亮氨酸	950	70	225	33	730	670	105	925	1 660
赖氨酸	505	75	175	33	320	275	113	775	935
甲硫氨酸	275	28	90	20	325	375	46	275	945
苯丙氨酸	480	78	240	38	710	865	58	1 050	1 835
苏氨酸	575	53	120	22	295	290	83	515	1 350
色氨酸	170	8	39	7	90	125	22	155	350
缬氨酸	720	62	160	23	510	470	113	575	1 350
水溶性维生素/mg									
维生素 C	1.5	3.9	28	18	0	0	9	29	0
维生素 H	0.006	—	0.007	0.001 5	0.003	0.009	0.000 1	—	—

续表

项目	螺旋藻	莴苣	菠菜	番茄	水稻	小麦	马铃薯	大豆	向日葵
胆碱	—	—	—	—	—	—	—		—
维生素 B$_{12}$	0.03	0	0	0	0	0	0	0	0
叶酸	0.008	0.055	0.195	0.01	0.029	0.052	0.025	—	0.235
烟酸	1.75	0.185	0.7	0.6	1.5	4.4	1.5	1.65	4.5
维生素 B$_5$	0.17	0.046	0.07	0.25	0.55	1.1	0.2	0	0.7
维生素 B$_6$	0.05	0.04	0.2	0.05	0.17	0.39	0.39	—	0.8
维生素 B$_2$	0.67	0.03	0.19	0.05	0.04	0.12	0.04	0.175	0.25
硫胺素 B$_1$	0.83	0.046	0.08	0.06	0.13	0.66	0.1	0.435	0.11
脂溶性维生素/mg									
维生素 A	26	—	—	—	0	0	0		0
维生素 E	2.9	0.52	2.35	0.44	0.46	1.16	0.013		41.6
维生素 K	—	—	0.000 35	0.008	—	—	—	—	—
大量矿质元素/mg									
钙	14.5	19	100	7	32	37	7	197	116
镁	—	9	80	11	28	113	20		354
磷	180	20	50	23	127	386	53	194	705
钾	—	160	560	205	85	435	407	—	690
钠	—	9	79	8	8	3	3	—	3
微量矿质元素/mg									
铜	—	0.028	0.13	0.077	0.2	0.93	0.311	—	0.173
氟	—	—	0.01	0.024	0.19	0.053	0.045	—	—
碘	—	—	0.012	0.003	0.001 8	0.004 1	0.004		
铁	8	0.5	2.7	0.5	0.1	4.3	0.6	3.55	6.77
钼	—	—	0.026	—	0.015	0.036	0.003	—	—
硒	—	—	0.001 7	0.001	0.02	0.063	0.01		
锌	—	0.22	0.53	0.11	1.3	3.4	0.58	—	5.06

6.4.3　CELSS 中植物栽培的设计考虑

在生物再生生命保障系统或者 CELSS 中，有关植物栽培概念设计的主要评分标准为：①满足航天员的热量需求；②满足植物的生物学需求；③尽量减少航天员的参与。因此，一旦某些作物被选入这样一种系统，那么就必须确定植物生长的最佳环境条件。已被证明对植物生产率具有最重要影响的生长环境参数如下。

（1）光照强度、光谱质量（波长）和光照时间。植物舱的光照系统将由满足植物适宜生长的最佳光照条件、功率需求及热负荷来确定。可以考虑通过反射镜聚光器和光导纤维来间接利用太阳光。

（2）风速、湿度和二氧化碳浓度。必须通过恒定的大气循环来提供充足的 CO_2，并且必须去除植物所产生的 O_2、蒸腾水和有毒有机气体。CO_2 浓度控制水平应在 $350 \sim 2\,000\ \mu mol \cdot mol^{-1}$。在光照与黑暗期间，温度控制范围通常在 $15 \sim 30\ ℃$，相对湿度最好为 70%。

（3）养分输送。养分将来自固体废物和废水再生系统。养分输送的方法既取决于植物栽培基质，也取决于是否存在重力。因此，必须依靠传感器和执行机构来对其进行精确输送。

（4）作物密度和种植间隔时间。必须确定每种植物从播种到收获的最佳株距。此外，为了维持连续的食物和氧气供应，必须为每种植物确定最佳的种植间隔时间（采收期长度、储藏期长度、在特定时间为满足航天员的用 O_2 需求而进行光合作用的作物冠层数量）。

（5）温度。必须确定每种植物在不同发育阶段所需要的最佳温度。应研究确定昼夜温差的最佳值。应测定叶片温度，以便为控制气温提供精准依据。应对栽培基质或根区温度进行监测，以优化植物生长。

为了将这些参数控制在被要求的范围内，需要对高等植物栽培舱进行完全而有效的密封。针对这些参数而研究过的作物包括小麦、马铃薯、大豆、甘薯、莴苣、水稻和番茄。为了掌握上述不同因素的影响，下面给出美国犹他州立大学的 Salisbury 和 Bugbee 所发表的部分相关实验结果。表 6.17 中给出了上述环境参数对小麦中各组成成分的影响，而表 6.18 中则概述了小麦等不同植物的一些典型生长条件。

表 6.17　温度和光周期对小麦产量及生产效率等的影响

生长条件	种植密度/（株·m⁻²）	结穗率/（穗子·m⁻²）	每穗结种子数	每粒种子的重量/mg	总产量/（g·m⁻²）	到收获时的栽培天数/d	可食产量/（g·m⁻²·d⁻¹）	收获指数/%	产量效率/（mg·mol⁻¹光子）
凉温（白天20 ℃，夜晚15 ℃），光周期为14 h	1 150	2 007	21	29	1 154	77	15.1	46	300
凉温（17 ℃），光周期为24 h	1 076	2 387	16	30	1 054	66	16.3	35	189
暖温（27 ℃），光周期为14 h	1 030	3 234	5	27	279	66	4.3	11	85
暖温（27 ℃），光周期为24 h	830	2 128	10	29	872	61	14.2	29	164

表 6.18　几种植物的典型生长条件

生长条件	小麦	马铃薯		莴苣	大豆	
		冠层培养	笼型培养		实验 1	实验 2
光源	高压钠灯（HPS）	冷白荧光灯（CWF）	部分冷白荧光灯侧面照射	白炽灯（INC）	冷白荧光灯 + 白炽灯	
光照强度/（mol·m⁻²·s⁻¹）	1 000	475	400	430（0~11 d）900（11~19 d）	700	550
光周期	24	24	24	20	9	12
总 PAR/（mol·m⁻²·d⁻¹）	86.4	41	34.6	30.9（0~11 d）64.8（11~19 d）	22.68	23.76
温度/℃	17.5~22.4（+1 ℃/周）	16	16	25	30/26	26/20
CO₂/（μmol·mol⁻¹）	1 000	365 和 1 000	360	360（0~11 d）1 500（11~19 d）	400	675
氧气	周围环境	周围环境	周围环境	周围环境	周围环境	周围环境

生长条件	小麦	马铃薯		莴苣	大豆	
		冠层培养	笼型培养		实验1	实验2
氮气	周围环境	周围环境	周围环境	周围环境	周围环境	周围环境
相对湿度/%	60~80	70	70	75（白天）85（夜晚）	75~95	75~95
植株占地面积/（m² · 植物⁻¹）	0.000 83	0.21	0.2	0.012 5	0.092 4	0.092 4
种植密度/（株数 · m⁻²）	1 200	5	5	80	10.8	10.8
风速/（m · s⁻¹）	−1.0（0.1~4.0）	—	—	—	0.33	0.33
作物品种	Yecora Rojo	Norland Early Red		Waldmann's Green	Ransom	

将这样一种植物生产系统纳入生物再生生命保障系统,会在系统层面上引起下列问题:

（1）能源和质量流量的协调化:①植物生理学参数;②植物的适应性和变异性;③植物废气排放;④植物在低压下生长;⑤连续培养/收获;⑥营养液循环利用;⑦蒸腾水循环利用;⑧生物量成分;⑨O_2 和 CO_2 分压;⑩作物利用航天员产生的废物;⑪极限值的监控技术。

（2）系统小型化（miniaturization）。

（3）系统稳定性:①物质积累和极限值超标;②由于元素固定形成缺乏症状;③微生物污染。

（4）人工生态系统中的人员:①基本身体功能;②卫生参数;③饮食组成;④CO_2 和 O_2 浓度极限值;⑤植物和材料所释放的有害气体。

所要解决的以上许多问题的数量和质量都显著表明这样一个事实,即为受控生态生命保障系统开发高等植物舱需要跨学科的合作。在设计过程中,所涉及的学科包括:①植物栽培技术;②植物生产技术;③植物病理学;④营养学;⑤材料科学;⑥监控技术;⑦加工工艺;⑧医学;⑨流行病学;⑩空调技术。

一旦上述问题得到解决,那么,另一个必须考虑的重要问题是在 CELSS 中所培养的植物不能具有病虫害。虽然阻止细菌和真菌病要相对容易,但要阻止病毒病较为棘手，因为其中一些病毒可能是通过植物种子传播的。

1. 栽培面积

一方面，CELSS 必须要足够大，以便可以生产出航天员所需的食物量，但又必须足够小，以适应任务所规定的空间限制。通过最小化用于保障每名航天员所需的植物栽培面积，则可以缩小 CELSS 的规模。植物栽培实验表明，保障一名航天员所需的最小栽培面积为 13～50 m²。最小化栽培面积需要最大化植物生产率，以单位面积产量来衡量。通过优化种植密度可以提高单位面积产量。只要植物之间能够保持协同作用的关系，那么在小的面积上播种尽可能多的种子就是提高产量的理想方法。当种植密度超过最大值时，则协同行为就开始被破坏性行为所取代，即此时植物开始争夺可用资源。为了确定所需的种植面积，过去已经对部分谷类植物，特别是小麦的生产率进行了研究。表 6.19 中列出了关于小麦的部分生产数据。

表 6.19　小麦的部分生产数据

项目类别	净种子产量/ （g·m⁻²）	生长周期/d	总生物量产量/ （g·m⁻²）	收获指数/%
田间记录	300～700	90～130	700～1 800	45
世界纪录	1 450	120	3 200	45
美国犹他州立大学 实验室记录	1 200	56	2 667	45
苏联科学院生物物理 研究所实验室记录	1 000	56	2 860	35

假设饮食仅由小麦组成，所需的每日食物量为 618～855 g，净种子产量为 1 200 g·m⁻²，那么所需的栽培面积（A）可计算如下：

$$A = \frac{需要的食物 \times 生命周期}{绝对种子产量} = \frac{(618 \sim 855 \text{ g/d}) \times 56 \text{ d}}{1\,200 \text{ g/m}^2} = (28.8 \sim 39.9) \text{ m}^2 \quad (6.18)$$

假设还需要其他一些植物以获得营养平衡，那么每人需要 40 m² 的植物种植面积可能是合理的。

2. 栽培基质

在受控环境系统中，进行高等植物栽培所面临的一个重要问题是选择合适的栽培基质，即该栽培基质既能提供最佳的营养，又能保证所需的盐和水量。植物栽培基质至关重要，因为它在任何条件下都会影响产量，而且在微重力环境下向根部进行养分供应会面临特殊问题。因此,所要选择的植物栽培方法将取决于植物种类和太空飞行要求。基本上,已研究了有基质和无基质两种人工栽培方法。有基质栽培方法包括类地土壤(earth-like)培养和人工土壤培养,而无基质栽培方法包括水培法和雾培法。

水培法和雾培法的区别在于向植物供给营养液的方式。关于植物无基质栽培所面临的一个大的问题是不能确定其能否供几十代的自繁殖种群使用。研究表明,即使在优质水培环境中,植物在经历几个生长周期后也会停止开花。因此,为了使植物能够长期生长,则可能有必要使用人工基质。表 6.20 中给出了关于这些方法主要特征的比较情况。

表 6.20　不同栽培基质的比较

因素	水培	雾培	固培
养分供应系统	溶液(浸泡植物根)	雾(在植物根部表面形成薄膜)	土壤溶液(在基质颗粒和根部表面形成薄膜)
每株所需要的营养液量	多	少	中
每株所需要的设备重量	高	低	高
呼吸用氧供应需求	需要(可通过曝气系统供氧)	不需要(雾化会实现通气)	不需要(由于多孔根基质而已存在)
养分浓度	高(如氮 310~620 $\mu mol \cdot mol^{-1}$)	高(如氮 310~620 $\mu mol \cdot mol^{-1}$)	低(如氮 101~150 $\mu mol \cdot mol^{-1}$)
养分来源	限于营养液	限于营养液	由根基质进行补充
供应与维持	需要经常进行维护与调整。易被调整	几乎每天都需要进行补充。易被调整	在基质中可储存充足养分。不易被调整。可进行养分补充
pH 值	易受所剩养分比变化的影响	易受所剩养分比变化的影响	基质的离子交换能力被削弱

纵观以上所述,那么选择某种栽培方法的标准如下:①所需营养液的质量;②营养液的周转率;③所需基质的质量(如果需要);④基质的回收率;⑤所需控制设备(如泵、风机、压缩机、在 μ-g 下相分离器、光源及储箱);⑥植物栽培过程中所需的设备(如容器、传送带、植物固定装置及喷雾喷嘴);⑦维护界面(以

易于收获和维护、微生物控制以及适应不同的大气环境);⑧能耗(包括热、光、电、自动化及连续栽培操作);⑨收获方法(如可食和不可食生物量的分离与处理)。

1)土壤

在太空环境中,由于存在运输成本、微生物潜在污染以及种植和收获过程中的被引入时操作困难等问题,因此富含矿物质的土壤作为栽培植物的自然资源可能并不具有吸引力。此外,由于在微重力条件下不能排水,因此在固体基质中可能会积水而发生缺氧。另外,由于缺乏对流而导致向溶液中通气困难,进而使得在该人工基质中栽培的植物会吸收不需要的化学物质。此外,溶液可能会从植物茎的基部泄漏出来,这样会导致液滴漂浮在植物的生长区域。科研人员开发了各种各样的技术来解决这些问题,如开发了在微负压下含有营养液的多孔管,并使植物的根须与外管壁能直接接触。月球或火星上的低重力可能足以克服这些问题。因此,只要以某种方式提供营养,植物就可以在没有固体栽培基质的情况下生长。在大多数情况下,还需要支撑结构来帮助植物生长。在这方面,所提出的两种用于太空栽培植物的方法是水培法和雾培法。

2)水培法

在水培系统中,植物的根生长在被通气的循环营养液中,该营养液可提供养分、氧气和水。植物的根可以位于任何基质中或者无须基质支撑。图 6.16 所示为一种水培法植物栽培装置的基本工作原理。

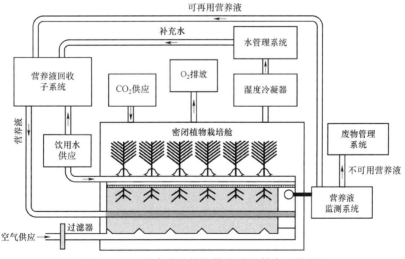

图 6.16　一种水培法植物栽培装置基本工作原理

纯水培法，即在没有固体基质的循环营养液中进行植物栽培，这可以精确控制营养液的添加时间、组成和 pH 值。这样的系统能够使植物根部具有足够的氧气和水，因此就不会存在缺水这样的限制因素。除雾培法外，水培法更容易提供比其他任何方法都充足的根区氧气。然而，在雾培技术中，并不容易提供充足的营养和水分。此外，采用水培技术能够最大限度地减少了诸如灌溉喷嘴堵塞和清洗每茬作物种植之间的栽培基质等问题，并能更精确地控制根区环境。液体营养液相对于固体基质的一个优点是，大部分营养液能以水的形式被回收和再利用。当养分或水分受限时，植物具有通过产生更多的根来适应根系环境的能力。一般来说，与在固体栽培基质中栽培的植物相比，在良好的设施中使用水培法栽培的植物确实具有较小的根系和较大的叶片。例如，在良好的水培系统中，根系可能只占植物总干重的 3%～4%。而在土壤中生长的植物则占 30%～40%。然而，与固体栽培基质系统相比，水培法可能需要更多的设备，这意味着可能会发生更多的故障并需要更为精细的监测。同样，营养液必须与植物的根组织保持接触，以防止脱水和营养缺乏，这在微重力环境中是一项艰巨的任务。因此，水培法更适合于低重力环境，如在月球或火星上，自然的液体/气体分离有助于保证根部浸泡在液体中。

3）雾培法

在雾培法中，将营养液通过喷雾器以雾的形式提供给无基质的植物根系。一种雾培法植物栽培装置基本工作原理如图 6.17 所示。雾培法的优点之一是单位种植

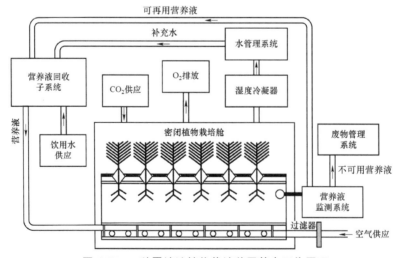

图 6.17 一种雾培法植物栽培装置基本工作原理

面积或获得单位植物生物量所使用的营养液量少,这就能够使栽培设备的重量大大减轻。然而,在喷雾器堵塞问题被解决之前,不推荐在长期培养中使用雾培法。雾培设备中所需营养液体积减小存在的缺点是:与在稳定不变的固体基质上栽培植物相比,其有毒产品会积累得更快。

另外,虽然利用雾培技术可以使植物培养系统的总重量大大降低,但对该系统需要经常进行维护以保持适宜的盐平衡和营养液 pH 值。应将营养液 pH 值保持在 4～6,而且每天至少应对其调节一次,因此建议使用自动 pH 值控制器。此外,在进行微重力环境下的雾培系统设计时必须使根系完全密闭,以防止营养液逸入大气。密闭的必要性是双重的。首先,营养液具有中等腐蚀性,因此　可能会腐蚀它所接触的任何无保护的电子或结构元件。其次,营养液可能含有细菌、真菌和病毒,因此可能会污染其他植物、航天器硬件甚至航天员。通过抽吸,可以从根部去除被用过的营养液。然后,可以将吸入的营养液从空气中分离出来并分析其化学成分,接着根据分析结果进行必要的养分补充,最后再使之返回到营养液储箱。图6.18 所示为一种雾培系统的基本结构。

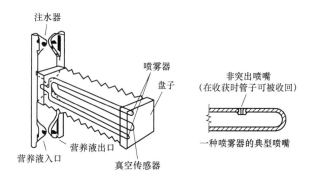

图 6.18　一种雾培系统的基本结构

4)沸石基质培养(zeoponics)

水培和雾培养分输送系统非常复杂,其需要泵和复杂的控制与监测设备。因此,最好能有一种基质在静态浇水系统中可提供植物所需的基本元素,从而避免使用上述设备。为了满足这些需求,位于得克萨斯州休斯敦的美国 NASA 约翰逊航天中心开发了一种高产的合成土壤(或基质)。这些合成土壤被称为沸石植物栽培基质(zeoponic plant growth substrate)。因此,沸石植物栽培系统被用于在含有必要植物生长所需养分的沸石矿物质基质中进行植物栽培。

沸石（zeolite）是一种晶体状的水合矿物，在其晶体结构中含有松散结合的离子，如 Ca^{2+}、K^+ 和 Mg^{2+}。沸石具有将其部分组成离子与溶液中离子进行交换的能力，而无须改变其结构框架。除了沸石外，沸石植物栽培基质还包括一种被称为合成磷灰石（synthetic apatite）的合成磷酸钙矿物质。磷灰石的结构中含有几种植物生长所必需的营养物质，如钙、镁、硫、磷、铁、锰、锌、铜、硼、钼和氯。可对合成磷灰石的营养成分进行改变，以使之最好地适应植物的需求或所被添加的基质条件。

该基质由沸石和合成磷灰石组成，其被设计成将植物生长养分缓慢释放到"土壤"溶液中以供植物吸收。此外，该基质有能力缓冲溶液中的离子组成和 pH 值，而无须复杂的监测与控制系统。一种沸石基质系统的功能构成示意图如图 6.19 所示。

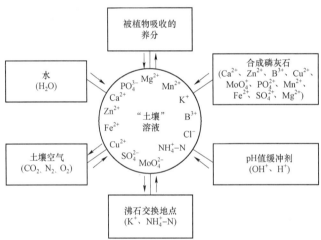

图 6.19　一种沸石基质系统的功能构成示意图

然而，沸石基质系统仍处于发展阶段。已经在地面植物栽培室的沸石基质中培养了若干代小麦，并在小麦组织测试中发现了营养失衡的问题。1995 年初，在 STS-63 次航天飞机上的 ASTROCULTURE™飞行实验中（详见 6.4.1 小节），首次利用沸石基质系统进行了太空植物栽培试验。该研究的总体目标是开发沸石基质，以便该基质在所有植物生长过程及多个生长季节中，仅需加水即可为植物生长提供所有养分。

3. 大气需求

在任何空间站或星球基地中，对生物再生生命保障系统中的高等植物栽培舱，都必须控制以下参数：①大气组成；②温度；③湿度；④通风；⑤毒性水平。

另一个有关高等植物栽培舱中大气的严重问题，是太空的真空和火星上的低气压。泄漏总会发生，因此有必要携带储存气体，并需要高效再生必要的气体。为了缓解必须包含人工大气的太空建筑结构的工程问题，可以通过降低结构内部的压力，特别是通过降低 N_2 分压（但不宜降低太多，以避免发生火灾危险）来解决。另外，必须将 O_2 和 CO_2 分压维持在分别适合航天员与植物生存的水平。

1）大气组成

在地球上，气体的比例是相对恒定的，若要改变这些比例则很困难并也不切实际。然而，在太空受控环境中，所有的大气气体都是被再生和后续添加的，因此可通过优化气体比例以实现最大产量。如前几章所述，充足的大气 O_2 分压对航天员至关重要，但对植物的影响要小得多，而且当 O_2 分压接近于 0 时，植物的光合作用甚至可能更好。相反，CO_2 水平对植物至关重要。例如，当植物叶片周围的 CO_2 浓度从 350 $\mu mol \cdot mol^{-1}$ 增加到大气中的几倍时，作物产量则会大大增加（详见 6.4.1 小节）。达到最佳生长的最高浓度取决于植物，并可能在植物生长周期的每个阶段发生变化。大多数植物的上限尚未确定，但会有一个阈值，如超过这个阈值则植物生长会受到抑制。虽然 CO_2 是光合作用的重要原料，但当 CO_2 浓度超过 2 000 $\mu mol \cdot mol^{-1}$（人类可承受的 CO_2 浓度极限值为 20 000 $\mu mol \cdot mol^{-1}$）时，甚至会对植物产生毒性。因此对于不同的植物种类，必须详细确定其准确的毒性水平。降低 O_2 压是提高光合作用效率的另一种方法。通过进一步对这些气体以及其他气体进行操控研究，则有可能掌握实现最大化食物生产的新方法。当然，在 CELSS 中必须将对植物或航天员有毒的气体保持在适当低的水平。

2）温度和湿度

作为大气成分，温度和湿度在高等植物栽培舱中也可被进行控制，以最大化植物产量。温度对于生物再生生命保障系统的活组件和死组件都是极其重要的，而热控制子系统必须将座舱内部温度保持在一个相对狭窄的范围内（12～28 ℃），以促进植物的高效生长。不过，优化温度和湿度不仅取决于植物种类，而且取决于其他控制参数，如 CO_2 浓度、光照强度和光周期。例如，研究证明高温（25 ℃）加上长光周期可以促进小麦的快速生长并缩短生长周期，但也会导致授粉不良和产量下降。另外，低温（20 ℃）往往会增加产量，但会降低生长速率并延长植物的生长周期。因此，像对许多其他因素一样，应该对生长周期中每个阶段的温度进行优化，以获得单位时间内的最佳产量。

适当的湿度对航天员的舒适感很重要，并且也会影响植物的蒸腾作用。因此，必须优化高等植物栽培系统中的相对湿度，以保持有效的蒸腾速率。高湿度水平会降低蒸腾速率，这对 CELSS 来说是有利的，因为在低湿度水平下，植物的蒸腾水量要比系统中其他舱室所需要的水量多得多。另外，当湿度较大而水分的蒸腾速率降低时，叶片的冷却能力也被随之降低。当光照强度较高时，较低的冷却能力会导致叶片温度过高。低蒸腾速率也被证明会阻碍从营养液中进行矿物质的吸收，特别是当植物栽培舱内的 CO_2 浓度很高时。此外，如果湿度过高，可能会导致腐蚀和各种微生物的生长。

空气运动对于对流热传递（convective heat transfer。也叫冷却）和蒸腾作用均很重要。在微重力条件下，由于缺乏对流而有必要利用风扇产生强制气流，以便从被高强度光照射的植物中去除热量。因此，必须使用强制空气循环（forced air circulation）方式并利用植物水分的自然蒸腾作用来维持所需的生长温度范围。当然，必须将冷却气流的速度保持在较低的水平，以避免抑制植物的生长。在任何情况下，温度和湿度必须由诸如热交换器和风扇等物理设备进行控制。植物光源会产生最大的热负荷之一，特别是如果光源是高辐射灯。温度和湿度控制子系统的大小必须适当，以防止光源和其他热负荷阻碍植物生长或灼伤植物。在月球或火星上控制温度将极具挑战性，因为与在太空不同，那里多余的热量不能被轻易地通过散热器排掉，因此需要主动制冷。另外，可能必须利用太阳辐射作为热源，因为在黑暗期需要产热。

4. 光照分析

1）光照需求

在 CELSS 设计中，最重要的驱动因素之一是将光提供给光合生物的方式。对于植物光照系统，基本上可以考虑三种选择方案：①基于太阳能聚光器的光照系统；②基于人工的光照系统；③混合光照系统。

在晴朗的中午，温带地区的光合光子通量（PPF）约为 2 000 $\mu mol \cdot m^{-2} \cdot s^{-1}$，这相当于 450 $W \cdot m^{-2}$ 的光合有效辐射（PAR）。虽然人类在相对较低的光线下（10～25 $\mu mol \cdot m^{-2} \cdot s^{-1}$）可以看得很清楚，但植物需要更多的光来进行光合作用。植物生长速率随着 PPF 的增加而增加，如在 200 $\mu mol \cdot m^{-2} \cdot s^{-1}$ 时植物几乎不能生长，而在 2 000 $\mu mol \cdot m^{-2} \cdot s^{-1}$ 时植物产量则很高。这些数据表明，植物生产率与光照强度之间具有紧密的函数关系，尽管光合效率随着光照强度的增加而会有所下降（说明：光合效率是指被固定在生物量化学键中的能量与被吸收的光能之间的比值）。虽然在原则上，最大光照强度是可取的，但实际使用中光照强度会受到热负荷和功率约束的限制。顺便说一句，藻类在光合作用方面可能更有效率，但其节省的能量可能会在食物制备环节被抵消。无论如何，对于设计和建设一个基于植物和藻类的 CELSS 来说，用于光合作用光照的能源需求显然是一个大问题。

必须给植物提供其利用率最高的波长，如可见波长（visible wavelength）。为了了解不同类型的光分布对植物的影响，有必要简要讨论植物的吸收光谱。一般来说，光的波长对植物的光合速率有很大的影响。图 6.20 显示了植物的吸光度与光波长之间的关系。可以看出，植物不能有效吸收波长为 550 nm（绿色波长）的光。植物反射这种波长，这就是植物看起来是绿色的原因。为了更有效地利用光，植物需要波长为 430 nm 和 670 nm 的光，即蓝光和红光。另外，必须优化光周期，即每天照射植物的时间，以达到最高产量。在大多数情况下，持续暴露在光照下可以促进快速生长，但并不总是会达到最高产量。除了优化每个种的光周期外，还应该针对植物发育的每个阶段对光周期进行调整。一般来说，如采用长的光周期，即 18 h 及以上，则可以降低光照强度。这也很清楚地表明，必须确定每种植物的光周期和光照强度之间的相关性。另外，通过接受在非适宜条件下被栽培的特定品种的略低产量，则可以满足不同作物对光照强度和光周期的不同需求。

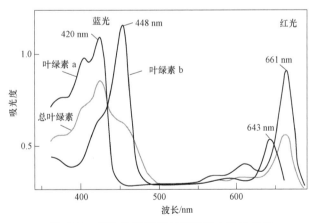

图 6.20　植物的吸光度与光波长之间的关系

在地面温室中，会有足够的空间来防止热灯灼伤植物，那么就可以采用高效率和高强度放电灯。然而，在空间有限的太空基地 CELSS 中，高光强的灯由于产热大而根本不实用。荧光灯产生的热负荷较低，但并不能为许多 CELSS 候选种提供优化生长所需的光照强度。通过使用太阳能可以降低电力消耗，如可以通过利用窗户、镜子、光纤或这些设备的组合将其分配给植物。然而，利用太阳光的主要问题是一些飞行任务将面临长时间的黑暗，如非极地月球基地每月需要经历 14 d 的黑夜。这样的飞行任务可能需要将太阳光和人工灯光结合起来，以维持光合作用并同时最小化电力消耗。

2）太阳光

在太空中，接近地球的辐射能量密度，即太阳光常数为 1 353 W·m^{-2}。植物生长所需的太阳光谱部分，即在波长为 400～700 nm 波段的 PAR 约为 516 W·m^{-2}，或 PPF 约为 2 375 μmol·m^{-2}·s^{-1}。相比之下，在无云的夏日正午时的海平面位置，地球表面上 400～700 nm 波段的 PAR 约为 435 W·m^{-2}，或 PPF 约为 2 000 μmol·m^{-2}·s^{-1}。因此，从理论上讲，在太空或月球表面上被暴露在太阳辐射下的每平方米收集面可以为约 8 m^2 的植物栽培面积提供强度为 300 μmol·m^{-2}·s^{-1} 的 PAR。然而，根据不同的位置，可能需要在暗侧轨道或夜间为植物生长提供人工光照。

原则上，直接利用太阳辐射进行植物光照有三种方法：①光收集系统；②透明结构；③光反射器。光收集与分配系统由光收集与过滤装置、跟踪系统、光传输装置和系统结构四个主要部分组成。对于光收集，基本上可以考虑以下两种系统：平板收集器（flat plate collector。一种 Hamiwari 设计）和测地抛物面收集器（geodesic parabola collector）。

平板收集器采用一种被称为 Hamiwari 的光纤系统，如图 6.21 所示。按照这一概念，太阳光由许多菲涅耳透镜（Fresnel lense）收集并被聚焦到玻璃纤维的末端。而跟踪机构使得太阳光收集器与太阳能够保持精确对准。这些透镜均是被特制而成的，以便将每个波长均聚焦在一个特定点上。使光纤处于一定位置而只收集对植物有用的频率，而有害的频率如红外线（IR）和紫外线（UV）则不会被收集而传输。此外，可利用玻璃添加剂来过滤不需要的频率。将收集到的光能通过光纤线缆进行传输，光纤线缆是由许多细线缆融合成的主干线路。该主干线路将光线输送到分配母线，然后从那里将光线引导至植物栽培装置。如果只有太阳能而没有人工光提供植物光照，则只需要保持收集器朝向太阳的能源。表 6.21 中给出了关于平板上光纤收集系统的采样物理数据。

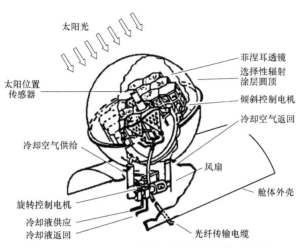

图 6.21　Hamiwari 光纤光收集系统结构示意图

表 6.21　光纤太阳辐射收集器的物理数据

透镜数量	收集器面积/m²	质量/kg	跟踪电机功率/W
37	2.59	1 012	221
61	4.26	1 579	278
127	8.87	3 129	433
900	62.90	5 503	373

菲涅耳透镜的基本工作原理如图 6.22 所示。非常重要的是太阳光线必须垂直于菲涅耳透镜，且太阳光线与垂直方向的夹角需要小于 2°，这样透镜才是最有效的。当光线通过透镜时，其折射角取决于波长。红外线的折射角较紫外线的要小。如果将抛光的光缆端置于绿色波长的焦点处，则光缆会收集 350～850 nm 波长范围内的光，即植物光合作用需要的光。

测地抛物面收集器是基于已在地球上被长期试验的设计思路，其收集器效率约为 50%。它的设计目的是将入射光集中到透镜

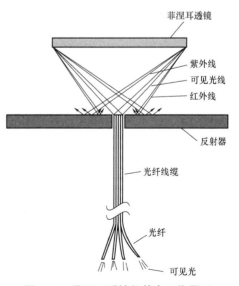

图 6.22　菲涅耳透镜的基本工作原理

上。这种透镜能够过滤掉有害辐射，而将可见光聚焦在光纤线缆束的末端。这种设计的优点是重量轻并能够过滤掉有害的辐射。然而，其主要缺点是测地抛物面收集器会产生大量热量，并因此降低了效率。针对该透镜系统可以考虑三种可能的设计途径：①菲涅耳透镜；②会聚透镜（converging lens），其能够将光线聚焦在光管（light tube）或超大型光纤电缆上；③反射镜，其利用会聚透镜能够将光线聚焦在管子或电缆上。

为植物提供自然光的另一种主要方法是在月球表面建造透明温室。这种方法被认为特别适用于月球或火星，而且也是质量最低的替代方案。它还必须包括在月球夜晚期间可提供 PAR 的人工光源。这种替代方案存在的主要问题是该结构在月球表面所经历的加热/冷却，需要选择透明材料，这种材料应当质轻，并能够耐受太阳紫外线和宇宙射线的照射。针对这些问题，认为有两种解决办法。第一种是利用就地制造的月球玻璃。该选项之所以有吸引力，有很多原因，但需要分析制造玻璃所需的机器、分析玻璃承受所处环境中温度和湿度条件的能力以及分析能够被用来安装玻璃窗格而使之达到最低泄漏率的机械结构。第二种是利用轻塑料膜，并给该膜上涂料以阻止或延缓其被紫外线降解。必须对这些材料进行分析，以确定其对月球表面环境条件的耐受性以及温室结构墙体的结构和机械特性。作为第三种替代方案，还可以考虑利用光、充气反射器和光导（light guide）作为阳光收集装置。这些设备具有很大的潜力来直接利用太阳光，这样就不需要透明的温室舱壁结构，从而能够大幅降低结构重量。这一想法将能够提供全部或接近全部地球表面的光合有效辐射值。虽然这一想法并不会排除在黑暗时期对人工光照的需要，但它却提供了一种保护植物免受辐射的方法，即利用风化层覆盖植物栽培装置，并同时仍然利用自然光。

3）人工光

一般来说，收集太阳光用于植物栽培是一种适合在轨道上或在星球际运输期间可被采用的技术，并且可能会减少初始发射质量，但可能不会显著改善在星球表面广泛利用生物再生生命保障系统的情况。例如，月球基地的夜晚长达 14 个地球日，在如此长时间没有阳光的情况下，基地的运行将需要大量的电力资源。因此，完全再生的技术可能需要将核能发电作为星球基地的一部分，或者需要在黑暗时期也能够收集和储存太阳能的一些方法。

利用现有的电灯，如荧光灯和高压钠灯（high pressure sodium，HPS），即可以利用人工光提供有效的光照强度和频率。高压钠灯又被称为高强度放电灯（high intensity discharge，HID）。表 6.22 中总结了不同类型电灯的功率配置。虽然在 400～

700 nm 波长范围内，将电能转化为光合有效辐射的最高效率（27%）是由低压钠（low pressure sodium，LPS）灯提供的，但这种灯提供的基本上都是单色光，而可能并不适用于所有种类的高等植物。许多其他类型的灯转换效率范围为 20%～25%，并提供更适合多种高等植物的发射光谱。根据表 6.22 的数据，只有四种灯可能被认为在 CELSS 内使用是足够有效的，它们分别是 HPS 灯、LPS 灯、MHB 灯（Metal Halide B，金属卤素 B 灯）和 CWF 灯（冷白色荧光灯）。表 6.23 显示在每平方米种植面积上产生 300 µmol·m^{-2}·s^{-1} PAR 所需要的功率值。同时，根据所需的灯功率值得出质量估算值。这些数据表明，从质量的角度来看，最有效的光照系统是 1 000 W 的 HPS 和 MHB 系统。

表 6.22　光源的功率配置

灯型	输入功率/W	可见光辐射（400～700 nm）/%	不可见光辐射/%	传导与对流/%	损耗值/%
白炽灯 100 A	100	7	83	10	0
白炽灯 200 A	200	8	83	9	0
冷白色荧光灯（CWF）	225	20	37	39	4
暖白色荧光灯（WWF）	46	20	32	35	13
荧光植物栽培 B 灯（PGB）	46	15	35	37	13
汞灯（Hg）	440	12	63	16	9
金属卤素灯（MH）	460	22	52	13	13
高压钠灯（HPS）	470	25	47	13	15
低压钠灯（LPS）	230	27	25	26	22

表 6.23　达到 300 µmol·m^{-2}·s^{-1} PAR 时所需灯的瓦数和质量估算值

灯型	达到 300 µmol·m^{-2}·s^{-1} PAR 所需的灯功率/W	灯的额定功率/W	质量/（kg·m^{-2}）
高压钠灯	255	250	8.4
金属卤素灯	319	250	8.7
冷白色荧光灯	319	215	20.9
低压钠灯	237	180	23.5

不仅人工光照对功率要求很高，灯具在预热时间段也需要消耗能量，但是产生的光并不明显。因此，较短的预热时间在灯泡设计中需要优先考虑。HPS 灯需要相对较长的预热时间（几分钟），并产生强烈的局部热负荷。然而，荧光灯不需要明显的预热时间，也不会产生强烈的局部热负荷。就每瓦产生的光通量而言，HPS 灯的效率是荧光灯的 3～4 倍。强烈的热产生使它们不适合在植物–灯间距要求非常近的情况下直接进行植物光照。一种利用光纤光管（fiber optic light pipe）的替代方法可解决热量问题。然而，在聚焦和传输 HPS 灯光时产生的效率损失会使整体效率降低 30%～60%。与直接安装在植物上方的荧光灯相比，在植物冠层处对于每个流明的功率要求几乎相同。

荧光灯的频谱适合植物生长。对其中的磷光体涂层（phosphor coating）进行改进可增加红色频谱的输出，从而能够促进植物生长。然而，荧光灯所含的汞对健康具有较大危害。因此，可能需要设计特殊的密封灯具和/或固定装置，以防止水银泄漏。另外，高强度发光二极管（light-emitting diodes，LED）也可被考虑用作人工光源。与 LPS 灯一样，该光源本质上也是单色光源。LED 技术具有两个独特优点：第一是与传统灯具不同，即便其设备损坏也不会造成汞污染问题；第二是 LED 的使用寿命比传统灯具要长得多，可以提供高达 10 万小时的光照，而输出功率较初始值仅下降 20%。然而，大多数传统灯具的使用寿命为 1 万～2 万小时，有些类型的灯具在使用寿命内其输出功率较初始值会下降 40%～50%。根据对目前的技术评估，基于 LED 光照系统的质量大约是相同功率 HPS 和 MHB 光照系统质量的 65%，并且只需要消耗其 50% 的电力。

4）光的运输及分配

对于光的运输，可以考虑三种选择：首先，要考虑的是将光通过连续的光纤束导入植物生长区，并将它们直接传输到植物冠层之上的光扩散器中。其次，可以考虑使用实心电介质管（solid dielectric pipe）将光传输到扩散器。最后，可以考虑使用空心介电纤维（hollow dielectric fiber）。

如前所述，来自每个透镜的光纤线缆可被捆绑成主干线路，而且这些线缆束可被拆成单独的线缆。然后，必须将线缆引入植物栽培装置，在那里它们必须被连接到光扩散器上。被连接到每个光扩散器的不同光缆排列不仅可能会改变光强，而且内部光照控制也可能允许在不移动光缆的情况下降低光强。作为光缆，纯石英光纤（quartz fiber）似乎能够提供最佳的灵活性、抗辐射性、波长特性和允许入射角。

对于 10 m 的纯石英光缆，其损耗为 4%。然而，石英光缆存在的潜在问题是，在温度低于−20 ℃时，光传播效率会大幅下降。此外，需要记住的是线缆的断裂是必然的，在处理、维护和系统升级过程中，根据所采用的技术会造成 2%～35% 的光损耗。

中空纤维的重量最小而效率最高。在这里，光线通过从光收集器延伸出来的光纤束进入温室。从光纤束末端发出的光被引导到中空电介质管中。该电介质管是由回火的低膨胀硼硅酸盐（borosilicate）制成，其被精密加工成光波导（optical waveguide）。光通过波导进行传播，并被发送到位于植物栽培床顶上的光扩散管（light diffusing pipe。也叫光扩散器）。该光扩散器必须以一种均匀而有效的方式将光从管道扩散到植物。要做到这一点，可以考虑两种选择，两者都由一台光扩散器组成。第一种把光向下照射到植物上，第二种把光向上照射到扩散管上方的镜子上，然后再向下反射到植物。有镜子的好处是它让光线照射到整个植物栽培床。然而，向下反射的扩散器重量更轻且效率更高，因为其没有反射损失。

5）混合光照

将在光侧轨道或光期阶段的太阳能光照系统与在暗侧轨道或暗期阶段的人工光照系统结合起来，则能够提供连续光照并能够降低能源需求。该混合系统能够在任何时间提供植物所需的光照，最多高达连续 24 h 光照。尽管如此，但在暗侧轨道运行期间降低光照强度可能是节约能源所必需的。另外，由于人工光源对电能需求高，因此其光强无法达到相当于被收集的太阳光的强度。一种方法是将荧光管与光纤分束器（fiber optic beam splitter）安装在相同的灯具上，这样一台光扩散器可以伺服两种类型的光发射器。在这种情况下，两套系统的热负荷相当，一般的冷却设备则可以处理所有光照条件下的总热负荷。该系统的基本工作原理如图 6.23 所示。

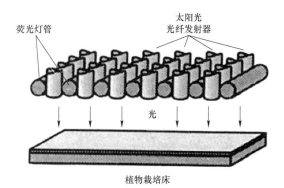

图 6.23　直接太阳能和荧光灯相结合的集成光照系统

6.4.4　微生物

微生物，即细菌、酵母、真菌、原生动物和病毒，在人体内和身上都是普遍存在的。从出生开始，人们就生活在一个由无数微生物组成的微生物生物圈中，这些微生物由不同类型、变种、菌株、种或属等组成。这种微生物环境的组成是动态的，会连续发生大量定性和定量的繁殖与凋亡。因此，微生物将出现在运送航天员及供其居住的航天器中。鉴于此，在早期设计过程中就必须对微生物的存在及其对生物再生生命保障系统的影响加以考虑。

微生物按其活动可被分为两类：有害微生物和有益微生物。第一种是致病性微生物，因为它们能在人、动物或植物的身上或体内生长并对宿主造成不同程度的损害，从而引起疾病。在已知的 1 700 多种细菌中，大约有 70 种会引起人体疾病，而这些细菌中通常只有 12 种被认为是危险的。第二种生活在外部世界，通常对人体无害。在自然界中，这些类型的微生物（腐生的或食腐的）在动植物的分解中起着重要作用，因此被分解的成分可被用来产生新的生物量。在这种作用下，微生物可被用来循环利用废物，并使之与植物栽培装置集成以生产食物。

另外，非受控的微生物活动会对密闭生物再生生命保障系统的运行具有极大的破坏性。因此，尽管创造一个完全无菌的环境是不可取也是不可能的，但是预防微生物的过度生长是保障系统健康所必需的。像在人体中一样，在植物中某些微生物的相互作用是有益的，在某些情况下甚至是必要的。但是，植物对微生物引起的疾病特别敏感。因此，在 CELSS 中必须具备一种能够监测和评价植物栽培系统中微生物种群的方法，以便使发挥关键生命保障功能的植物避免出现大面积死亡。

高种植密度和高湿度为疾病的快速传播提供了理想环境。为了防止病原体进入生物再生生命保障系统，可以选择无致病性种子和抗病品种，并且在作物种植间隙可以对系统进行消毒。为了防止植物病害传播、给特定作物提供特定环境并防止泄漏扩散，采取分区（compartmentalization。也叫区域化）可能是有用的。在管道系统中，可使用对病原体孢子致命的紫外线和电离辐射进行照射消毒。此外，还可以繁育具有有机体适当平衡能力的特殊微生物群落来抵御致病性微生物。

生物膜（biofilm）的形成，即微生物在潮湿表面上的一种黏附（物），在长期太空飞行中也应受到关注。细菌倾向于附着在自然界的物体表面上，通过分泌一种被叫作糖被（glycocalyx。一种多糖-蛋白质复合物）的黏性聚合物的坚韧膜，来保护自身不受环境的伤害。生物膜引起了人们的很大兴趣，主要体现在认为其会产生潜在污染物和其在生物再生生保系统中被进行有限利用的可能性这两方面。当被附着的微生物能够去除被稀释在水中而对人体有害的物质时，则生物膜就是有益的。另外，它们会堵塞过滤器和管道，并导致材料腐蚀。糖被还可以抵御抗菌剂，从而为病原微生物提供庇护。

细菌和真菌，无论是作为空气中的污染物还是作为密闭废物和水回收系统的组成部分，都可能会引起其他更多的复杂问题。例如，它们可能是密闭舱体表面（壁通常很薄）的化学腐蚀源以及有毒化学物质产生的次级来源，其取决于起始浓度和微生物负荷而可能并非不重要。微生物的检测和鉴定通常是一个耗时且烦琐的过程而不适合在航天器上应用，因为在那里可能需要在数小时内甚至是"实时"的信息。目前的微生物监测设备不能满足作为航天器硬件的一部分而被安装的所有要求。上述部分要求包括高灵敏度、航天员干预少或无干预、消耗品用量少、探测时间短、体积小、重量轻和功率小。

6.4.5　大气再生

二氧化碳去除和氧气生成是光合作用的两个自然过程。然而，当植物被用于这两个目的时则会带来一个问题：由于植物和航天员对 O_2 和 CO_2 的生成与吸收速率不同，因此部分 O_2 就会损失。航天员每消耗 1 mol 的 O_2 就会产生 0.85 mol 的 CO_2，而植物每消耗 0.95 mol 的 CO_2 就会产生 1 mol 的 O_2。也就是说，从一名航天员吸气到植物"呼出"的这段时间里会有 0.1 mol 的 O_2 损失。由于最大的 O_2 生成和 CO_2 利用通常发生在植物生长最快的时期，因此需要经常种植和收获以确保所需的气体交换。为一名航天员提供足够的 O_2 所需的最小表面积取决于正在生长的植物种类和能够持续被光合作用组织覆盖的表面积大小。因此，系统中植物产生的 O_2 和 CO_2 可以通过多种方式而与航天员的活动模式相平衡，如通过以下方式实现。

（1）提供多个植物生长室，使一部分植物种群进行光合作用，而其他部分处于黑暗状态。

（2）根据需要改变光照或温度水平以调节光合速率。

（3）提供气体储存系统。

CELSS 大气再生系统所要面对的另一个问题是进行微量气体的去除。虽然有益的微量气体去除对大多数植物来说是一个自然过程，但许多相同植物产生的微量气体则需要利用其他设备予以去除。

6.4.6 水回收

由于植物是天然的水净化设备,因此生物再生生命保障系统对水回收具有重要作用。植物的根吸收水分,其中一些水分会以水蒸气的形式从叶片中被蒸发出来。蒸腾水可被冷凝并收集起来作为饮用水。在水培植物生长系统中,营养液中水的质量可能较差,但被回收的蒸腾水在许多情况下是可以饮用的。植物释放水分的速率可以通过几种不同的方式来控制,以满足太空基地的湿度和水分需求。控制措施包括:①改变植物生长区域的湿度水平;②改变光照强度和光周期;③改变所被保持的植物表面的大小。有人认为,植物会通过蒸腾水而释放出有害物质,因此,对从空气中冷凝的水可能需要做进一步净化才能用于饮用或其他植物的培养。

6.4.7 废物处理

在生物再生生命保障系统中,航天员和/或动物产生的部分液体和固体废物如果不经过某种处理就不能被植物直接利用。另外,植物还会产生不可食生物量形式的废物。因此,为了帮助完成 CELSS 的闭环,将需要一套废物处理系统来分解航天员产生和植物残留的废物,以回收有用的成分,如二氧化碳、含氮化合物和营养盐分。在地面生态系统中,废物处理是由微生物消化有机物并产生水和二氧化碳来完成的。然而,如果生物废物处理系统的规模太大而不能被用于太空时,则可能必须采用像超临界水氧化(见 5.3.2 小节)这样的物理–化学氧化技术。对生物废物处理系统的优点和缺点分别概述如下。

1. 生物废物处理系统的优点

(1)液体和气体排放物与植物的生长相适应,比物理–化学系统的排放含有更少的化学毒素。

(2)以相当恒定的速率产生二氧化碳,而机械系统会产生周期性波动。

(3)可作为更好的缓冲或储存碳的地方。

(4)可更好地从废物中生成部分被氧化的饲料。

(5)更易于生产硝酸盐而不是氨,并引起较少的反硝化作用(denitrification)。

(6)由于活性沉淀物系统在地面上被频繁应用,因此它具有广泛的应用前景。

(7)在发生故障的情况下,通过利用新菌剂来启动新的堆肥或污泥系统而很容易被修复。

2. 生物废物处理系统的缺点

（1）周转时间相对较慢。

（2）有可能出现流行病种群。

（3）启动时间缓慢。

（4）难以控制。

（5）会产出较多的腐殖质，因此可能需要进一步采取焚烧等方法进行深度降解处理。

生物废物处理系统的性能主要取决于在该处理过程中所被使用的微生物。一般来说，微生物是由几种不同的种群组成。不同微生物之间的关系处于动态平衡状态，该状态取决于流速、温度、pH 值及废物组成等因素的影响。因此，通过控制这些参数，则可以控制整个废物处理反应器。原则上，在 CELSS 中有机废物的生物分解可以通过采用好氧菌或厌氧菌的方法来完成。在厌氧生物反应器，如甲烷发酵反应器中，有机物被细菌分解。在这一处理过程中会产生低分子化合物，如 CO_2、H_2O、NH_3、NO_2^-、NO_3^- 和细菌污泥。该污泥必须经过过滤后而被制成植物营养液。好氧菌方法，包括活性污泥降解处理技术或堆肥技术。下面将详细介绍这两种候选方法。在此之前，先在表 6.24 进行了好氧和厌氧生物反应器的特性比较。

表 6.24　好氧与厌氧生物反应器的特性比较

项目	好氧生物反应器	厌氧生物反应器
用途	①液体废物处理 ②可能进行固体废物堆肥处理	①固体废物/污泥处理 ②可能进行液体废物处理
废物来源	液体和固体废物的生物可分解部分	液体和固体废物的生物可分解部分
输出物	CO_2、H_2O、NH_3、（NO_2^-、NO_3^-）、生物量/污泥	CH_4、CO_2、（H_2）、生物量/污泥
优点	①从不溶态到可溶态的转变可能会限制产率 ②液体废物处理的基本方式	①无气体消耗 ②无泄漏问题 ③甲烷可被用作燃料 ④会产生稳定性好的少量污泥
缺点	①消耗 O_2 ②产生 CO_2 ③微生物活动可能会受到有毒成分的影响	①产生甲烷 ②甲烷存在燃烧的危险 ③降解缓慢 ④需要进行精确控制 ⑤微生物活动可能会受到有毒成分的影响

1. 活性污泥

活性污泥系统利用氧气会将多种有机物转化为 CO_2、H_2O 和细胞残留物。但有些有机分子能抵抗生物分解，并且被降解得很慢。这些反应的催化剂（通常在 15～50 ℃）是细菌、酵母、原生动物和部分真菌，它们通常存在于输入流中。各种生物的比例处于动态平衡状态，可被通过改变流速、温度、pH 值等来改变。典型的液态活性污泥装置由曝气池、沉淀池和循环泵组成。被处理的进水污水通常是稀释的（COD 为 300～30 000 μmol·mol^{-1}）。通常情况下，曝气时的液体体积与进水流量之比会导致液体停留时间为 2～10 h。曝气池的排出物被送往重力沉降池或澄清池。几乎没有悬浮物质和细胞的澄清污水位于顶部，而浓稠污泥位于底部。沉淀物中含有细胞和未被完全消耗的颗粒残留物（含有 0.5%～1 0 % 的固体）。这些固体的大部分会被送回到曝气池。一般情况下，液态系统中的平均细胞停留时间为 3～15 d。平均细胞停留时间不能增加到无穷大，因为不易在储罐中迅速发生生物降解的部分材料会达到无限高的水平。因此，通常会废弃一部分来自澄清池的污泥（通常为 20%～25%，在特殊条件下可能为 5%～10%）。该污泥可以通过物理–化学或堆肥等生物技术而被进一步处理。

2. 堆肥

与液态生物氧化系统相比，半固态生物氧化遵循堆肥、固体基质发酵或自然降解的地面模式。低含水量会促进多数真菌的生长而抑制多数细菌的生长。此外，低含水量会减少系统的重量。真菌生长缓慢，但通常对木质素或纤维素材料的生物氧化会更有效。在不具备充分混合的液相中，会形成传质和传热梯度，从而导致形成非均相反应体系。通常，传质和传热的物理过程会控制反应速率。在这样的一套系统中，通常可以通过减少材料体积并将反应器置于旋转鼓上来加速降解速率。这种经过降解后的残留物在地面上是植物生长的理想基质。就 CELSS 而言，半固态生物降解技术可能是最能被有效地用于降解木质素和纤维素含量高的废物部分，如植物残渣和来自液态生物氧化装置的废污泥（或叫剩余污泥）。

6.4.8 营养供给

营养供给系统主要由两个部分组成：第一部分是营养液储箱，将营养盐分混合在一起而形成新的基础溶液。第二部分是营养液再生单元，其必须能够不断调整营养液，以便为植物提供最佳营养液。在 CELSS 中，尽管对用过的营养液进行处理在设备、能源和空间方面均较为昂贵，但在种植时对营养液不断重复使用是节约用水的重要手段。一种营养供给系统的基本工作原理如图 6.24 所示。

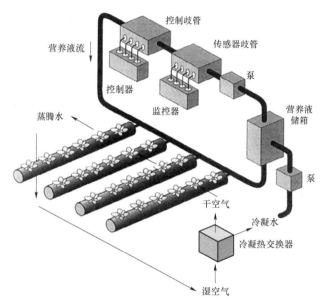

图 6.24 一种营养供给系统的基本工作原理

营养供给系统必须保持植物根部的湿润，并提供其所需的营养。必须特别配制营养液以促进每种植物达到最佳生长状态。因此，必须对所栽培的每种植物分别进行监视与调节。另外，必须给营养液持续通气而使之保持一定的溶解氧含量。对已被耗尽的营养液可通过抽吸的方式从根区移除。利用水气分离器对吸入的空气及夹带的营养液进行水气分离。

当营养液被从植物栽培设备中回收时，必须监测营养液的组分和 pH 值。当分析表明营养液中营养水平较低时，须根据需要补加营养，并不断调整 pH 值和添加缓冲液。通过测量电导率来监视溶液浓度，如低于设定值则开始注水，以便为营养液补充由于蒸发和植物吸收所损失的水分。可以通过添加杀真菌剂、杀细菌剂和其他预控制物质来控制营养液中微生物污染这种特殊问题。利用中央微生物分析仪对发光生物进行检测（分析仪会从营养再生单元定期接收样品）。当营养液被送回到储箱时，即可过滤掉其中的微粒污染物。当溶解的污染物达到极限水平时，则可能必须将该营养液排到废物再生系统，并需要从主营养液供应箱中添加新鲜营养液。从这里，溶液就可被循环到植物根部。

　　在过去的 50 年里，已经公布了许多不同种类的营养液及其改良配方。1938 年，由加利福尼亚大学伯克利农业实验研究站的 Hoagland 和 Arnon 所设计的营养液配方，被认为是目前研究人员和商业公司使用的许多配方的基础。根据所栽培的植物种类和环境条件，经常会对配方进行调整以促进其生长。肥料混合物，如 1987 年 Peter 所公布的 Hydrosol，因为它们是现成的而通常被用于工业化生产。Hydrosol 中稍低的盐浓度也有利于根据各种植物的培养需要而进行营养调节。然而，该营养液中的铜和锌的浓度远远高于许多其他营养液的平均浓度。1985 年报道，为了在高光照和高 CO_2 环境下水培小麦，美国犹他州立大学的 Bugbee 和 Salisbury 对 Hoagland 和 Arnon 的营养液配方进行了改良（这里简称为 BS 营养液。译者注）。研究发现，由于硼、钙和镁的迁移率相对较低，因此导致它们在营养液中的浓度增加。降低磷的浓度可以增加植物对铁的吸收。此外，Bugbee 和 Salisbury 将二氧化硅添加到溶液中，以最小化微量营养元素所引发的中毒症状。三种营养液配方中离子成分的比较见表 6.25。表 6.26 所示为高等植物营养液中组分的含量范围。

表 6.25　三种营养液配方中离子成分比较

大量元素	Hoagland 1 号营养液/mmol	Hydrosol 营养液/mmol	BS 营养液/mmol
氮	15.0	3.6	15.0
磷	1.0	1.5	0.2
钾	6.0	5.4	3.0
钙	5.0	添加硝酸钙	12.0
镁	2.0	1.3	4.0
硫	2.0	1.2	2.0
微量元素	Hoagland 1 号营养液/μmol	Hydrosol 营养液/μmol	BS 营养液/μmol
铁	50.0	50.0	100.0
硅	—	—	300.0
硼	46.0	46.0	80.0
锰	9.0	9.0	8.0
锌	0.8	2.3	0.8
铜	0.3	2.4	0.3
钼	0.5	1.0	0.1

表 6.26　高等植物营养液组分的含量范围

组成部分	数量/（g·L^{-1}）
硝酸钾	0～1.1
硝酸钙	0～1.29
硝酸铵	0～0.1
磷酸二氢钙	0～0.31
硫酸钾	0～0.63
硫酸钙	0～0.76
硫酸镁	0.17～0.54
硫酸铵	0～0.14
总盐	0.95～3.17

另外，让人感兴趣的是营养液具有从不可食生物量中回收无机养分的潜力。例如，研究发现从小麦的不可食部分，即秸秆和根中回收水溶性无机养分是为水培系统回收养分的有效手段。通过液相萃取（浸滤，leaching），可去除生物量中 60% 的总无机养分和 20% 左右的总有机碳。因此，浸滤作为 CELSS 中养分回收的一种方法会大有希望。

6.4.9　航天员时间需求

必须尽量减少航天员在 CELSS 的任何子系统中用于作业和维护等的时间要求。某些操作过程的自动化可能是减少航天员工作时间要求的最好方法。为了进行特定评估，必须首先定义这些操作过程。当然，由于 CELSS 的发展状况还不成熟，因此这些定义几乎都是不存在的。这样，尽管检修和维护 CELSS 所需的时间是很重要的问题，但是目前很少有实验数据可以作为时间评估的指南。可能唯一的实验数据是在 BIOS-3 实验期间获得的。表 6.27 中概括了来自 BIOS-3 的部分数据。

表 6.27　各种活动所需要航天员的时间

活动类型	时间需求
高等植物栽培	[（人-h）·d^{-1}·m^{-2}]
● 种植	0.019 9

活动类型	时间需求
● 收获	0.019 9
● 小麦磨面	0.135（人－h）· d^{-1} ·（100 g）$^{-1}$
● 观察	0.015 8
● 预防性维护	0.047 5
● 营养液维护	0.03
微藻光生物反应器培养	**［（人－h）· d^{-1} ·（反应器）$^{-1}$］**
● 采样和分析	0.76
● 收获（离心与干燥）	0.050 8（人－h）· d^{-1} ·（100 g）$^{-1}$
● 营养液制备	0.22
● 监控操作	0.278
● 预防性维护	0.833
家务活动	**［（人－h）· d^{-1} ·（乘员人数）$^{-1}$］**
● 食物准备、用餐和清理	1.7
● 水制备	0.14
● 个人卫生	0.39
● 监控操作	0.278（人－h）· d^{-1} ·（反应器）$^{-1}$
● 起居室卫生	0.27

然而，必须考虑到这些数据是来自在地球上 1-g 重力条件下进行的实验。根据可能采用的工艺和技术，那么在微重力或低重力条件下的时间分布和要求等这些值有可能会完全不同。

6.4.10　高等植物栽培装置

目前，在太空中尚未实现较大规模高等植物栽培装置的在轨搭载飞行实验。对于这些系统的未来应用，可以推荐一种逐步实现的方法。从长远来看，可以设想航天员的饮食完全由空间站或太空基地种植的作物提供。在此之前，首先必须使用较小的设备以实验高等植物的生长情况，然后再进行 CELSS 实验。因此，实验程序可能主要包括以下三个步骤和正在开发与讨论的设备：第一步，色拉机（Salad Machine）；

第二步，CELSS 试验装置（CELSS Test Facility，CTF）；第三步，植物栽培单元（Plant Growth Units，PGU）。

在空间站和其他长期任务中种植沙拉蔬菜可以为航天员提供心理和饮食上的好处。因此，美国 NASA 艾姆斯研究中心（Ames Research Center）正在计划建造一台名为"沙拉机"的设备，拟每周生产 600 g 可食沙拉蔬菜，以便每周可为 4 人乘组供应三次沙拉。利用该设备，也将可能实现对植物在生长过程中蒸腾水分的回收利用。沙拉机的候选作物包括散叶和/或结球莴苣、胡萝卜、大葱、樱桃番茄、黄瓜和矮甜椒，以及三种不同的芽菜：紫花苜蓿、菜豆和萝卜。

沙拉机的基本设计概念如图 6.25 所示。计划将其安装在一个标准空间站双机架（standard space station double rack）中，可提供 1.3 m³ 的有效体积。其中约 0.8 m³ 拟被用作植物栽培室，其余部分分别是一个硬件保障室和一个小型育苗室。植物栽培总面积拟为 2.8 m²，由 4 个矩形货架组成（76 cm×94 cm），每个面积为 0.7 m²。为了达到预期的生物量产出，每周需要投入约 1.5 kW 的连续峰值电能（0.5 kW 的非峰值）和 0.6 kg 的水。

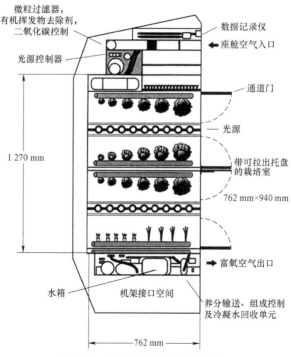

图 6.25　沙拉机的基本设计概念

下一步将是开发 CELSS 试验装置（CTF）。该设备将是一个基于太空环境的作物研究室，也将在空间站上进行飞行实验。预计总栽培面积约为 1 m²，生长高度约为 85 cm。整个舱室将具有严密可控的内部环境，而且材料的入口或出口都基本上是密闭的，以便精确监测作物对环境因子的反应情况。该系统由几个子系统组成，而每个子系统必须作为整体的一部分而发挥作用。在这样的结构中，任何一个子系统的运行都会影响一个或多个其他子系统的运行参数。对所有的子系统都必须予以控制，它们既独立又作为系统的一部分。这就意味着在进行子系统的设计时必须考虑反馈回路的多样性。因此，每个子系统都必须是高度复杂的层级控制系统（hierarchical control system）的一部分，即能够集成感知信息和控制功能。像沙拉机一样，CTF 将占据两个标准空间站机架。CTF 用电量的初始估计峰值为 2 kW，这主要被用在了光照系统。估计其质量在 1 145 kg。CTF 的设计概念如图 6.26 所示。

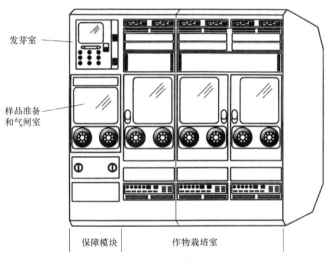

图 6.26 CTF 的设计概念

再下一步，则可以在空间站上试验上面提到的植物栽培单元（PGU），其能够为栽培植物提供空间，并作为植物在生长周期中被固定的一种手段。PGU 将是CELSS 舱体设计中最大的组成设备。在进行植株保持与固定时，必须保证其能够获得光照和营养。此外，在进行 PGU 的设计时必须考虑将养分限制在植物根部，并提供从播种开始的植物栽培方法。可自动收集成熟植株，以供后面进行食物加工。在进行 PGU 设计时，应对作物的播种和收获进行排序（sequencing），以便每天都能收获到食物。为了在 CELSS 中进行植物栽培，已经提出了几种不同的 PGU 的概念，下面简要介绍最有希望的三种选择方案。

1. 仓库式托盘堆栈

仓库式托盘堆栈（Warehouse Tray Stack）的概念是将托盘放在垂直机架上，由一个沿着中心移动的机器人进行操控。如图 6.27 所示，托盘可被放入不同大小的插槽中，这些插槽能够让植物冠层尽可能地接近光源，同时留出栽培区域。随着植株长大，机器人会将托盘移动到越来越大的插槽中，以适应植株生长。待植株成熟后，可将托盘从堆栈中完全取出并转移到收获设备。当收获并重新整理托盘后，则可以在其中重新开始播种，并将其放置在最小尺寸的插槽中。养分将由加压注射器（pressure-fed injector）提供。利用真空系统去除多余和废旧的营养液。当托盘被移走时，营养液与真空系统则被断开。阀门配置可防止泄漏。灯板位于堆栈开口的正上方，并可对一排排托盘进行光照以及在不同生长阶段可进行光强调节。仓库托盘堆栈的概念在结构上是传统的，可以用机械紧固件将它连接成单角几何形状。在托盘操作结构中不需要任何机械装置，而是由机器人执行这些功能。然而，这一概念并没有优化体积利用率，光分布也不是最优的，而且种子必须按照成熟植株的间距要求而被按一定间隔排列。

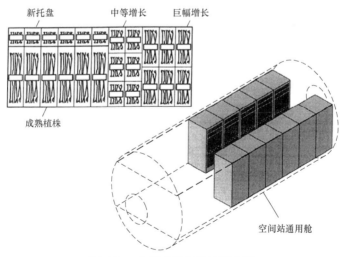

图 6.27　仓库式托盘堆栈概念图

2. 手风琴式托盘堆栈

手风琴式托盘堆栈（Accordion Tray Stack）的概念如图 6.28 所示。这一概念集中在托盘的使用上，托盘可像手风琴一样被折叠，这样它们就可以纵向扩展。托盘的末端可移动，以进行收获作业。例如，这样能够使机器人进入托盘内部以推出残根。可对托盘进行布局调整而使植物生长在一侧或两侧，并且被垂直而邻近叠放。它们可被通过机械装置而逐渐降低和扩展。底部托盘包含成熟度最高的植株。这些托盘可被移出堆栈并转移到收获区，从而为其余托盘移动到下一个生长位置腾出空间。在被修整和重新播种后，托盘则被压缩并插入堆栈的顶部而供重启下一个栽培程序。

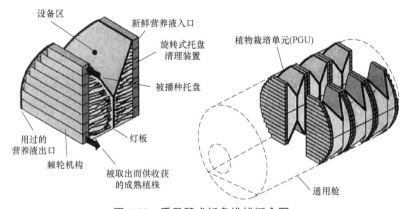

图 6.28　手风琴式托盘堆栈概念图

每次托盘被向下移动时，营养输送系统就会与托盘分离并远离信封式旅行皮夹（travel envelope）。当托盘被重新放置时，则营养液注射器被返回并与托盘营养液输送孔接合。利用真空捡拾系统收集用过和多余的营养液进行循环利用。当植物持续生长时会沿着舱体形状扩展，而该单元需要最小体积和可靠的机械装置，同时保障最大的光照效率，例如在植物栽培的早期阶段可以使用小型光照系统。

3. 混合式托盘堆栈

混合式托盘堆栈（Hybrid Tray Stack）的概念是指在垂直机架上安装有托盘，可从过道到达。如图 6.29 所示，机架从通道延伸到舱壁内表面。这将创建越来越深的插槽，其中最深的槽位于舱体中心线。托盘由手风琴褶（accordion fold）制成，这样它们可被折叠以适应浅顶插槽。当植物成熟时，托盘被移到更深的槽中。这样使得托盘可以扩大，从而每个托盘能够提供更多的植物生长面积。托盘由机器人将其从一个插槽移动到另一个插槽，最后将该托盘运送到收割机。

除上述三种 PGU 外，人们还提出了其他几种相关概念，具体如下。

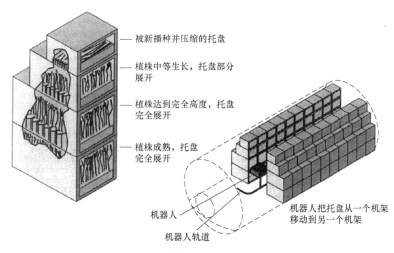

被新播种并压缩的托盘

植株中等生长，托盘部分展开

植株达到完全高度，托盘完全展开

植株成熟，托盘完全展开

机器人

机器人轨道

机器人把托盘从一个机架移动到另一个机架

图 6.29 混合式托盘堆栈概念图

（1）传送带式栽培结构（conveyor belt PGU）。使用面向同一个光源的两条传送带。将新播种的托盘插入浅侧，在此传送带距离光源很近。植物随着传送带的缓慢移动而生长。在深侧处传送带远离光源，这里长有成熟植株。之后，将成熟植株从传送带上取走以供收获。

（2）蜂窝状托盘栽培结构（honeycomb tray）。有六边形托盘面对六边形光源。植物生长在两个或 3 个面上，具体取决于在此结构中的托盘位置。托盘可被纵向插入栽培设备。

（3）平行于舱体的栽培结构（parallel-to-hull tray）。在舱内与舱体之间的假墙内种植植物。这些假墙允许舱的内部用于其他目的。光源被安装在舱体内表面，植物生长在假墙的外表面，朝着光源方向生长。植物根部营养液输送系统位于假墙内。机器人可以携带一台收割机在舱体上行进。

（4）锥形栽培结构（cone-shaped growth chamber）。有一个在锥体中可移动的连续托盘，光源从锥面向内照射。生长面为一个折叠型连续管。利用一开缝管（slit-in tube）进行营养液加注和在收获时进行植株根系清除。

（5）放射状托盘栽培结构（radial tray）。在舱内安放托盘，使之面朝外对着位于舱中央的机器人。托盘的周向布置为植物生长提供了很大的可用表面积。

（6）香肠片式栽培结构（baloney slice）。具有可横向移动的垂直板，以支撑植物生长及调整到植物冠层的光照距离。可将面板从系统中移走以进行收获。

（7）蛤壳式栽培结构（clamshell growth）。在面向光源的球体内部的核心上种植植物。除了支撑核心和提供营养液的管道外，植物在大多数核心上生长。

（8）滚筒式栽培结构（rotating drum）。具有一个缓慢旋转的滚筒（在每个生长周期内旋转一次）。在滚筒旋转时连续进行播种和收获。

▮ 6.5　针对食物供应的真菌和不可食植物生物量转化

高等植物以根、茎和叶的形式产生了大量不可食生物量。例如，在小麦中，高达 70%的植物干物质是不可食用物质，它们由 25%～40%的纤维素、25%～40%的半纤维素（hemicellulose）、4%～10%的木质素和 4%～2%的粗蛋白（crude protein）组成。在 CELSS 中，必须对这种生物量进行处理，以防止其积累。其处理可基于植物生物量的完全氧化或植物营养物质的生物再生回收。

为了利用作物被收获后留下的不可食生物量，可以从中提取碳水化合物、蛋白质和脂肪。提取方法简述如下。

1. 碳水化合物提取/真菌生长

在 CELSS 中进行植物栽培时，会产生主要由纤维素、半纤维素和木质素等组成的碳水化合物这种大量不可食用的植物材料。将这种不可食用的植物材料酶解成单糖，则可以将其纳入航天员饮食，从而减少所需的处理负荷，并减少植物的栽培面积。在 CELSS 环境中，酶解特别具有吸引力，因为这一反应不需要有毒物质，而降解产物也不存在问题，并且根据需要还可以通过发酵产生更多的酶。

纤维素是葡萄糖的一种线性均聚物（linear homopolymer），其被经过适当处理后会产生葡萄糖，这是一种可被直接添加到航天员饮食中的糖。商用食品级纤维素酶可被用于纤维素转化。实验表明，不可食用植物材料中约有 20%的纤维素可以在 24 h 内被转化为葡萄糖。将纤维素转化为葡萄糖的主要障碍是木质素和半纤维素的存在，以及纤维素的形态，如结晶纤维素较无定形纤维素要更难被转化。半纤维素在物理上与纤维素结合，而木质素在纤维素周围形成“密封圈”，从而会阻止纤维素酶的作用。因此，有必要对植物原料进行预处理，这样可使纤维素的转化率达到 50%以上。然而，这些预处理大多需要化学药品，这将给在 CELSS 中对处理材料的盛装、使用、回收和再生利用等带来问题。因此，热水被认为是一种理想的处理剂。热水处理的主要作用是在 180 ℃时去除/溶解半纤维素和部分溶解木质素，而结晶纤维素在此处理条件下不受影响。人们认为，1 g 植物材料被热水预处理后再酶解可产生 0.4 g 的可食葡萄糖。

半纤维素是己糖（hexose）和戊糖（pentose）的杂聚合物，其可被处理成糖混合物，这可能是一种有价值的可发酵碳源。这样的发酵可为来自大豆、豇豆和水稻等的食用产品生产理想补剂。

木质素是一种复杂的三维支链型芳香族聚合物（three-dimensionally branched aromatic polymer）。目前，在市面上并没有可食用并商业化的木质素降解酶系统，但白腐霉具有木质素分解酶，并能够降解木质素。例如，糙皮侧耳（*Pleurotus ostreatus*）能够生产可食用的平菇（oyster mushroom）。因此，真菌在不可食用植物材料上的生长可以降低木质素的含量，从而可以作为纤维素水解的预处理。

另一个由真菌转化碳水化合物的例子是天贝（tempeh。一种真菌菌丝体）。将天贝培养于豆饼和麦饼上，在东南亚其被用作高蛋白食物来源。一般来说，已知的真菌种类能够在许多温度和湿度组合下生长。它们还可以降解不受细菌攻击的复杂碳水化合物。蘑菇可以提供维生素 B_2、膳食纤维和烟酸，还可以作为饮食的风味添加物。根据地面实验，为 8 名航天员种植蘑菇需要大约 3 m^2 的种植面积，这样每天为每名航天员可提供大约 100 g 的蘑菇。需要将这些结果与未来在微重力条件下蘑菇的生长情况进行比较。

2. 蛋白质提取

为了实验用途，已经对从叶类植物和蔬菜中提取蛋白质的方法开展了深入研究与发展，目前利用该方法可获得由 60%～70%的真蛋白、20%～30%的脂肪和 5%～10%的碳水化合物组成的产品。第一步是通过改良型螺旋压榨机将植株压碎，提取含有蛋白质的菜汁。第二步是通过酸化或在 70～90 ℃下加热来凝固从菜汁中提取的叶蛋白。第三步是通过过滤来分离蛋白凝固物，并将剩余的"乳清"型菜汁作为肥料丢弃。在酸性水中凝固后的悬浮物经过过滤被压成湿蛋白饼。另一种提取被悬浮在水（被用来清洗或烹饪植物）中的植物蛋白的方法是：如在从马铃薯淀粉厂排水中回收植物蛋白时，首先是通过加热使该溶液凝固，然后进行离心，最后实施干燥。一种类似的从动物尸体中提取蛋白质的方法是：第一步利用改性材料，后两步与从植物中提取蛋白质的步骤相同。回收已经悬浮在水中的动物蛋白的方法有三种：批量蛋白质提取法、离子交换法和超滤法。

3. 脂肪提取

从次生植物产物中进行脂肪回收有两种基本类型：从非光合植物组织或从光合植物组织、动物组织或微生物。第一种的简化提取方法是将切好的组织与氯仿混合，然后抽吸过滤匀浆。将过滤器与甲醇–氯仿和水混合，然后再过滤，并用甲醇–氯仿清洗。接着，加入水和氯仿并进行相分离。最后，回收氯仿，并用苯稀释溶液。随后，用氯仿-甲醇对残留脂肪进行溶解，并使之用于实验室分析。

▮ 6.6 产肉/蛋/奶动物基本分析

在 CELSS 中，利用动物作为乘员食物的相关考虑，包括将饲料转化为食物的效率、收获指数、能量、质量和体积需求、动物生长和繁殖率、适口性以及制备所需花费乘员的时间。表 6.28 给出了几种常见家畜的基于饲料转化效率和收获指数的生产效率标称值。数据表明，部分动物较以前在进行 CELSS 设计时所了解到的要更为有效，其中最有效的动物产品是鱼肉、牛奶和鸡肉。根据对面积和体积的要求，作为生产动物性食物的一种有效手段，牛奶生产可能会被淘汰（表 6.29）。由于在 CELSS 中家禽的养殖可能会引起潜在的异味和微量污染物控制等问题，因此水产养殖似乎是最有前途的。然而，将动物纳入 CELSS 可能会出现某一个体发生意外死亡的问题，而根据每个动物对总质量的贡献，这都将打破食物链平衡。因此，建议选择体重最小且生育期最短的动物，以增加系统的可靠性和恢复平衡的容易性。小型生物的高代谢率也很有价值。

表 6.28 不同动物体重增加湿重的生产效率特性比较

动物	饲料转化效率/ （kg（食用饲料湿重）· [kg（体重增加湿重）]⁻¹）	收获指数/ %	生产效率/ [kg（食用饲料湿重）·kg （生产食物湿重）⁻¹]
肉牛	5.9 ± 0.5	49	10.2
猪	2.5 ± 0.5	45	5.6
羊	4.0 ± 0.5	23	17.4
兔子	3.0 ± 0.5	47	6.4
肉鸡	2.0 ± 0.2	59	3.1
蛋鸡	2.8 ± 0.2	90	3.1
奶牛	3.0（基于干重）	100	3.0

表 6.29　集约化生产中每个动物对资源的需求

动物		面积/m²	体积/m³	水/（L·d⁻¹）	饲料/（kg·d⁻¹）
肉牛	小牛	1.3	2.43	23～27	1.5～1.75 kg
	1 年牛	2.0	4.0	28～42	
	成年牛	2.7	5.4	50	
奶牛		3～3.5	6～7	<136	10～12
猪（体重 40～100 kg）		0.7～1.0	0.7～1.0	<4.5	2.3～3.4
羊（体重 30～40 kg）		1～1.5	2.3	2.6～2.8	1.3～1.4
兔子		0.23	0.105	<1	体重的 6%
肉鸡		0.1	0.05	0.5	0.06～0.07
蛋鸡		0.05	0.025	0.25～0.3	0.09～0.11

6.7　水产养殖系统

　　许多淡水鱼生长迅速（达到成熟期需要 6～12 个月），因此看来适合被应用于 CELSS 中基于鱼类的水产养殖系统。候选种包括鲤鱼、鳟鱼（也叫鲑鱼）和罗非鱼（*Tilapia*）。尽管可能需要高蛋白的膳食补充剂来达到最佳生产率，但对所有的鱼都可以利用在 CELSS 中生产的蔬菜进行喂养。另一个有可能被应用于 CELSS 的水产养殖系统要利用甲壳类和软体动物。淡水小龙虾一般是杂食性的，因此似乎是极好的候选种。然而不幸的是，它们的收获指数只有 15% 左右，而且它们往往是同类相食。咸水生物有一定潜力，但一般需要 2～3 年才能达到可食用的大小。此外，由于它们许多都适应了深水产卵，因此繁殖这些生物较为困难。表 6.30 中总结了水产养殖系统中部分候选种的效率特征。

表 6.30　几种水产养殖动物的效率特征比较

动物	饲料转化效率/（kg（食用饲料湿重）·[kg（体重增加湿重）]⁻¹）	收获指数/%	生产效率/[kg（食用饲料）·kg（生产食物湿重）⁻¹]
小虾	2.5±0.5	56	4.5
大虾	2.0±0.2	45	4.4
鲶鱼	1.5±0.2	60	2.5
草鱼	1.5±0.2	60	2.5
罗非鱼	1.5±0.2	60	2.5

构建水产养殖系统所引起的主要问题是，为了维持足够的乘员食物补充而需要大量的水。第二个次要的问题是需要12～18个月才能使水产养殖系统进入稳定生产状态。然而，在乘员的饮食中加入少量肉类可能在心理上和营养上都有好处。在月球或火星上，如果水或氧气能从风化层中被提取出来，并能与从地球上带来的氢气发生反应，那么就可能会大大降低水产养殖系统的质量需求。利用离子去除系统和亚微米过滤器的简易联用装置，则水产养殖系统也可以提供大量应急用水。表6.31 给出了几种有前途的水生动物的基本要求。

表 6.31　集约化水产养殖中每只动物的资源需求

动物	面积/m²	体积/m³	饲料/（g·d⁻¹）
小虾	0.005～0.006	0.003～0.004	0.35～0.4
大虾	0.02	0.02	0.2
鲶鱼	—	0.001	4～4.5
草鱼	—	0.001	4～4.5
罗非鱼	—	0.001	3.3～3.4

水产养殖系统需要几种不同的水箱。小型繁殖箱除了饲养鱼苗外，还被用于混养雌雄成年鱼。由于鱼苗需要一定形状的高质量蛋白质，因此在该水箱中的饲料除了植物材料外，还应包括丸粒化的高蛋白鱼饲料。当鱼苗长到一定大小后，将其转移到另一个小型水箱中供进行性别逆转激素处理，之后再将其转移到主生产箱中并在此进行生长。主生产箱是水产养殖系统中最大的。为了使主生产箱的总容积最小化，可以设想在单个箱中使用一套可移动的分区系统来分隔各种大小的鱼。鱼苗被放置在一端，由横向隔板将它们和其他鱼分开，这样就能防止大的鱼囤积食物。随着小鱼的成长，将隔板顺着主生产箱移动，这样就会增加这批鱼的可用体积。当下一批鱼苗就绪时，将一块新的隔板放置在主生产箱的末端，并添加鱼苗。当将主生产箱的分割部分进行移动时，则隔板之间的距离增加，这样就能保持单位体积中鱼的重量不变。鱼饲料可以从乘员食物生产后剩余的植物材料中获得。另外，还可以专门培养生物量、饲料作物或藻类而为水产养殖系统提供饲料。

在德国，有一项地面水产养殖研究项目被称为AQUARACK。它由五个子单元组成。第一个子单元是实验动物饲养箱。它拥有光源、观察窗和用于固定样品的自动锁。

动物通过注射装置喂食，而培养箱由摄像机控制。第二个子单元是一套包含不同组件的水循环系统。第一个组件是半生物粗过滤器（semi-biological coarse filter）。它由合适的基质填充，以阻挡由于过量喂养或自然死亡的动物而产生的粗颗粒。第二个组件是紧随其后的一套细菌过滤器。第三个组件为生物反应器，即在聚酰胺纤维毛料（perlon wool）或聚苯乙烯泡沫塑料（Styrofoam）床上，亚硝化菌/硝化菌（*Nitrosomonas/Nitrobacter*）将实验动物排出的铵离子和氨转化为亚硝酸盐和硝酸盐离子。第四个组件为沸石分子阱（zeolite molecule trap），使之用于对上述后处理液进行吸附去除。第三个子单元是呼吸气体平衡装置，由一台商用血液气体交换器和聚丙烯或硅树脂毛细管组成。第四个子单元为消毒/解热/冷却装置，即在一个特殊的水箱中，水经过紫外灯消毒后经过一个加热/冷却装置，接着由泵送回培养箱。第五个子单元是系统控制模块。系统的稳定性由计算机控制模块维持，该控制模块被配有温度、压力、电导率、氧浓度、氧化还原电位（redox potential）、硝酸盐浓度等探头以及补偿装置。

这一初始 AQUARACK 概念的弱点在于，离子吸收系统在短时间内就会被耗尽，进而导致所需更换的时间间隔很短。因此，提出了用高度复杂的植物组件取代沸石吸收剂的想法，这种植物组件基于藻类反应器，在其中进行光异养单细胞藻类的连续培养。这样，就建成了一套被称为 CEBAS-AQUARACK 的新系统，其中 CEBAS 代表"密闭平衡生物水生系统"（Closed Equilibrated Biological Aquatic System）。CEBAS-AQUARACK 系统主要包括三个部件，将其中的动物部件（即包含水循环系统的水生动物水箱）和植物部件（即微藻生物反应器或高等植物模块）组合在一起，而成为一套由过程控制系统稳定和平衡的自足密闭人工生态系统。

在该 CEBAS-AQUARACK 项目中选用了两种常见的实验动物，分别是作为模式脊椎动物的硬骨鱼剑尾鱼（*Xiphophorus helleri*）和作为模式无脊椎动物的光滑双脐螺（*Biomphalaria glabrata*，又叫有肺水蜗牛）。拟在空间站上对它们进行长期多代实验，这将有助于开发将动植物相结合的 CELSS。然而，需要考虑的一个普遍问题是植物性食物是否必须被完全转化为动物蛋白，反之亦然。在 CEBAS 实验中，主要是进行藻类生物量的生产，而后者必须经常被从系统中去除而不能为动物提供食物。另一方面，也可以尝试利用以植物为食的鱼类，这样就可将味道欠佳的藻类生物量转化为动物蛋白。在这种情况下，在微重力条件下自由产卵鱼（将卵子和精子释放入水中）是否完全有可能成功繁殖仍然令人怀疑。另一方面是系统的容量。在水量有限时出现大量的鱼会导致极端情况，而这种情况必须通过额外的氧气供应、极其有效并消耗人力的过滤系统以及大量的食物供应来稳定。在这种情况下，动物系统可能会变成一个"模拟生产者"，因为过量的食物和大量的粪便可以为藻类或高等植物提供营养。因此，需要做大量的工作来开发水生 CELSS，因为如果需要自主生产，则鱼的生产可能是在空间站或星球基地为乘员供应食物的一种合适方式。

6.8 食物管理及加工

目前，生命保障系统不能生产食物，因此需要通过航天器对其进行运输。然而，由于水在食物重量中占了很大比例，因此人们发现利用脱水食物并在其中加水以使其复水的方法是有利的。之后，可对这些水进行再处理和再利用。每人每天需要大约 0.64 kg 无灰分且所含热量值为 10 500～11 700 kJ 的干重食品。针对未来应用，目前正在开展培养藻类或其他植物的生命保障系统研究，因为很可能在一定的任务期限内，在航天器上生产食物所需的质量比进行补给所需的质量要少。一旦在航天器或星球基地中生产食物，那么食物的选择将受到乘员组成、食品服务、食品制备方式、社会环境和食物来源等的影响。为了充分利用 CELSS 的性能，那么对于食品服务系统必须针对特定任务进行设计，并且必须具备以下功能：①通过提供适当营养来实现饮食目标；②提供具有合适感官属性的可接受食物；③维持健康及安全标准；④满足乘员对太空环境和活动水平的独特需求；⑤提供合格的饮用水。

根据任务的持续时间、可接受食品的规格、菜单周期和食品服务系统，在供应食品方面有许多种选择。表 6.32 中给出了有关食品服务选项的基本情况。

表 6.32 食品服务系统选项

系统组成	选项
食物种类（从地球供应）	①新鲜 ②耐储存（如被罐装或脱水） ③冷冻
食物种类（由 CELSS 生产）	①细菌/藻类 ②植物 ③水生动物 ④陆地动物

续表

系统组成	选项
食谱制定	①提前与自发 ②个人与集体 ③传统与非传统食物
饮食熟悉	任务前
食品制备	①自己制备与工作人员制备 ②烹饪与熟食 ③库存控制与供应管理
用餐	聚集与单独
摄入监视	自己实施与工作人员实施
废物处理	储存与回收

为了提供所需营养，可以选择将常规食物（即在地面生产）与非常规食物（即在 CELSS 中生产与再生）结合起来的方式进行。根据迄今为止美国和苏联在太空计划中所获得的经验，对传统、冷冻干燥、热稳定和冷冻方便等食品的改进可为食品服务系统提供基础。

食品制备系统从制订生产计划开始，随后还会包括适当原材料获取（来自循环或补给）、作物种植、收割、储存、预制备、维护、清洁以及生产系统的监视与评价等步骤，如图 6.30 所示。

6.8.1　食物生产

太空食物生产最初将是实验性的，之后将缓慢扩大，直到在未来时间很长的飞行任务中达到相当大的比例。这将导致后勤物资补给量和废物储量均下降，因为部分废物产品将得到重复利用。除了生产常规食品外，另一种可能的方法是生产工程食品（engineered food，也叫调制食品）。这些食品可能与传统食品相似，如奶酪由大豆而非牛奶制成，或者它们是由现有成分而制成的全新食物，而且在营养、可接受性和稳定性方面符合要求。以下对 CELSS 中几种潜在食物和生产方法的特点进行总结，而这些在前几章也有过介绍。

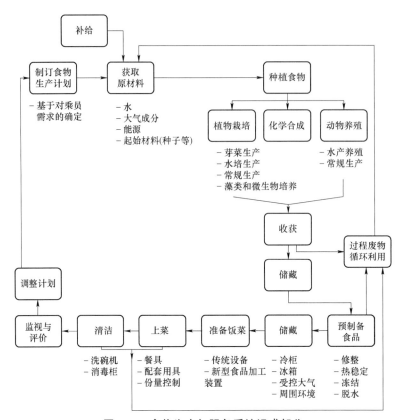

图 6.30　食物生产与服务系统组成部分

1. 农产品

生产不同食物的盈亏平衡时间（breakeven time），会因质量、面积、生长速率、可食部分比例等因素的不同而会有所不同。农业规模可以是庞大而复杂的，也可以是简单而实验性的，这取决于对 CELSS 的需求。虽然在未来的某一天，利用地外土壤生产粮食和蔬菜或许是可行的，但在 CELSS 中基于土壤来生产蔬菜是不太可能的。因为粮食和蔬菜缺乏必需氨基酸，所以对它们必须补充特定的氨基酸来平衡食物中的蛋白质含量。不过，人们在莴苣、番茄和黄瓜的地面水培技术方面已积累了丰富经验。

2. 微生物产品

许多微生物都显示出作为未来食物生产的前景。藻类等光合生物可能在近期的应用中对大气再生有用，如果能从其产生的生物量中获得有用的营养物质，那么它们将对 CELSS 更有吸引力。目前，直接来自藻类的食物其质量和可接受性给航天员的消化吸收带来了问题。但是在较为复杂的食物链中，特别是在水产养殖系统中，有可能利用藻类产品作为动植物的养料（见 6.2 节和 6.3 节）。

3. 化学合成产品

另一种可用于 CELSS 食物生产的方法是直接化学合成某些营养物质，如碳水化合物。这一方法在不久的将来可能会成为现实，也可以被用来为食物生产提供原料，并为供农业系统使用的肥料或饲料生产提供原料。

4. 动物产品

动物应该是在 CELSS 生产中被考虑的食物链的最后一个要素。生产每卡路里动物性食物所需要的能量要大于生产粮食或蔬菜食物来源所需要的能量。此外，动物对体积、环境控制和废物处理的需求更大。鱼、虾和小型海洋动物，为利用水生植物、藻类或细菌产品或农业和航天员废物生产优质蛋白提供了最有效的生物循环机制（biological recycling mechanism）。然而，在水产养殖中系统的质量是限制因素（详见 6.6 节和 6.7 节）。

5. 废物回收产品

要尽可能实现完全回收，则需要研究和开发简单的食物链，即后者利用细菌、藻类和太阳能从废物生产食物。食物生产周期必须包括收获、储存、制备、服务和清理。

6.8.2　食物储存

食物和其他物品的冷藏需求可以通过几种方法来满足，包括直接将冷却剂回路连接到太空散热器、蒸汽压缩、热声或热电装置。在天空实验室空间站，冰箱和其他需要冷却的地方均是到达太空散热器的冷却回路的一部分。对于航天飞机轨道器和太空实验室，采用通常被使用的蒸汽压缩制冷装置。在这些装置中，热量被传递到大气中，后者被温度和湿度控制系统冷却，然后再将热量传递到液体冷却剂回路。这种冷却方法与被正在开发的空间站制冷装置之间的主要区别在于从压缩机运输热量的方法。空间站上的热量将被直接传送到冷却剂回路。另外，为空间站上的低温冷冻机设计了一台以氢气为工质的斯特林循环热泵（Stirling cycle heat pump）。这种方法的优点是所使用的活动部件很少、低振动及使用氢等无毒工质，因此可被冷却到低温。但目前存在的一个主要问题是,已被开发的斯特林循环制冷机(Stirling cycle cryocooler)的寿命只有 500~2 500 h。

除了机械热泵外,热电热泵可能适用于某些航天器的应用。这些设备通常是由碲化铋(bismuth telluride)制成的热电偶,并利用珀耳帖效应(Peltier effect)将温度降到-50 ℃。该方法所具有的潜在的优势包括:①由于没有移动部件而能够实现固态运行,因此具备了固有可靠性;②温度控制精确;③局部冷却;④封装紧凑和响应迅速。另外,这类设备还可以发电,并已被用于航天器,包括阿波罗月球实验。

另一种方法是热声制冷(thermoacoustic refrigeration),即利用惰性气体中的高振幅共振声音(resonant high amplitude sound)来泵送热量。这种泵送热量的方法在 20 世纪 80 年代初被首次开发,而且与传统的可逆热泵不同,热声方法利用不可逆性来产生适当的变相(phasing。也叫相位调整)以实现制冷。声音发生器是唯一的运动部件,从而产生了一种内在可靠的装置。已经在航天飞机上对作为低温冷却器的概念进行了测试,并且正在开发新的冰箱。

6.8.3 食物加工

食物产品,可被分为需要少加工或不加工、初级加工、次级加工或提取等类型。第一类是在自然状态下可食用的食物,如新鲜水果和部分蔬菜。少量加工可能包括清洗、剥皮或切割,但不需要什么硬件支持。第二类食物产品,为了使其可食用而需要保障硬件,如榨汁/榨油机、谷物磨面机以及烹饪/烘焙用具等。这种硬件将需要适应太空环境中严格的功率、质量和体积限制。第三类包括生物产品,这些产品不能以未经加工或初级加工的形式被食用,但其中含有供航天员食用的潜在可消化和有营养的食物。该类别的重要性在于需要满足减少补给和增加自给自足的要求。再者,对食物加工技术必须根据 CELSS 内的总生产力来评价。食物加工子系统的基本功能流程如图 6.31 所示。

最重要的可能是开发利用补给品或 CELSS 生产的产品来提供新鲜熟制品的食物制备技术。在这方面,一个主要问题是在开发烹饪设备时必须考虑到太空环境的限制,特别是下面提到的微重力环境下很重要的几个特点。

(1)没有热传导对流机制。例如,只有通过人工手段,如风扇,来清除燃烧产物才能产生稳定的火焰。再如,对容器进行局部加热是不可能煮沸液体的。

(2)液体及微粒物料必须被存放在密闭容器内。尤其是饮料可能需要带吸管的密闭式杯子，而像曲奇饼这样的干性食物不能被放在传统的盘子里。然而，天空实验室空间站的经验表明，黏稠的食物，如炖汤（stew），可被放在碗里用勺子吃。

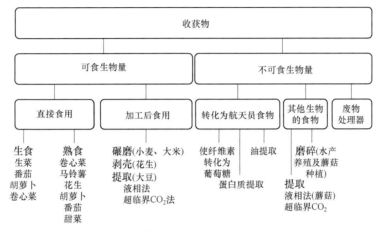

图 6.31　食物加工子系统的基本功能流程

（3）许多普通的食品制备操作可能需要特殊的设备。可能很难或不可能将液体或盐或糖等干原料从一个容器倒入或用勺子转移到另一个容器。

（4）不能用传统的天平来称量各种成分。质量可以用惯性装置来称量，但由于样品相对于其容器的晃动或其他运动而可能会对该称量造成困难。

（5）所有在工作岗位上的航天员都必须受到约束。

太空食物加工的问题从食物的预先制备开始就已存在。例如，目前对在微重力环境下被储存食物的行为并不很了解，因此，打开和清空一罐豌豆可能会很困难。清洁、去皮、修整、收集废物和漂洗水等工作也可能面临重大挑战。食物制备的基本要求如图 6.32 所示。

最后，假如发现接近在微重力环境下不能进行食物加工，那么可以通过以下一种或多种提供人工重力环境的方法加以解决（详见 3.2.3 小节）。

（1）利用小型离心机来创造部分重力场，以满足有限的食物制备需要。

（2）压力容器内的大型低重力离心机，其足够大且旋转速度足够慢，这样航天员才可以在其中工作一定时间。

（3）星球基地的旋转部分，可通过旋转压力密封垫将其连接到近零重力区域，或通过线缆将其连接到主基地。

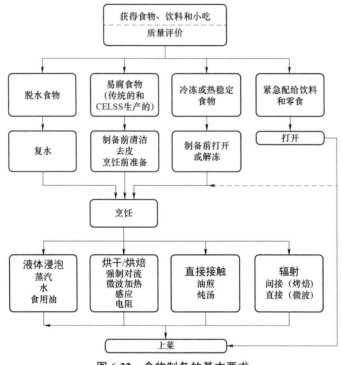

图 6.32　食物制备的基本要求

如果需要这些系统中的任何一个，那么 CELSS 的质量和成本将会增加，这因此将会降低其经济可行性（economic viability）。在高温下烹饪食物的原因，是使它们更具有吸引力、更美味、吃起来更安全、更容易咀嚼以及在某些情况下使它们的营养成分更易于获得。热可以通过传导、对流、直接辐射或通过炉壁的热交换方式而被传递到食物中。烤箱是被用来烘焙、烘干或炙烤肉类，以及烘焙精选蔬菜、粮食和水果产品及其组合品。烹饪过程会引起食物的物理和化学变化。通常是食物内部的高温增加了分子活动和化学相互作用而导致了这些变化。针对烤箱烹饪程序，必须考虑以下参数。

（1）时间/温度控制。这是成功制备食物所必需的。应该考虑与微处理器和传感器技术相结合。

（2）传热。温度梯度需要操作人员持续关注和手工操作，如翻肉，以确保肉的熟度和减少粘连。烤箱内的蒸汽可被用作传热介质。

（3）水合作用。如果在强制通风系统中包含水，则大气湿度就可以得到控制。当不希望发生脱水时，这种类型的空气除了加速传热外，还会使脱水变慢。在密闭系统中，蒸汽也可以调节食品加工过程和节省时间。

（4）环境辐射。在 CELSS 中，要达到人体连续暴露于微波的允许水平，才能使用微波加热。磁场的产生也可能导致尚未确定的环境影响。

（5）节能。虽然减少烹调能源消耗的可能性不大，但开发特殊的烹调方法以减少能源消耗仍然是一个重要的问题。

可以修改为地面烹饪过程开发的几种技术，以便在微重力环境中使用。以下烹饪器具的概念说明了可被考虑的满足烹饪过程要求的方法。

（1）液体浸泡。图 6.33 展示了一个基于高压锅或油炸锅原理的概念，即通过将食品浸入水、蒸汽或油中以获得所需的传热，从而达到广泛的烹饪或再加热要求。可以利用固定的篮子对食物进行定位，以确保在低重力条件下食物能够得到浸泡。热源可以是电阻或电磁感应，通过气闸舱将烹调过程与室内环境隔绝开来。排气口可以是热回收系统的一部分，以有效利用输入烹饪单元的能量。可为炊具配备一个安全阀来控制其容许压力。另外，利用传感器和控制装置来调节特定食品加工所需的时间和温度。

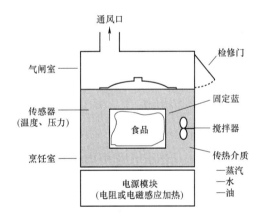

图 6.33　液体浸泡锅炊具结构示意图

（2）烧烤和烘焙。在低重力环境中，在炉腔中烧烤和烘焙需要强制对流。图 6.34 显示了一种组合式微波/强制对流烤箱，它可被设计来满足除浸泡加热（包括褐变）以外的烹饪过程要求，并复制在地球上用到的类似烤箱中加热的各种食品的烹饪过程。作为浸泡烹饪的选择，防潮层可被用于加热含水量高的食品。烧烤可以通过将食品放置在一个固定装置中，并使其与烧烤元件保持所需的距离来完成。这种元件可以通过电阻和电磁感应得到加热。

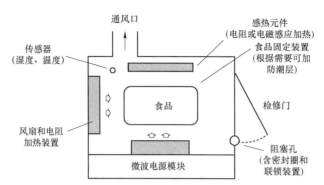

图 6.34　用于微波/强制对流加热和烘烤的炉腔结构示意图

（3）直接接触或辐射加热。烧烤、油炸和类似的炉面烹制过程需要通过直接传导或辐射加热而将热量转移到食物上。在地面,通常将食物在锅里或热表面上加热,在重力作用下热表面与食物之间能够保持足够的接触。然而,在低重力环境中这是不可能的。图 6.35 展示了一种旋转烤架的概念,它可以创建一个近 1–g 的重力场来限制食品,并提供传导性传热（conductive heat transfer）。接触表面可以由电阻或电磁感应加热,并在中心提供一个辐射元件。在接触表面采用电磁感应加热将能够简化设备,因为这样不需要旋转电刷进行功率转换。另外,烹饪表面将得到密闭,并提供检修门以执行所需的烹饪操作。

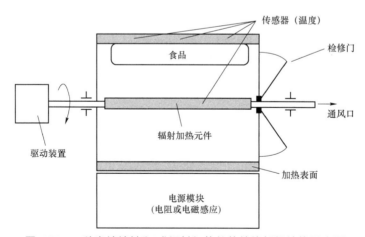

图 6.35　一种直接接触和/或辐射加热的旋转烤架机结构示意图

菜单的规划和准备,将在很大程度上取决于航天员的规模与任务的持续时间。餐具、配套用具和餐饮服务设备应采用易于清洁与耐用的材料制造,其结构应尽量减少清洁要求。适用于这种设备的设计理念可以借鉴为残疾人开发的餐饮设备。对餐饮服务卫生、食品储存、食品准备和用餐等区域，在设计时必须考虑能使之易于清洁。应尽量避免使用洗涤剂和消毒剂，以提高回收废水的可能性。应考虑采用创新的食品保存或包装技术，如对冷冻食品镀冰衣（ice glazing）和在冷藏易腐食品上涂上食用奶浆（edible glaze）。根据任务的不同，可以回收以纤维素为基础的包装材料，从而作为膳食纤维的直接来源或作为植物的栽培基质。

第 7 章

生物圈 2 号——为未来 CELSS 研究提供经验教训

7.1　生物圈 2 号基本原理

生物圈（biosphere）可被定义为"一种复杂、稳定、再生、自适应及进化的系统，其特点是包含生命，由不同的生态系统组成、在协同平衡中运作、基本上不依赖物质输入但进行能量和信息的交换，并且能够实现大规模和相对快速的运输周期及原子和分子的重新排列。作为一种负熵力（negentropic force），生物圈是利用生命来产生和储存自由做功的能量的一种做功装置"。

生物圈 2 号（Biosphere-2），是位于美国亚利桑那州、占地面积达到 12 800 m² 而建筑玻璃表面达到 16 000 m² 的一种物质密闭而能量开放的生命保障系统。该系统是一种具有 7 个生物群落（biome）的密闭生态系统，是地球生物圈（生物圈 1 号，Biosphere-1）的第一个近似模型。生物圈 2 号被启动时，估计有 20 t 的生物量分布在大约 4 000 个物种中。8 名乘员拥有一套连接 1 900 个传感器的五级控制系统。他们生活在生物圈 2 号中，在忽略空气泄漏率的情况下，名义上水、食物、废物和空气的回收率达到了 100%（理想情况下）。更加详细的情况见 7.2 节。

起初，生物圈 2 号的设计目标是运营 100 年，旨在为长期开展生态系统的成熟演变过程和动力学的重大研究提供机会，并开发智能人力管理技术。生物圈 2 号项目是被作为一项私人冒险活动而予以设计的,拟通过开发环境技术和通过生态旅游的公共教育来创造收入，并推动针对该项目的相关科学研究，从而达到相辅相成。总之，生物圈 2 号的设计目标涵盖以下三个方面。

（1）阐明生物圈的发展规律，特别是要弄清生物圈假说：生物圈系统是如何进行自我调节的？

（2）构建面向地球和太空应用的人工生物圈的设计、建设、操作、咨询和管理的综合协作能力，这样，就能够广泛开展生态学相互作用的研究，并应用所获得的知识来丰富人们对地球上生命系统的认识。

（3）有助于改善人类对地球生物圈的生态影响。

与地球相隔离的密闭生命保障系统，能够使研究人员摆脱了在观察中受到的约束。在地球生物圈的巨大自然系统中，存在的典型约束条件是：在自然界中，实现气体回路闭环需要很长时间，如生物圈 2 号大气层中所有的 CO_2 进入植物生命的速度是地球大气层的 8 000 倍，因此，在其中更容易开展人工循环研究。一套独立的生命系统也创造了一种环境，在这种环境中，研究人员可以开始对内部系统与外部系统进行比较，而这种比较可以为客观思想的形成奠定基础。另外，开展生物圈在系统和生物群落水平上对一系列条件反应的研究，对评价地球生物圈的变化以及设计星球基地等具有重要意义。为了实现这一目标，在生物圈 2 号内进行了几项特殊实验，以观测整个系统和其中每个生物群落对光照和大气条件的响应和适应性。这些内容将在 8.4 节中进一步说明。

同时，在这一点上，在宇航学和生物圈学之间建立合作关系可能很独特，这样通过进行联合概念设计并开展研究，可了解地球生物圈，并在我们的大家园——太阳系实现人类的梦想。生物圈 2 号的建造者提出，已得到开发的生物再生技术可能会被应用在月球和火星探索与定居的初始生命保障系统中。这些技术可能是从备份发展到物理 - 化学生命保障系统和部分生物再生生命保障系统。虽然在生物圈 2 号中已经使用了基于土壤的系统，但在月球和火星基地，也可能会用水培或雾培系统来生产食物。研究表明，经过生物处理后月球风化层可能会成为一种潜在的栽培基质。此外，为了补充已经存在于火星土壤中的植物营养物质，需要通过添加有机物和微生物菌种来对火星土壤进行改良，例如，有人提出通过堆肥和利用来自飞行与基地航天员的废弃物来实现此目的。

关于生物圈 2 号一个不容忽视的问题是，该项目遭到科学界一些人士的批评，因为其中涉及的变量过多，而且缺乏控制。在这方面，需要指出的是为生物圈 2 号开发的技术可能不会在一开始就得到应用，但可能会在先进的星球基地中获得应用。因此，虽然有些批评是合理的，但在其他方面，如恢复生态学家了解到生态系统建设过程的价值，以此作为一种评估假设和获取生态系统功能新信息的技术手段。这种方法所引起的问题显然比它所回答的问题要多，但可以认识到，关于生态系统和生物圈的新问题与新思维方式对知识的发展至关重要。

7.2　生物圈 2 号概况

生物圈 2 号位于美国亚利桑那州图森市附近的 Oracle 地区，北纬 32°34′，西经 110°51′，海拔 1 190 m。该设施对能源交换（主要是太阳能和电能以及去除多余的热量）以及持续而大量的信息交流是开放的。生物圈 2 号在它 180 000 m^3 的体积内包含 7 个生物群落——热带雨林（rainforest）、稀树草原（savannah）、沙漠、海洋、湿地、集约化农业（intensive agriculture）和乘员居住地，另外还具有一套大型机械系统，以辅助实现诸如大气循环、水循环和热交换等功能。此外，生物圈 2 号还包括以下专门设施。

（1）一间分析实验室，其中配备有气相色谱仪、质谱仪、火焰离子化检测器、离子色谱仪和原子吸收分光光度计等。

（2）一套医学设施，可满足除极端医疗要求之外的所有其他医疗要求。它包括许多库存药品和抗生素、检查设施、X 射线设备、用于开展小型手术和包括骨折在内等损伤治疗的设备和用品。

（3）一套兽医设施，为驯养动物提供护理和治疗。

（4）一套食品加工设备。

（5）一套分布式计算机系统（distributed computer system），能够监控生物圈 2 号内的传感器和控制设备。该系统还为每名乘员提供了一台个人工作站，并与生物圈 2 号外的计算机联网。

（6）一套维修与保养车间，配有车床、铣床、钻床、磨床、电焊机等工具和零部件，用于维修和保养技术系统。

（7）一间健身房，带有健身器材。

（8）若干套视频设施。通过该视频设施可以与外面的人进行直接面对面的视频会议，还可以收看商业电视节目。

经过 5 年的研究和开发，将所选择的 3 000 多个物种（不包括土壤微生物群）引入生物圈 2 号。8 名乘员居住在生物圈 2 号中，他们由系统完全保障，但又直接负责对系统进行操作与研究。在生物圈 2 号中，乘员的食物是被种植的，同时内部的空气、水和废物是被循环利用的。本节概述了生物圈 2 号的基本特征和设计参数。

1. 结构与设施

生物圈 2 号为密闭结构，目的是消除与外界的物质交换（底部为不锈钢而顶部为玻璃）。在生物圈 2 号中所采用的材料和采用的设计参数是按 100 年的使用寿命进行规划的。这种结构平均可使 40%～50%的周围阳光进入，但夹层玻璃只排除正常紫外线的 1%。由人工高强度光照提供动力的"藻类泥炭净化器"（algal turf scrubber），被用于去除湿地和海水中的营养物质。

2. 生物群落

生物圈 2 号在其 180 000 m³ 的体积中包含 7 个生物群落,被分为一个居住地和一个农业区（被称为"人为生物群落"，anthropogenic biome），以及 5 个为了体现生物多样性的"荒野生物群落"（wilderness biome），包括雨林、沙漠、草原、湿地和海洋。荒野生物群落具有热带性质，以提供尽可能丰富的多样性。具有多达近100 个门的生物，以尽可能紧密模拟地球上的生命状况。已经建立了 28 种不同的土壤，以适应这些生物群落中特定的生物群落和特殊的生态系统，例如热带雨林中的淹没森林（varzea）、沙漠沙丘和干盐湖（salt playa），即季节性的草原地区（即死水洼地，billabong）。土层的最大深度为 5 m，由不同的地层（stratum，复数为strata）组成。生物圈 2 号的体积、面积和规模等概况见表 7.1 和表 7.2。

表 7.1　生物圈 2 号各个组成部分的体积比较

区域	体积/m³	土壤/m³	水/m³	空气/m³
集约化农业	38 000	2 700	60	35 200
居住地	11 000	2	1	11 000
热带雨林	35 000	6 000	100	28 900
草原/海洋	49 000	4 000	3 400	41 600
沙漠	22 000	4 000	400	17 600
肺（最大时）	50 000	—	—	50 000
总计	**205 000**	**16 702**	**3 961**	**184 300**

表7.2　生物圈2号各个组成部分的面积和规模比较

区域	北—南长度/m	东—西长度/m	面积/m²	高度/m
集约化农业	41	54	2 200	24
居住地	22	74	1 000	23
热带雨林	44	44	2 000	28
草原/海洋	84	30	2 500	27
沙漠	37	37	1 400	23
西肺（气密部分）	—	—	1 800	—
南肺（气密部分）	—	—	1 800	—
总密闭部分			**12 700**	
玻璃表面	—	—	16 000	—
能源中心	—	—	2 800	—
西肺（圆顶）	48	48	2 300	15
南肺（圆顶）	48	48	2 300	15
海洋	37	19	700	7.6（最深处）
湿地	28	19	400	2

3. 大气及其泄漏

生物圈 2 号的大气在内部区域之间并没有物理隔离，因此它的大气湿度和温度是可变的。两个大的压力–体积膨胀室（pressure volume expansion chamber），即"肺"，在空气变热和变冷时对其进行调节。每个"肺"都是一个圆柱形容器，顶部有一—张可折叠并被加重的密封膜，它随着空气体积的变化而升降。该膜不会拉伸，而只会改变形状。在整个正常的运动范围内，由膜自身重量产生的压力基本上是恒定的。每个"肺"可以单独发挥功能，这样两个"肺"可以暂时使用其中一个，而对另一个进行维护。在该系统中，大气含量理论上为 5.7×10^6 mol（干空气）。任一张膜移动 1 m，都会使系统内的大气体积转移 1 115 m³。此外，所有的空气和水都是被内部净化的。表 7.3 所示为生物圈 2 号处于封闭时的大气组成。

表 7.3　生物圈 2 号处于封闭时的大气组成

大气成分	压力/kPa	总质量/kg
氧气	18.13	31 800
氮气	67.67	103 775
二氧化碳	波动	
水蒸气	波动	
氩气	0.83	1 782

该生态系统内部的温度范围（表 7.4），是通过生物圈 2 号地下室的一系列空气处理装置来保障的，这些处理装置与通过其中的冷水或热水进行热交换。空气处理器在生态系统中排放的空气会根据白天、夜晚或季节的需要而变化，而且高达 4～5 km·h^{-1} 的气流能够保障风媒传粉，并可促进该密闭结构内的整体空气流通。每个生物群落中的空气循环速率，在夏季制冷时约为每分钟 5 700 m³，而在冬天加热时约为夏季的 1/4。生物圈 2 号内的相对湿度很高，通常在 60%～90%，但当温度下降时也会经常高达 100%。在每个生物群落中，冷凝发生在两个不同的位置，一个是在空气处理器的冷却盘管上，另一个是在生物圈 2 号的玻璃窗上。

表 7.4　生物圈 2 号内的温度变化范围

区域	最高/℃	最低/℃
热带雨林	35	13
草原	38	13
沙漠	43	2
集约化农业	32	13

在生物圈 2 号大气中的 CO_2 平均停留时间约为 4 d，而在地球大气中的平均停留时间为 3～10 年。另外，该设施大气中 CO_2 的日变化量（diurnal flux）可以高达 600～800 μmol·mol^{-1}，而在地球大气中的年变化量只有 10～15 μmol·mol^{-1}。为了控制生物圈 2 号内的大气 CO_2 浓度，设计了一台物理–化学沉淀器作为回收利用系统。它能够从输入气流中吸收 CO_2，并通过两步化学反应使碳酸钙（$CaCO_3$。俗称石灰石）沉淀：

$$CO_2 + 2NaOH \rightarrow Na_2CO_3 + H_2O \qquad (7.1)$$

$$Na_2CO_3 + CaO + H_2O \rightarrow CaCO_3 + 2NaOH \qquad (7.2)$$

为了将 CO_2 释放到大气中，可将碳酸钙在 950 ℃的烤箱中加热，直到碳酸钙分解而释放 CO_2，并再生氧化钙（CaO。俗称生石灰）：

$$CaCO_3 + 热 \rightarrow CaO + CO_2 \qquad (7.3)$$

该系统被设定可在一天内将 CO_2 降低约 100 μmol·mol^{-1}。在低光照月份为了增加光合作用并减少呼吸作用，所采取的其他策略包括：①降低夜间温度；②停止堆肥；③最大限度地减少土壤干扰；④延长草原和沙漠的活跃季节（active season）；⑤修剪能够快速再生的区域；⑥干法储存所收割的生物量，以减缓分解。

保持良好的空气质量是成功运行密闭生态系统所面临的主要挑战之一。类似的问题随着节能密闭建筑的出现而显露出来，这使得"病态建筑综合征"（sick building syndrome）成为大量研究的对象。释气中所含的化合物按其来源可被分为：①"技术成因型"，即来自材料和设备；②"生物成因型"，即来自植物、动物和土壤；③"人为型"，即来自人体，而有些气体有多种来源。航天器中痕量气体积累的问题已被设法通过仔细选择材料而在很大程度上得到解决。解决该问题的常规方法包括使用活性炭或催化氧化的过滤方法，但这将需要大量的能源和/或消耗品（例如过滤器）的投入。为了解决生物圈 2 号中的这一问题，研究了如何利用土壤作为微生物代谢的基质从而降解痕量气体。考虑到生物圈中可能存在的微量气体，设计了一个连续的空气分析系统来监测 CO_2、O_2 和其他 9 种微量气体，即 CO、H_2S、SO_2、NH_3、NO（一氧化氮）、NO_x（这里指除 NO 外的其他氮氧化物）、O_3（臭氧）、CH_4 和总非甲烷烃类。为了在生物圈 2 号中实施空气净化，开发了"土壤床反应器"（soil bed reactor，SBR）技术（见 9.3 节）。土壤床反应器（soil bed reactor，SBR）通过迫使空气通过活性土壤的微生物群落而发挥作用。整个生物圈 2 号内的空气可在不到一天的时间内被输入经过土壤床反应器。

从 1991 年 9 月开始进行了为期两年的密闭试验，这一期间生物圈 2 号与周围环境之间几乎没有物质交换。空气交换，即大气泄漏率，估计每年低于 10%。这比任何以往所建立的实验生命保障装置都要密闭得多。以前，俄罗斯和美国的实验设施其每天的泄漏率为 1%～10%。针对泄漏率，可通过两种独立的方法确定：①通过观察两个膨胀室（肺）；②通过定期分析被掺入生物圈 2 号大气中的惰性气体 SF_6 浓度的下降值。通过环绕地基的隧道，可以在超过 200 个区域检测到痕量气体，这则有助于通过不锈钢衬垫检测和密封地下泄漏。

4. 能源需求

生物圈 2 号对阳光、电力和热量是完全开放的。因此，在没有人工光照的情况下其中的植物也可以进行光合作用。位于生物圈 2 号外部的能源中心进行发电，并使用单独的闭环管道系统通过能量交换而对设施中的热带生物群落进行热控。生物圈 2 号外面的蒸发水塔被用于散发废热。

空气处理器可以在整个生物圈 2 号中以高达 $600 \ m^3 \cdot s^{-1}$ 的速度循环空气。少量局部排气管道的风速为 $5 \ m \cdot s^{-1}$，但在许多区域却几乎察觉不到。阳光是生物圈 2 号光合作用的主要驱动力。表 7.5 所示为生物圈 2 号的能量需求峰值。

表 7.5 生物圈 2 号的能源需求峰值

项目类别	需求峰值
电力需求峰值	**数值/kW**
生物圈 2 号密闭空间	1 500
能源中心	1 500
总计	**3 000**
冷却需求峰值	**数值/$kJ \cdot h^{-1}$**
集约化农业	11.4×10^6
荒野生物群落	24×10^6
总计	**35.4×10^6**
加热需求峰值	**数值/$kJ \cdot h^{-1}$**
集约农业	3.6×10^6
荒野生物群落	7.4×10^6
总计	**11×10^6**
穿过玻璃进入系统的太阳能（峰值）	**数值/$kJ \cdot h^{-1}$**
集约化农业	8.7×10^6
荒野生物群落	18.5×10^6
总计	**27.2×10^6**
备注：系统发电能力为 5 250 kW	

5. 农业生物群落中食物生产

生物圈 2 号的集约化农业生物群落（intensive agriculture biome，IAB）被分为 18 个作物地块、一排稻田［包含土壤和水箱。一年四季都在上面养殖鱼、水稻或红萍（*Azolla*）］、一片果园以及若干种植容器（位于阳台上和地下室）。由于可利用阳光和高强度光，因此可以进行一般植物和树木培养。此外，还选择了具有抗病性和抗虫性的作物品种，并可对个别品种进行轮作，以避免出现相同的靶标作物（图 7.1）。总的来说，包括香料植物（herb）在内，在生物圈 2 号共种植了约 86 种农作物。

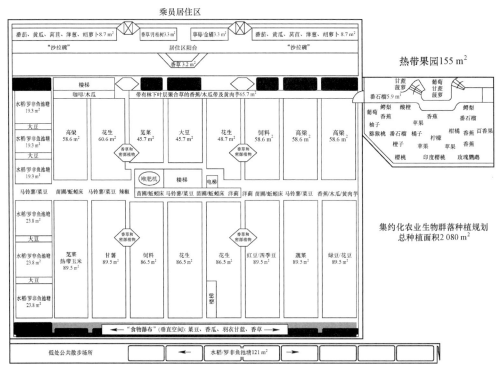

图 7.1　集约化农业生物群落种植规划布局图

计划由农业区为这 8 名乘员（也叫生物圈人，biospherian）和他们的家畜提供所有食物。在封闭时，最初供应了约 3 个月的食物，而这些食物是在生物圈 2 号被封闭前种植的。该实验的目标是在最初的两年密闭期间为乘员提供足够营养，并为下一批乘员留下类似数量的食物。光照是限制作物生产的一种主要因素，这就决定了需要选用能够在弱光下生长良好的作物品种。尽管如此，却没有补充生长光照的设施。而且，在系统内不使用任何农药和化肥。必须满足无污染农业的标准，因为在狭小且密闭的环境中一旦使用化学品，则可能会在空气或水中引起毒性，从而构成极端和紧急危险。即使是在生物圈 2 号 180 000 m³ 的体积中，其土壤、水和空气的缓冲能力仍很小，以至于一旦引入杀虫剂和除草剂，则必然会对乘员的健康造成严重威胁。因此，并未使用传统的杀虫剂。在生物圈 2 号中，所采用的害虫综合治理技术包括使用抗性品种、引进益虫、实施环境操作、进行人工干预和使用无毒喷雾剂。

在 IAB 内，通过空气处理装置调节温度和湿度。在该系统中，具有两个主要的生长季节。第一个是在冬季，即从 11 月到来年 4 月，将气温保持在 19～27 ℃；第二是在一年的其余时间，将气温保持在 19～30 ℃。相对湿度应被保持在尽可能低的水平，一般控制在 45%以下，以控制昆虫。由于冬季白天的日照时间较短，因此只分别种植了小麦和水稻的一个冬季品种，而在夏季，高粱、花生和甘薯则占主导地位。此外，生物圈 2 号标志着第一次将动物纳入了密闭系统。最初被纳入 IAB 的家畜有三种：非洲矮山羊（African pigmy goat）、猪（Ossabal feral Swine）和亚洲原鸡/日本丝毛母鸡杂交鸡（Asian Jungle Fowl/Japanese Silky Hen crossbred chicken）。在密闭期间，共饲养有 4 只母山羊、1 只公山羊、1 头母猪、1 头公猪、20 只母鸡和 3 只公鸡。

进行家畜系统的设计，是为了让动物主要吃乘员不能食用的农作物残渣。一天中，每只母山羊被喂 4 kg 粗饲料，如象草（elephant grass）。蚯蚓床（worm bed）保证了土壤和鸡饲料的供应。红萍是一种水蕨，可被用作生长在稻田里的罗非鱼的高蛋白饲料（含 30%的伴生细菌）和水稻的营养来源。红萍也被收获后用来喂养鸡和山羊。每天向所有动物提供标准维生素混合物作为膳食补充剂。家畜除了具有食用农作物残渣的功能外，还可以执行三种功能：首先，它们生产牛奶、鸡蛋和肉，提供了乘员饮食中大约 50%的脂肪摄入量。此外，它们还有助于营养物质的循环利用，从而开启了作物残渣（如花生和甘薯藤、粮食秸秆和香蕉叶）的循环利用过程。动物粪便被送入堆肥机。尿液和动物冲栏水与乘员的废物和生活废水一起在湿地循环系统中被进行处理。另外，它们为生物圈 2 号中的乘员提供陪伴。

采用了紧凑型的食品加工设备，如谷物脱粒机、种子清洁器、水稻脱壳机、锤磨机和甘蔗压榨机，以最大限度地减少人工劳动。利用电动旋耕机进行翻土。

以上目标是实现每人每天从事农业生产的时间不超过 3 h。

6. 水及废物管理

在生物圈 2 号中，一个完整的水循环包括从咸水海洋到淡水"雨"系统，之后再到溪流和湿地，最终回到海洋。内部水循环主要是在冷却盘管上通过冷凝来实现的。在该集约化农业中，每天获得约 7 500 L 的冷凝水。为 5 个生物群落（不包含集约化农业区和居住区）提供人工降雨。计算表明，当生物圈 2 号从相对不成熟发展到成熟时，则在活生物量中会进入 750 000 L 的水。据估计，最初密闭时热带雨林的生物量只占其成熟时生物量的 5%～10%。因此，为达到这一目的，与南"肺"相连的容器里建有一个蓄水池。

生物圈 2 号的淡水处理系统基本原理如图 7.2 所示。关键的循环步骤是从大气中进行冷凝，如图 7.2 顶部所示。水蒸气通过整个生物群落的蒸发和蒸腾作用进入大气，这些水蒸气既来自种植区，也来自水体的裸露表面。冷凝水在空气处理器的冷却盘管上形成，并被收集到托盘中，然后从托盘中被泵送到收集箱中。此外，在冷天时外部空气会导致玻璃很冷，从而使冷凝水在内部表面形成。接着，冷凝水排到玻璃的下缘，并通过许多塑料挤压槽进行收集，然后被输送到冷凝水储箱中。收集后，冷凝水可被进行分配。按体积计，冷凝水主要被用于给上述 5 个生物群落（不包括集约化农业区和居住区）进行降雨和农业系统进行灌溉。另一种用途，是在热带雨林的山顶上安装一套喷雾系统来制造雾气。而且，冷凝水的另一个重要用途是被用作饮用水。因此，使冷凝水通过两阶段的过滤和紫外线杀菌过程而进入饮用水储箱。

来自乘员和家畜的废物都是通过厌氧与好氧微生物及植物系统进行处理。为了保持长期的土壤肥力，将不可食农作物残渣和家畜粪便混合在一起进行堆肥，并将来自厕所和生活废水中的所有乘员废物都通过两步水生废物处理系统进行处理。初始降解发生在厌氧反应罐中。然后，在需氧"湿地"潟湖（lagoon）中进行批次处理，在此，生长有水生植物，如水葫芦（water hyacinth）、美人蕉（canna）、灯芯草（aquatic grasses）和芦苇（reed），以及与它们相关的微生物，它们对废水继续进行处理，因此实现了水回收。另外，这些水生植物生长迅速，它们会被定期割下作为饲料或被降解处理。经过该湿地废水处理后，这些水被加入农作物灌溉系统中，从而利用其中剩余的营养物质。

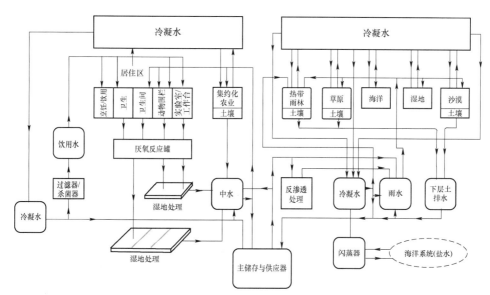

图 7.2　生物圈 2 号的淡水处理系统基本运行原理

7. 数据采集和信息管理

如前所述，生物圈 2 号对各种信息交换都是开放的。除了生物圈 2 号中生命系统的自然自动化控制反馈回路（natural cybernetic control feedback loop）外，还利用计算机和 1 900 多个不同类型传感器的数据采集点组成的五级"神经"系统对生物圈 2 号进行监测与控制。此外，为了研究大气、水、土壤和有机样品，还设有一间配备了色质联用仪（GC/MS）、离子色谱仪和原子吸收光谱仪等的分析实验室，以便在室内以几乎无污染的方式进行操作。气闸舱可方便将系统内的少量土壤、水、植物材料和大气样品等传递到外面以供分析，从而尽量减少系统与外界的大气交换。

该生物圈 2 号神经系统（Biosphere 2 Nerve System）是一套先进的网络系统，其被设计成具有图 7.3 所示的五个级别。数据流和监控流程如图 7.4 所示。

第一级是原始数据收集阶段。生物圈共有 2 000 多个传感器（它们每个每小时要采集大约 360 个读数，并被放置在整个生物圈的重要位置），它们被用于测量大气湿度、光照水平、水流、pH 值、CO_2 浓度、土壤湿度、水盐度以及水、空气和土壤温度等参数。此外，各种传感器监视设备的运行状态。

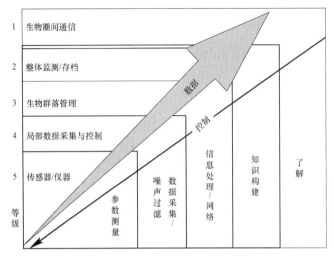

图7.3　生物圈2号神经系统中五个级别之间的相互关系

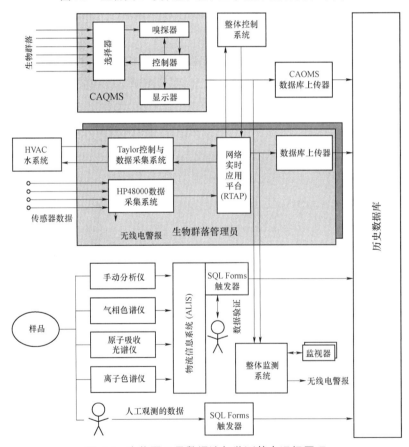

图7.4　生物圈2号数据流与监测基本运行原理

　　然后，传感器将电子信号发送到系统的第二级，并在那里对其进行转换。系统的这一级别还可对自动控制系统的某些方面进行更改，如空气泵或海洋潮汐机。例如，如果在沙漠地区中的传感器探测到危险的温度下降信号，则负责这一地区的计算机就会自动使空调系统输入热空气。的确，如果没有这种自动护理系统，则生物圈就很难维持。

　　数据在第三级会被进一步处理。在这里，对每个传感器收集其 15 min 的采集数据，然后确定该数据的最大值、最小值和平均值。接着，这些信息进入生物圈 2 号任务控制中心，随即由技术人员在那里监视其数据流和历史数据库。在第三级，每个生物群落都拥有自己的计算机，这被称为生物群落管理员（biome supervisor）。

　　在第四级，如果测量值不在安全区域内，则监测系统将发出警报以提醒技术人员注意发生的问题。计算机可以自动向最有能力处理它的人发送无线电警报。这样一来，就消除了让每个人都为一个人就可以解决的问题感到紧张不安的困惑。

　　该神经系统的第五级，可通过传真、调制解调器或计算机网络将信息分发到参与类似研究的其他中心。

7.3　生物圈 2 号测试舱

　　生物圈 2 号测试舱（Biosphere 2 Test Module），是生物圈 2 号的科学与工程原型（scientific-engineering prototype）（图 7.5），体积为 480 m^3。在建立大型设备之前，有必要建立一个小型的装置来测试、测量和学习如何操作不同的变量。与生物圈 2 号一样，测试舱的夹层玻璃和钢结构的空间框架上层建筑能够使外部阳光穿过（舱内的平均光合有效辐射是舱外的 65%），并在地下用不锈钢衬垫密封。测试舱的大小主要取决于是否能满足一个人的生命保障需求。此外，该测试舱不仅被用于测试生态系统，还可被用于开展实验、测试密封技术，以及测试为生物圈 2 号开发的许多其他组件的建造技术。

　　在该测试舱的乘员居住区相当于是一个小公寓。在其中占在大约 9 m^2 的面积内，包括一间厨房、一张折叠床、一套节水马桶和淋浴器、一套远程通信系统、一套基本的人体生理监测设备和一个工作站。该测试舱的平面结构布局图如图 7.6 所示。

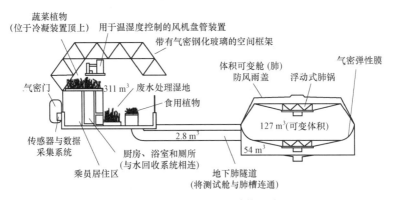

图 7.5　生物圈 2 号测试舱结构示意图

1987 年 1 月，在测试舱中开始了第一次无人实验。这一系列为期 4 个月的实验，标志着在密闭生态系统中采用了基于土壤的系统。在密闭期间所被研究的问题包括：①植物是否在高湿度环境下能够繁殖？②植物和土壤微生物过滤器（soil microbial filter）能够清除大气中的微量气体吗？③弱光（reduced light），尤其是紫外线，会有什么影响？④微生物在土壤生态系统中的所有功能是否存在？

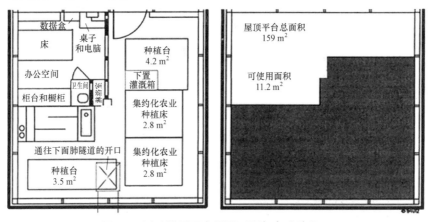

图 7.6　测试舱平面布局图（不包含"肺"）

在测试舱中，选择生长速率高、光合速率高并处于幼苗生长阶段的若干种植物，以使其能够最大限度地利用 CO_2。选择的植物有草原草、热带雨林灌木、小树、沙漠仙人掌和少量农作物。土壤是由低有机碳和高营养含量的浮石（pumice）、天然土壤和蝙蝠粪便（bat guano）组成的混合物，以减少土壤的呼吸量。水循环系统由三个子系统组成，分别是饮用水、居住区产生的废水和植物灌溉用水。厨房和生活废水通过微生物与植物的作用得到净化，然后被用来灌溉植物。该系统的面积为

$2.6 m^2$，计划使之每天能够有效净化 $19\sim57 L$ 污水，且无异味。通过两个除湿机从大气中蒸馏出饮用水，并使用紫外线消毒系统进行消毒，既可用于厨房，也可用于 $0.9 L \cdot min^{-1}$ 的淋浴。

在第一次重新开启之后，很明显该系统运行状态良好：没有大规模的死亡发生；没有微生物、昆虫或植物破坏性地猖獗生长；没有绿色黏液铺满玻璃墙；主要的功能性微生物大量存在。测试舱的空气交换率（泄漏）低至 24% 每年。同时，这一系列的实验为进行密闭生态系统基本参数的详细建模提供了信息。

1988 年和 1989 年，共开展了三次包括一名乘员在内的测试舱实验，持续时间分别是 3 d、5 d 和 21 d。这些实验是第一次将人密封在一种长期由自然光驱动而进行水、废物、食物和大气等生物再生的系统中。研究结果表明，在所有包含乘员的密闭设施中，没有一种微量气体达到对乘员生命有害的水平。例如，表 7.6 显示了第一次密闭期间测试舱中被鉴定的微量气体。在包含乘员的第三次密闭期间，使用了一套分析系统来连续监测 CH_4、非甲烷总烃、NO_x、O_3、NO、CO_2、O_2、H_2S、SO_2、NO_2 和 NH_3。例如，本实验中 NO_x、O_3、SO_2 和 CH_4 的数据如图 7.7 所示。对于每种化合物，其数值都远低于临界值。NO_x 浓度范围在 $0.15\sim3 \mu mol \cdot mol^{-1}$（警戒水平在 $30 \mu mol \cdot mol^{-1}$ 左右），O_3 的峰值约为 $0.021 \mu mol \cdot mol^{-1}$（$0.1 \mu mol \cdot mol^{-1}$），$SO_2$ 的峰值为 $0.005 \mu mol \cdot mol^{-1}$（$2 \mu mol \cdot mol^{-1}$）。人在该密闭系统中生活后，$CH_4$ 浓度上升到 $150 \mu mol \cdot mol^{-1}$ 左右，但仍远低于临界水平。有人密闭试验阶段后的数据表明，进行甲烷代谢的微生物需要一段时间才能建立其种群以降低大气浓度，然后形成经典的负反馈回路。

表 7.6 首个进入密闭测试舱中所检测到的微量有机气体

化合物	发现的同分异构体数量	可能的来源
A：采用气相色谱仪和质谱仪联合检测的结果		
烷基取代环戊烷	1	c
丁酮	1	c
二硫化碳	1	b
环己烷	1	c
十氢化萘（萘烷）	1	a

化合物	发现的同分异构体数量	可能的来源
癸基甲基环戊烷	1	a
癸烷	1	c
二甲苯	2	a
二甲基环己烷	3	c
二甲基环戊烷	4	b
二甲基己烷	2	c
乙酸二甲基辛二烯酯	2	b
二甲基辛烷	2	c
二甲基辛氨酸	1	b
二甲基戊烷	1	b
乙基甲基环戊烷	1	c
乙苯	1	c
乙基环己烷	1	c
庚烷	1	c
二甲基环戊烷	1	a
己烷	1	c
异丙基取代环戊烷	1	b
甲基（甲基乙烯基）环己烷	1	b
甲苯	1	a
甲基双环己烯	1	b
甲基环己烷	1	c
甲基环己烯	1	c
甲基环戊烷	1	c
甲基庚烷	1	a
甲基己烷	2	c

续表

化合物	发现的同分异构体数量	可能的来源
八甲基环四硅氧烷	1	a
取代环己烷	3	b
取代环己烯	1	b
四氯乙烯	1	a
四氢呋喃	1	a
1，1，1-三氯乙烷	1	a
三氯甲烷	1	a
三甲基双环庚烯	1	b
三甲基环己烷	2	c
三甲基环戊烷	3	b
三甲基戊烷	1	c
三甲基硅烷醇	1	a
B：采用气相色谱仪/火焰离子检测仪联合检测的结果		
乙烷	1	c
乙烯	1	c
甲烷	1	c
丙烷	1	a
C：采用连续传感器检测的结果		
氨	不适用	b
一氧化碳	不适用	b
甲醛	不适用	a
硫化氢	不适用	b
二氧化氮	不适用	b
臭氧	未检出	
二氧化硫	不适用	b
可能的来源：a＝技术源；b＝生物源；c＝技术源＋生物源		

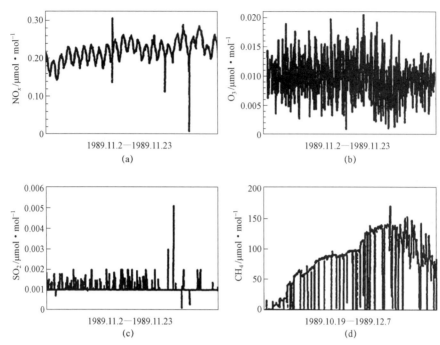

图 7.7　进人密闭测试舱中 NO$_x$、O$_3$、SO$_2$、CH$_4$ 的浓度动态变化情况

[1989 年 11 月 2 日至 23 日开展了进人实验。（a）NO$_x$ 浓度；（b）O$_3$ 浓度；
（c）SO$_2$ 浓度；（d）CH$_4$ 浓度（为进人前和进人后在无人实验阶段所测得的数据）]

另一个例子是，在第二次进人封闭试验（1989 年 3 月 8 日至 13 日）之前、期间和之后所获得技术源气体行为的典型数据，如图 7.8（a）～（c）所示。图 7.8 显示了密闭后三种气体浓度最初呈现上升态势，然后在土壤反应床和其他生物的代谢作用下而迅速下降到极低水平。本例中，典型的技术源气体来源是油漆（甲苯）、胶水（四氢呋喃）和树脂（乙苯）。

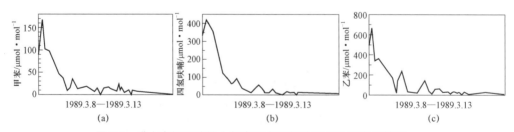

图 7.8　进人密闭测试舱大气中技术源气体组分动态变化情况

（a）甲苯浓度；（b）四氢呋喃浓度；（c）乙苯浓度

7.4　研究领域

生物圈 2 号体现了生态学与技术学的一种共生关系。它为研究生态系统如何自我组织以及测试生物多样性和稳定性之间的关系提供了实验室。它还为我们提高开发支持而不是破坏环境的技术的能力提供了机会。为了了解在生物圈 2 号中所开展的研究，则必须首先了解这种人工生态圈（ecosphere）的特殊性。例如，从大气角度来说，在生物圈 2 号内的活体生物量含量大约是全球环境的 100 倍。

与大气中的有机碳相比，土壤中的有机碳要高出几千倍。这将使 CO_2 在大气中的平均停留时间从地球生物圈的约 3 年减少到生物圈 2 号的约 4 d。CO_2 的日通量和季节通量也要大得多。表 7.7 中总结了生物圈 2 号和地球生物圈之间的部分差异情况。

表 7.7　生物圈 2 号和地球生物圈的比较

参数	地球生物圈	生物圈 2 号
海洋表面积/%	71	15
最深海洋深度	11 km	7.6 m
最高大气高度	17 km	23 m
生物量碳:大气碳	1:1	9:1
大气碳停留时间	8～10 年	2～4 d
紫外线辐射	在表面有一定量	被玻璃过滤掉
群落规模	相对较大	相对较小
物种密度	相对较低	相对较高

生物圈 2 号试图消除农用化学品污染等潜在问题，并在可能的情况下通过选择天然或毒性较小的材料来尽量减少诸如微量气体排放等其他潜在问题。纸张和其他潜在固体废物的数量受到限制。为尽量减少空气污染问题，任务也规定禁止生火和使用明火，禁止乘员向野生生物群落（指除集约化农业区和居住区以外的其他 5 个区）扩张。除了偶尔吃一碗水果或一些特产（如雨林树上结出的咖啡豆），

乘员的食物主要来自农作物。如果从海洋中捕捞的鱼被送到了厨房，或者从大草原上割下的草被送到了家畜那里，那么则需要通过适当方式将养分返回野生生物群落来恢复生物量。乘员会定期对生物群落进行土壤和水质测试，以确定由藻类净化系统从沼泽和海洋水中所去除养分的分配去向。

总的来说，对生物圈 2 号集约化农业生物群落的要求是，在不使用化学产品的情况下保持无限期的可持续发展和高产（全年为 8 名乘员提供全部营养）。这就需要一种农业系统，其能够通过使养分返回土壤来维持土壤肥力，并能够通过益虫、轮作、间作等方法来对付各种各样潜在的病虫害。

由于生物圈 2 号的内部是亚热带气候，因此这种系统可能最适用于目前位于热带地区且食物匮乏的发展中国家。除此之外，根据建造者的说法，生物圈 2 号的研究计划反映了两个主要目标：①研究物质密闭系统内的生态系统和生物圈之间的相互作用关系，以此作为了解基本全球生态演化过程的工具。②提升为太空基地建立物质密闭生命保障系统的能力。

根据已知条件，形成以下几条经验。

（1）测量和监控系统如何对接收到不足 50% 的周围环境光照作出反应。

（2）在光照水平受限的情况下，CO_2 浓度将高于生物圈 1 号。应测量此浓度下的 CO_2 对人体、动物、植物或珊瑚礁系统是否会引起任何问题。

（3）研究大气中的 CO_2 对海洋酸度的影响。

（4）研究农业系统，该系统被特别设计为热带和亚热带作物的综合系统，并且是在受到各种害虫捕食的情况下运行，这里并未使用具有化学毒性的农药，并且废物回收率为 100%。如果该系统能在约 2 024 m^2 的土地上为 8 名乘员提供全部饮食，那么该实验可能会对地球"饥饿带"（Hunger Belt）以及为太空定居而设计小面积农业系统带来有趣的启示。

（5）监测生物圈 2 号中在所选物种中间遗传多样性的时间特征变化，包括根据物种的实际灭绝水平来测试灭绝过程的模型。

除了由太空生物圈风险投资公司（Space Biospheres Ventures）开展的实验外，生物圈 2 号也是其他机构研究项目的"东道主"，具体见表 7.8。特别是，生物圈 2 号是一种能够就生物对大气参数的影响开展缜密研究的实验室。生物量与大气的高比率及其储量少确保了生物对大气组成能够即时发挥影响。在一年中，生物圈 2 号中的 CO_2 从大气进入生物体或水系统，再回到大气，总共有近 100 个循环。另外，还计划对氮和磷等其他重要的养分循环开展研究，并揭示其特异性作用机制和动力学。在对大气开放和物质密闭的自然生态系统开展研究时，能否跟踪大气成分循环是以上两种研究的根本区别。不断变化的生态系统和单个物种对此类气体浓度升高会做出反应，而这在预测可能的反馈机制中将非常重要。在实验中，乘员会积极管理任何威胁健康的大气成分。

表 7.8　在生物圈 2 号中所开展的研究项目

研究项目	研究者及所在单位
碳模型	D. Botkin，美国加利福尼亚大学
氧气动力学	W. Broecker，美国哥伦比亚大学拉蒙特·多赫蒂实验室（Columbia's Lamont-Douherty Lab）
珊瑚礁活力	P. Dustan，美国查尔斯顿学院
系统建模	H.T. Odum，美国佛罗里达大学 J. Corliss，美国 NASA 戈达德太空飞行中心（Goddard Spaceflight Center）
海洋化学	B. Howard，美国康奈尔大学

生物圈 2 号为研究生物群落的相互关系以及它们的相互作用如何影响整个系统平衡提供了一种实验平台。此外，可以研究 8 名乘员，包括其技术和农业，对单个生态系统和整个系统动力学的影响。与全球环境相比，在生物圈 2 号中，乘员的健康与其密闭环境的健康之间的联系将更加直接和可量化。例如，采用密闭前和密闭后的样本对乘员的血液化学与毒理学进行了研究。由于对乘员在生物圈 2 号内的所接触水和空气质量进行了严密监测，因此将有可能观察到他们的血液系统对其之前接触过的化学物质的反应，以及对目前在设施中所发现的微量化合物的反应。同样，从生物圈 2 号可能会得出有趣的数据，以说明生态系统运作中多样性的重要性。对物种丧失、扩展和物候学的研究将有助于确定生态自组织（self-organization）在生物圈 2 号的长期发展所发挥的作用。生物圈 2 号为观察到"岛屿"效应在多大程度上导致地面与水生生态系统中局部生态系统和物种的简化与损失等提供了独特机会。

■ 7.5　初期研究结果

本章概括了生物圈 2 号实验的部分研究结果。在第一次密闭实验中,即从 1991 年 9 月 26 日到 1993 年 9 月 26 日的两年间,有 8 名乘员驻留在生物圈 2 号内。之后,经过 5 个半月的过渡阶段后,在 1994 年 3 月,第二批有 7 名乘员开始进行了密闭实验,于 1994 年 9 月结束,为期约 6 个月。后来,在生物圈 2 号中未再开展长期进人试验。利用气闸舱,可以最大限度地减少气体交换,这样科学家和工程师将能够进驻该设施,并根据所需要做的工作而开展短期进人试验(从几天到几个月)。这里,将生物圈 2 号最初两年的进人试验运行结果总结如下。

1. 营养与乘员健康

在生物圈 2 号中,第一批乘员,包括 4 名男性和 4 名女性(年龄在 25～67 岁),于封闭条件下居住了两年,以其中栽培的各类农作物为生。男性平均年龄为 42 岁,女性平均年龄为 36 岁,两者之间没有显著差异。所有人都身体健康,而且不吸烟。分析表明,在研究期间所有持续的身体活动相当于是每天 3～4 h 的人工耕作。在密闭前 2～4 个月,所有乘员均接受了全面的身体检查、尿液分析、呼吸肺活量测定等。在密闭期间,每两周,不同性别各有一名乘员会接受症状复查、身体检查、尿液分析和血液分析。

乘员的饮食基本上是素食,摄入 6 种水果(香蕉、无花果、番石榴、柠檬、木瓜和金橘)、5 种粮食(燕麦、大米、高粱、小麦和玉米)、裂荚豌豆、花生、其他 3 种豆类、19 种绿叶等各类蔬菜、马铃薯和甘薯,以及少量的山羊奶和酸奶(平均 84 g·d^{-1})、山羊肉、猪肉、鸡肉、鱼肉和鸡蛋(分别是平均每天 2.5 g、6.0 g、3.6 g、2.0 g 和 3.0 g)。饮食提供了足量的所有必需营养成分,但维生素 D(该生态系统的钢化玻璃只能透过微量的紫外线辐射)、维生素 B_{12}(在动物产品含量低的饮食中不足)和钙(平均 500 mg·d^{-1})除外。该饮食中含有足够的蛋白质(63 g·d^{-1})、高纤维(52 g·d^{-1})、低胆固醇(36 mg·d^{-1})和脂肪(约占能量摄入的 10%)。每人每天还要接受维生素和矿物质补充剂,包括约 50% 的推荐日摄入量(recommended daily allowance,R.D.A)或"安全和适当"量的已知必需维生素和矿物质,具体见表 7.9。

表 7.9　生物圈 2 号中乘员食用的农产品种类及数量等情况

项目		数量	推荐日摄入量	所占推荐日摄入量的百分比/%
热量/kJ		8 925	7 140～10 500	125～85
蛋白质/g		69	58	119
脂肪/g		29	28	104
农业总产量/kg				
蔬菜		粮食		水果
四季豆	8	水稻	196	苹果	1
甜菜叶	273	高粱	131	香蕉	1 024
甜菜根	308	小麦	113	无花果	39
灯笼椒	13			番石榴	41
萝卜	88			金橘	4
辣椒	63	淀粉类蔬菜		柠檬	10
甘蓝	83	马铃薯	198	酸橙	4
黄瓜	17	甘薯	1 335	橙子	6
茄子	155	黄肉芋	84	番木瓜	639
羽衣甘蓝	11	山药	20		
莴苣	90				
洋葱	107			动物制品	
小白菜	12	高脂肪豆类		山羊奶	407
糖荚豌豆	1	花生	24	山羊肉	8
南瓜种子	8	大豆	14	猪肉	35
西葫芦	187			鱼肉	10
瑞士甜菜	58			鸡蛋	6
甘薯叶	64	低脂肪豆类		鸡肉	8
番茄	288	扁豆	63		
笋瓜	261	豌豆	15	总计	**6 530**

个别中英文对照备注：四季豆（greenbean）；小白菜（bok choy）；糖荚豌豆（snow pea）；甘薯叶（swt. pot. greens）；笋瓜（winter squash）；扁豆（lablab bean）

低热量（1991 年 9 月至 1993 年 9 月，平均为 7 448 kJ·d⁻¹）及高营养的饮食，符合许多动物实验中促进健康、延缓衰老和延长寿命的研究结果。8 名乘员的医学数据发生了显著变化，密闭前数据与密闭 6 个月后数据的比较见表 7.10。研究结果表明，在西方国家的正常富人群体中，当采用精心挑选的饮食时，可以通过降低胆固醇和血压来快速并可重复地在风险因素中引起根本和可能有益的变化。

表 7.10 乘员被封闭前后的生理学变化情况

参数	封闭前	封闭后 6 个月
平均体重/kg	74（男性）	62（男性）
	62（女性）	54（女性）
平均收缩血压/舒张血压/mmHg	109/74	89/58
总血清胆固醇含量/（mg·dl⁻¹）	191±1	123±9
高密度脂蛋白含量/（mg·dl⁻¹）	62±8	38±5
甘油三酯含量（mg·dl⁻¹）	139（男性）	96（男性）
	78（女性）	114（女性）
空腹血糖含量/（mg·dl⁻¹）	92	74
白细胞含量/（细胞个数·L⁻¹）	$6.7×10^9$	$4.7×10^9$

2. 食物生产

第一年的生产情况总结见表 7.9。对环境条件，如大气温度、湿度和土壤水分，进行了调控以尽量减少有利于害虫生长的环境条件。在 1991 年的秋天，也就是实验启动后所遇到的第一个秋天，由于作物根部感染了镰刀菌（*Fusarium fungus*），因此损失了 3 块地的豌豆。这可能是由于地面湿度过大造成的。在最初的 18 个月里，通过应用环境调控技术，可根据外部天气条件的变化调整温度和湿度，因此改善了对地面湿度的控制。另外，在农业生物群落中所接收到的光照强度的动态变化情况如图 7.9 所示。

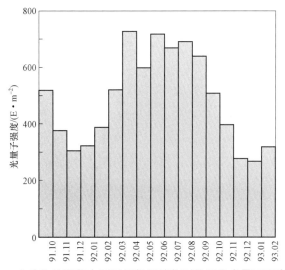

图7.9 农业生物群落中不同月份所接收到的平均光量子强度比较

3. CO₂浓度

CO_2 由于可作为植物的养分而受到关注。已有研究表明，在较低浓度下它能够减缓植物的生长，而当浓度足够高时它对植物和动物都具有毒性。在大气中的 CO_2 浓度呈现出明显的季节和日变化特征。两年的封闭试验中，CO_2 浓度的一般昼夜变化范围约为 600 $\mu mol \cdot mol^{-1}$，但偶尔会超过 3 000 $\mu mol \cdot mol^{-1}$，即从低至大约 1 000 $\mu mol \cdot mol^{-1}$ 到高至 4 000 $\mu mol \cdot mol^{-1}$ 以上，该峰值与异常黑暗的阴雨时期的相一致（图 7.10）。

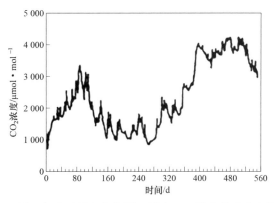

图7.10 近一年半时间内生物圈 2 号中 CO_2 浓度的动态变化情况
（1991 年 9 月 26 日至 1993 年 3 月 30 日）

在白天和夜间，CO_2 的浓度波动很大：在白天，由于强烈的光合作用而导致 CO_2 被大量吸收；而在夜间，由于这时的呼吸作用不受约束而导致 CO_2 浓度迅速上升。封闭前两年的数据也显示，大气 CO_2 浓度存在很强的季节性变化。在冬季，当外界光强降至最低水平时，CO_2 的平均浓度在 2 500~4 000 μmol·mol^{-1}。相反，在夏季，白天明显变长而导致总光输入量达到最大，这时生物圈 2 号大气中的 CO_2 平均浓度只为 1 000~2 500 μmol·mol^{-1}。1991 年 12 月，室外平均 PPF 只为 16.8 mol·m^{-2}·d^{-1}，而 1992 年 6 月 PPF 则高达 53.7 mol·m^{-2}·d^{-1}。由于结构性阴影和玻璃对阳光的阻挡，平均只有 40%~50%的外界 PPF 进入生物圈 2 号中。

4. 氧气浓度

密闭后，发生的大气氧气浓度下降的确出乎意料。自 1991 年 9 月密闭以来，氧气含量从地球大气环境水平的 20.94%开始下降。大部分下降发生在密闭后的前 4 个月。到 1992 年 1 月底，达到了 18%。自 1992 年 4 月底以来，含氧量的下降基本呈线性趋势，即每月下降 0.25%，具体分别为 16.95%（1992 年 6 月）、16.04%（1992 年 9 月。对应于大约海拔 3 300 m 高度处的氧浓度）及略低于 14.5%（1993 年 1 月中旬）。根据医学建议，当 O_2 浓度达到这一水平时，在几周内则将纯氧注入生物圈 2 号，以将其大气浓度提高到 19%。然而，到 1993 年 6 月，生物圈 2 号大气中的氧含量再次下降到 17.8%（图 7.11）。

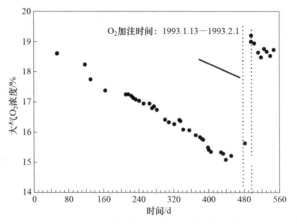

图 7.11　近一年半时间内生物圈 2 号中氧气浓度的动态变化情况
（1991 年 9 月 26 日至 1993 年 3 月 30 日）

在系统中，同时出现了 O_2 和活性炭的明显损失，而且 CO_2 也可能同步损失。经分析后认为，这是由土壤和植物组织等中的同位素丰度（isotropic abundance）的质量平衡决定的。这和生物圈 2 号中 O_2 的损失率与太阳光通量呈反比变化的事实，支持了土壤有机物氧化而导致 O_2 损失和随后 CO_2 以碳酸钙（$CaCO_3$）形式沉积的这样一种假设。约有 0.9% 的 O_2 被 CO_2 沉淀所产生的碳酸钙所螯合。通过对几种材料中 C_{12}/C_{13} 同位素比值的测定和质量平衡方程的应用，得出了上述结论。几种土壤反应可能会导致 O_2 螯合，包括还原铁、硫或氮等土壤成分的氧化、土壤有机物的氧化以及随后碳酸钙的形成。

5. 大气泄漏

如果生物圈 2 号没有被有效地密闭起来，那么就很难或不可能观察到一些重要的大气变化情况。1991 年 9 月至 1992 年 1 月，通过在各种压力下开展实验而建立了泄漏率和压力之间的关系，并推断出在所被维持的操作压力下每年的泄漏率为 6%。此外，通过测量带标记物痕量气体（六氟化硫。英文缩写为 SF6）的逐渐稀释的浓度，可以确定每年的泄漏率不超过 10%（图 7.12）。

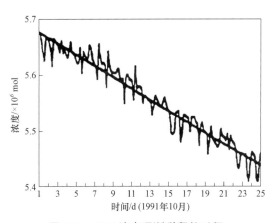

图 7.12　SF6 浓度逐渐稀释的过程

密闭系统内部和外部之间的压力差会使即使很小的孔也会发生泄漏。这些压力差本质上是周期性的，即通常遵循昼夜光周期或天气模式。在地基 CELSS 中，这两种负的大气压差是由三种因素共同作用的结果：①热胀/冷缩；②水在液相和蒸汽相之间的转变；③外部气压变化。

该压力差通常在 5 kPa 的数量级。通过提供柔性膨胀室（即柔性气囊），压力差范围可以减少两个甚至三个数量级，从而可以相应地减少泄漏。另外，在肺膜或弹性密封件上也可能发生气体渗透（permeation）而导致泄漏。渗透速率一般取决于气体的种类及其分压，并可能会改变大气组成。

6. 痕量气体

生物圈 2 号大气中的污染物并未成为问题。已检测到几种由建筑材料所产生的气体，其含量低至十亿分之一的水平，因此对乘员的健康不构成威胁。其他痕量气体 CO、NO_2、NO、SO_2、H_2S、NH_3 和 O_3 也全部以十亿分之一的水平存在。甲烷含量约为 60 μmol·mol^{-1}，而 N_2O（一氧化二氮，俗称笑气。译者注）的含量约为 30 μmol·mol^{-1}。在生物圈 2 号被密闭的前 10 个月进行的空气分析显示，存在130 种痕量气体，它们都是生物源性和技术源性的。然而，由于痕量气体的含量一直被保持了足够安全的水平，因此不需要使用土壤反应床。同样的土壤代谢机制是通过空气在生物圈 2 号的农业和野生生态系统土壤中的自然混合与扩散而发生的，尽管速率较慢。1993 年 6 月，空气和水中的有毒化合物达到了有史以来的最低水平，这可能至少在一定程度上是由于建筑材料的老化而使其逸出气体的比率有所下降所致。

7. 珊瑚礁研究

建造生物圈 2 号的海洋和珊瑚礁是该项目中最具挑战性的部分。在容积为3 400 m^3 的海洋中有一片珊瑚礁，生活着大约 40 种硬珊瑚和软珊瑚以及 60 多种热带鱼、螺、虾和螃蟹。在生物圈 2 号海洋内部测量的环境变量，包括 pH 值、光照、碱度、溶解养分、溶解氧浓度和温度。珊瑚礁不仅在系统中存活了下来，而且在头两年的密闭实验过程中一直未遭受重大损失，并且在过渡研究期间进行了大量的珊瑚繁殖。珊瑚原始种只消失了一种。在这期间，人们目睹了珊瑚的疾病和白化病的爆发以及它们爆发的明显减缓与控制。虽然在天然珊瑚礁中这是一种很普遍的现象，但迄今为止尚未得到充分研究。目前，正在进行科研申请，以支持对佛罗里达群岛的退化和不健康的珊瑚礁、伯利兹和巴哈马珊瑚礁（Belize and Bahama reef）和生物圈 2 之间进行长期珊瑚研究与比较。

8. 物质循环

生物群落内部及其之间的碳、氧、几种氮和其他元素之间的转移平衡（shifting equilibria）管理，是生物圈 2 号中最重要和最有趣的科学挑战之一。集约化农业生物群落似乎在这些动态变化中起着核心作用。它的许多平衡是正在进行的研究主题，这将会在今后的出版物中进一步予以讨论。

9. 植物多样性

在密闭期间，生物圈 2 号设施维持了多样化的生命组合。自密闭以来，大多数植物物种持续存在，且冠层生物量有所增加。另外，在植物群落，特别是沙漠生态群落中，出现了一些物种优势度转移（species dominance shift）的情况。

第 8 章
未来太空生命保障

■ 8.1 未来载人航天探索

可以说，我们有许多想要继续开展太空探索的理由。如果人类决定返回月球并前往火星，那么原因可能如下。

（1）满足探索、奋斗、寻求和发现的需要。

（2）增加科学知识储备。

（3）加深对宇宙生命的了解，并查明火星上是否曾经存在过生命。

（4）点燃人类精神。

（5）利用月球甚至火星的资源。

关于未来的太空探索，当今的主要挑战之一是发展一种渐进的太空开发方法。对未来的载人航天探索来说尤其如此。在这方面，可采取三种不同的实施方案。

（1）人类探险，通过将人类送上火星或其卫星，来实现高度可见的近期目标。这些探险的范围和目标将与阿波罗计划（Apollo Program）相似，即其基础设施的开发只能达到保障短期飞行的必要程度。

（2）科学前哨，强调科学探索以及对永久住地所需的技术和操作的研究。

（3）逐渐拓展，重点通过采取一系列步骤来对内太阳系进行探索与定居，并不断开发技术、积累经验及构建基础设施。

图 8.1 所示为这样一种人类空间探索进程路线图。

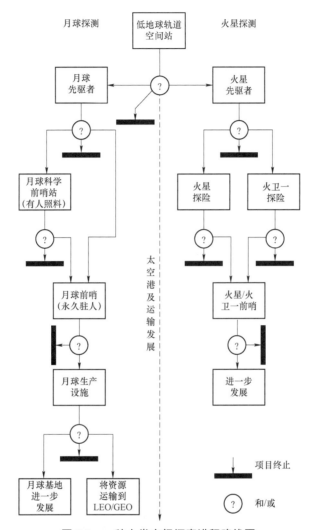

图 8.1　一种人类空间探索进程路线图

　　无论如何，未来载人航天探索的关键在于提供能够切断与地球"脐带连接"的技术。依靠地球上消耗品的频繁补给在实际中是不可行的，这就决定在星球基地要广泛采用可能基于综合物理－化学和生物部件的密闭再生生命保障系统。

　　由于星球环境的严酷，这就要求必须通过能够实现生物过程的技术手段来提供足够的生命保障，如植物和动物的生长与繁殖。在太阳系中存在着各种各样的环境，它们可能是建立科学设施、工作基地和殖民地的潜在场所。这些包括高压环境，如金星表面（＞100 bar）或地球的深海区（≫100 bar）。鉴于此，可以通过将航天员居住地的环境压力维持在 1 bar 或更低，或将这些环境的压力维持在接近周围环境压力的水平来应对高压。这些方法各有利弊。在高外部压力区域中将居住地维持在 1 bar 的压力下将具有很高的结构强度要求，但航天员将能够在正常的生理条件下生活。相反，假如设计在接近高环境压力水平的内部压力下运行的居住地，其结构强度要求较低，但航天员将会被暴露在异常生活条件下。人类可以在高达 66 bar 的高压下生活和工作，而且至少在短时间内是可以这样的。细菌能在高压下长期生长。在高压（10 bar）对地面植物代谢功能影响的实验中，发现种子生长会因种而异。发芽－生长综合实验表明，生命周期的这两个部分都可在高压下实现。然而，影响也因植物种类而异。发芽－生长－光合作用综合实验表明，对受试植物种而言，在高压下均可进行光合作用并由此产生生物量，但其程度会有所不同。

这些结果业已表明，与在地球上通过主动控制环境参数获得的作物产量相比，在高压条件下的作物产量也可能被大大提高。在星球基地，植物可被培养在专用舱（"温室"）内。可以采用传统的土壤型农业，还可以采用水培或雾培技术。地球和星球基地上农业之间的最大区别是，在地球生态圈中，生物再生过程的稳定性由气体、水和生物量（即大气、海洋、森林等）的巨大缓冲来保持，而在小规模的 CELSS 中，则需要主动控制或"操控"整个生态系统，以缩小各种物资的储备规模，并仍然能够保持系统的稳定性。此外，再生过程的可行范围也会受到物理限制，具体包括：

（1）再净化过程中因真空排气而导致的水分流失；

（2）通过大气泄漏和气闸操作而导致的空气与水蒸气损失；

（3）残留物氧化过程中碳和氮的损失。

因此，自给自足不仅必须基于消耗品的无限期再生，而且还必须利用当地的星球资源来弥补诸如 CELSS 中的资源消耗，从而最大限度地减少从地球上获取原材料的需求。待开发的原位资源包括以下几个方面。

（1）重力：对于在星球基地中操作重力敏感型设备，如相分离器或尘埃/颗粒收集器非常有用。它还允许通过自然对流进行热传递，如果植物能够感知"向上"的方向，则将有助于植物生长。此外，水培/雾培液体的收集在低重力下也比在失重状态下要更容易。

（2）阳光：可能对基地和温室光照有帮助。可以使用玻璃制品（glazing）或光导管（light piping）（通过光纤），并提供适当的辐射防护（见 6.4.3 小节）。

（3）土壤：可被作为有用矿物的来源，例如可被用作建筑材料、植物生长基质（如玻璃棉或岩棉）、散热器或在水过滤中的吸附材料。

（4）大气：可用于大气采矿，如大气中的 H_2O、N_2、CO_2 等的浓缩可以从一个固定的地点进行，因此与需要运输、挖掘、现场操作和一些其他后勤保障的土壤采矿相比，这对火星可能是一种选择。

然而，在这一点上应该指出的是，为了使用月球和火星上的资源，可以应用许多类似的技术，但有两个主要区别。

（1）由于月球上几乎没有大气层，所以不可能压缩大气。

（2）由于传输时间长，因此从地球上远程操作火星上的机器人设备基本上是不可能的。

8.2　空间站

就像已被使用的和平号空间站一样，未来的国际空间站将作为空间研究实验室，并有可能成为执行月球和火星任务的中间补给基地。作为一种闭合程度较高的系统，空间站的生命保障系统比以往任何时候都更为复杂，因为以前的大多数基本上是开环系统。长期运行大大增加了对生命保障系统复杂性的要求。尤其是，长期运行必须适应简单在轨维护而很少需要航天员的工作时间。然而无论如何，仍将主要使用物理-化学系统，例如，将还原 CO_2 以 H_2O 的形式予以回收，并通过水电解产生 O_2，从而消除了对 O_2 的补充。另外，对卫生废水、尿液、冷凝水和 CO_2 还原的产物水等均进行回收，以尽量减少水的补给等。表 8.1 中概括了国际空间站生命保障子系统的候选技术。此外，空间站还可被作为研究设施，以用于开发生物再生生命保障要素，即 CELSS 技术，这将被用于在月球和火星上建立永久性载人基地。

表 8.1　国际空间站生命保障子系统的候选技术

功能子系统	潜在应用技术
大气再生系统	
CO_2 浓缩	电化学 CO_2 浓缩器；蒸汽解吸胺
CO_2 还原	萨巴蒂尔（甲烷）反应器；博世（碳）反应器

续表

功能子系统	潜在应用技术
O_2 产生	静态进料 H_2O 电解；酸性电解质；H_2O 电解
微量污染物控制	高温催化氧化剂；再生碳；消耗性碳
大气监测	质谱仪
大气压力与成分控制	
氧气储存	低温高压气体
氮气储存	低温高压气体
氮气生成	低温肼催化分解
成分控制	航天飞机技术
压力控制	航天飞机技术
温湿度控制系统	
温度控制	不锈钢板翅（plafefin）
湿度控制	不锈钢板翅；吸湿材料（slurper）
通风循环	通风风机；稳流管（anemostat）
水回收系统	
预处理	含硫酸 Oxone 氧化剂；含硫酸消泡剂
尿液回收	蒸气压缩蒸馏（VCD）；热电膜（TEM）
冷凝水和卫生水回收	超滤（UF）；反渗透（RO）
后处理	活性炭；紫外线+臭氧氧化
水质监测	电化学法［测量有机物含量、总有机碳（TOC）、pH 值、导电率］
杀菌剂添加与监视	加碘；蒸汽灭菌
微生物监测	碘（杀菌剂）光谱法监测仪；微生物监测仪
水储存	不锈钢风箱式储箱
个人卫生系统	
凉水	不锈钢冷却器
热水	筒式电加热器
洗手	遮盖式喷雾和风力运输器（covered spray & air transport）
全身淋浴	密闭式喷雾和手持式单子

续表

功能子系统	潜在应用技术
洗衣	滚筒洗衣机/滚筒风干机
废物管理系统	
大便收集	改良型航天飞机座椅式便桶
小便收集	航天飞机技术
固体收集	不锈钢容器
垃圾压实	机械切碎/网格化
被压实的固体储存	不锈钢容器；超临界湿氧化（SCWO）
被浓缩的废液储存	不锈钢容器；超临界湿氧化

■ 8.3　月球基地

载人月球基地的建立可以按照以下三个独特功能进行论述。

（1）开展关于月球特性及其环境的科学研究与应用。

（2）能够在整个地球-月球系统中将月球材料用于有益目的。

（3）开展研究和开发，以建设自给自足的月球基地。

类似于在地球南极基地的任务，月球基地可以提供后勤和支撑实验室能力，以通过广泛的野外调查、取样和仪器安置来迅速拓展对月球地质学、物理学、环境科学和资源潜在性的了解。由于可获得自由真空的环境，因此可能会启用新的实验设备，如大粒子加速器（macroparticle accelerator）。由于具有固定平台，因此就可以进行全新的天文干涉测量。在月球上长期自给自足运行所面临的挑战，可以推动基于月球材料的材料科学、生物加工、物理学和化学以及再加工系统等方面的科技进步。然而，如希望重返月球以建立不断发展的月球基地，则需要回答两个基本问题。

（1）人如何能够在月球上停留足够长的时间以开始重要探索？

（2）月球基地如何从一个小型且偶尔有人居住的前哨基地发展成为一个连续有人居住且自给自足的月球基地？

在这种情况下，生命保障可能是主要的关键因素。月球基地生命保障系统最初很可能会采用为空间站开发的回收技术。然而，最终月球基地将需要比地球轨道空间站更高程度的密闭生命保障系统。这是因为月球基地具有更永久的性质，并且距地球的距离更远，因此增加了从地球提供消耗品的运输成本。这样，很有可能至少会在高级月球基地中应用 CELSS，而且由于月球提供了重力梯度，所以这将使涉及流体的系统管理变得更加容易。例如，洛克希德公司结合研究提出了一些月球生命保障的候选构型，其中之一如图 8.2 所示。每种概念设计的候选构型都基于一种通用系统结构，该结构由五个子系统（大气再生、水净化、废物处理、食物生产和环境控制）以及其他三个接口系统（原位资源利用、基地外活动和系统监视与维护）。设计反映了为 30 名额定航天员提供生命保障的要求，并具有能够容纳 4~100 名航天员的能力。通过对表 8.2 所示的候选方案 1~5 的损益平衡（breakeven）进行分析，最后得出候选方案 5 的损益平衡时间约为 2 年。

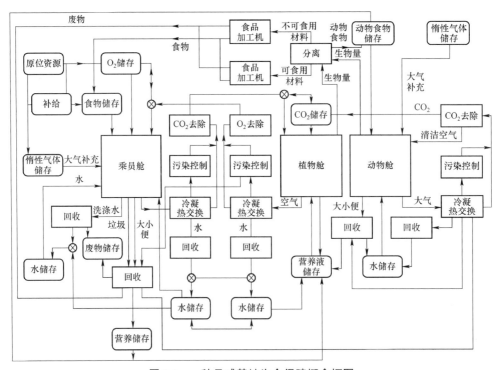

图 8.2　一种月球基地生命保障概念框图

表 8.2　五种候选月球基地生命保障配置工程概算

方案	基本配置	补给质量/kg	自给自足率/%[①]	系统质量/kg	系统体积/m³	系统功率/kW[②]
1	物理－化学再生+食物补给	35	—	28 850	230	115
2	物理－化学再生+碳水化合物合成	20	43	31 000	255	150
3	物理－化学再生+动物食物生产	30	14	93 250	1 050	165
4	物理－化学再生+植物食物生产	2	92	211 200	2 075	685
5	物理－化学再生+动植物食物生产	<0.1	>99	222 700	2 320	595

注：①相对于概念 1；
②假设植物生产系统为人工光照。

在候选方案 1 中，通过补给来提供食物，并储存废物。它提供了最低的初始发射成本、功耗、航天员时间需求和系统复杂性，但它具有最高的运输成本和最低的自给自足。综上所述，尽管该候选方案作为月球生命保障的第一步具有意义，但它只是一个临时选择，因为该基地还必须尽快发展出自给自足的能力。候选方案 2 采用了与候选方案 1 相同的大气和水回收技术，但增加了生产碳水化合物以供食用的能力。航天员 90%以上的能量需求来自碳水化合物，因此该物质对维持生命至关重要。通过增加该能力，则会显著降低基地的补给质量需求，并会提高自给自足的程度。候选方案 3 被认为是通过使用多种动物作为潜在食物来源来闭合食物回路的另一种潜在手段。研究发现，该系统的复杂度会显著增加，但其自给自足率却未被显著增加。而且，可被用来实现此设计的方法和技术是极不确定的。此外，系统质量显著增加，功率需求也相应增加了约 45%。候选方案 4 是通常被讨论的 CELSS 概念，它几乎完全闭合了食物回路，从而提供了极高程度的自给自足能力。它还提供了大量潜在的心理好处，其中许多已被航天员在太空中长期停留时已经描述过。在图 8.2 中所提到的候选方案 5，只是在候选方案 4 中增加了动物生产能力。

在对几种生命保障的候选方案进行比较时，必须进行权衡分析（见 4.3.5 小节），以便做出最佳选择。在这种特殊情况下，有关月球基地生命保障系统权衡研究的重要课题包括：①针对植物光合作用的光照技术；②废物处理技术选择；③在 CELSS 中动物作为航天员的食物；④水产养殖系统的可行性；⑤食物加工技术复核；⑥饮食/营养评价；⑦利用膜进行气体分离的可行性；⑧运行 CELSS 时对航天员的时间要求；⑨原位资源利用（ISRU）。

另一个重要方面，是对技术研发需求进行详细评估。一般来说，研究和技术需求分为四个方面。第一，必须根据几种基本评价指标来更精确地表征当前可应用的生命保障技术的性能，这些基本评价指标包括质量流、功率需求、物质闭合潜力和接口需求。第二，必须进行系统和接口定义研究，以验证不同生命保障系统设计的操作交互作用。第三，尽管许多所需要的技术在地球上已被投入商业应用，但这种设备规模仅适用于支持大量人员。因此，为了在太空实现应用，还必须对现有设备开展研发工作以使之达到小型化。第四，上述一系列研发工作将需要进行设备测试平台的设计与建设。

1. 月球资源

如上所述，关于建立永久载人月球基地的另一个重要方面是原位资源的潜在利用（见 3.5.1 小节）。加工和利用当地的月球资源可能是减少未来太空运输需求的一种低成本手段。特别是，对本土氧实现就地开采引起了人们的较大兴趣，因为该元素对于运载工具推进和生命保障都至关重要。月球上的岩石和土壤含有约 45% 的化学结合氧。提取方案是通过物理、化学或电化学手段来处理月球土壤、岩石或其他成分而获取。所有这些方案都需要大量能源以用于氧气释放和/或试剂回收。相应的平均功率需求在 100～1 000 kW。此外，月球土壤中含有大量的硅、铁、钙、铝、镁和钛，它们可被作为金属提取，可能是作为与氧提取过程相同的副产物。通过对月球风化层（也称月壤）进行加工，能够生产结构梁和板、太阳能电池或管路等产品，而这只会受到开发必要技术的能力限制。

2. 月球基地设计

为了进行月球基地的设计，无论是否利用原位资源，那么回忆一下月球上的特定条件都可能会有所帮助。正如在第 3 章中提到的那样，首先月球环境的特点是：低重力（为地球重力的 16.5%）、无大气层、一天持续 29.53 个地球日，其中一半时间太阳光强烈（温度极高）而另一半时间则处于黑暗中（温度极低）。其次，这里显然没有水，实际上也没有碳，即没有 CO_2。尤其是，太空中的真空是个严重问题，因为在月球上的结构总会发生泄漏。因此，有必要建造尽可能密闭的结构，以使大气补给量最小化。为了减少在含有人造大气的太空中建造此类结构的工程问题，可以降低结构内部的压力，特别是 N_2 分压。另外，不仅对月球而且对火星进行温度控制都将极具挑战性，因为它不像在自由空间那样容易排放出多余热量。此外，漫长的月球之夜可能需要从地球带来的电力储存设备必须相当庞大。这是由于为了避免有害的电离辐射和微陨石，因此农作物可能需要被种植在地下栽培装置中，这样尽管在月球白天期间通过光纤可能会引入部分阳光，但仍可能需要人工光（见 6.4.3 小节）。

　　其他重要的环境因素包括辐射，还有撞击月球表面的陨石。在首次飞往月球的过程中，阿波罗号的航天员只在月面上停留了几天，所以他们不需要太多辐射防护。然而，必须能够保护要停留任何时间长度的航天员，以使其免受太阳耀斑和银河系宇宙射线的侵害。可以在地下隧道中建造高级月球基地，从而提供自然保护。例如，有人提出月球熔岩隧道（lunar lava tube）可能是月球前哨的理想初始地点，因为它们可提供一种恒温、天然辐射防护和防陨石撞击的环境。另外，早期的星球基地可能是预制的空间站式舱体或从地球带来的充气结构。为这些基地提供保护的一种方法是在它们上面简单堆放大量的月壤。这可能是首次在月球前哨基地使用月球材料。长期停留需要数米厚度的风化层。然而，将舱体埋在风化层下面也存在一些缺点。首先，这些土壤限制基地舱体和气闸舱的设计，并可能限制在基地附近的操作。由于月壤可能会滑落，所以必须用支撑物或挡土墙来将其稳定。随着前哨基地的拓展，厚厚的月壤将使其难以添加房间或连接新的电线、天线或管道。将月壤放在沙袋中可以解决其中一些问题，但不是全部。在辐射保护系统中，对其中的松软月壤可进行一定改良，即该系统由制备于月壤的铸型玄武岩（cast basalt）和烧结块建成。与松散的土壤相比，它们可以提供更密集的辐射防护，因此，防护层可以变得更薄。例如，下面给出了日本环境科学研究所和美国休斯敦大学的研究人员合作完成的月球基地设计方案。图 8.3 和图 8.4 所示分别为他们联合设计的一种月球基地种植舱和居住舱结构示意图。

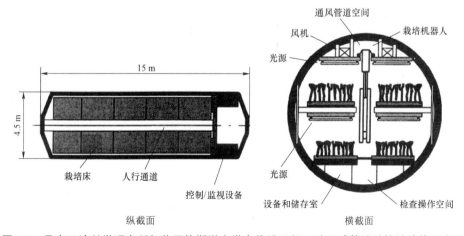

图 8.3　日本环境科学研究所与美国休斯墩大学合作设计的一种月球基地种植舱结构示意图

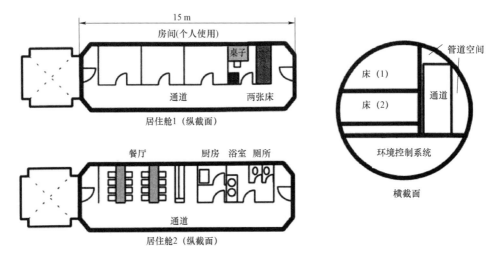

图 8.4　日本环境科学研究所与美国休斯敦大学合作设计的一种月球基地居住舱结构示意图

由美国休斯顿大学提出的另一个月球基地的概念如图 8.5 所示。该设计利用一台机器来同时挖掘和烧结月壤，从而构建一个 4～12 m 深的圆柱体。然后用铸型玄武岩板封住孔，从而使内部空间得以加压。在《月球基地手册》（*The Lunar Base Handbook*）中，对月球基地的所有设计方面都进行了非常全面的论述。

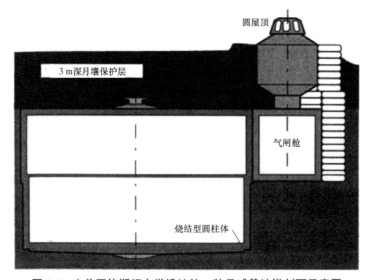

图 8.5　由美国休斯敦大学设计的一种月球基地纵剖面示意图

▇ 8.4　火星基地

当讨论在火星上建立一个人类永久居住的基地时，与关于月球基地的讨论相比，所要考虑的主要区别必然是火星到地球的距离要远得多。即使从地球到火星的飞行很快，也需要大约 200 d 的时间。鉴于此，由于成本、时间和安全方面的原因，火星基地无法依赖地球的补给，因此实现火星永久基地的自给自足则至关重要。在这些条件下，首先建立月球基地是积累星球基地开发经验和验证已开发技术的前提。这特别适用于生命保障设备，也适用于资源利用技术。在许多方面，火星基地的工程要求可能与月球基地的类似。因此，月球和火星上生命保障的主要构想大致相同，具体可以参考上一章的结论。然而，火星和月球环境仍然有五点主要不同：①重力更大；②到太阳的距离更远；③一天的时间更长；④表面上存在水；⑤具有大气层。

火星环境的重要特征之一是其重力是地球重力的 38%。火星较地球或月球离太阳的距离较远，因此其光照强度就较低，但光照强度也会随着火星季节的变化而变化，这主要是因为火星的椭圆轨道偏高以及轴心倾斜（25°）所致。因此，火星上的太阳能只有月球上的 37%～52%。火星年是 687 个地球日，火星日是 24.7 h。火星稀薄的大气中 CO_2 的含量是地球大气的 20 倍（见 3.5.2 小节）。因此，至少原则上可能不必将碳带到火星。此外，火星大气经过处理后被释放的 O_2 可被用作生命保障物资和运载火箭推进剂。作为一种中等性能的火箭燃料，CO 将是副产品。通过把这些氧和少量的氢结合起来，就可以产生水。由于生命保障技术通常会将 CO_2 转化为包括 CH_4 在内的其他化合物，因此直接将这项技术应用到火星大气中，只需携带少量的 H_2 就可以产生 O_2、CH_4 和 H_2O。也可以利用最少的输入量来获得大量的推进剂。

大气利用的另一个好处是不涉及采矿，可使用相对简单的气体处理设备。此外，所存在的大气可对辐射进行一定的屏蔽。星球科学家认为，在火星两极水是以冰的形式存在的。有可能但不确定在火星上的其他地方也存在水，可能是作为永久冻土层（permafrost layer）或以矿物质水合物（mineral hydrate）的形式存在。火星的两颗卫星，火卫一（Phobos）和火卫二（Deimos）也可能富含水。根据研究，使用 50 kW 的热源可以从干燥但水合土壤中每月提取 10～100 t 水，而使用 50 kW 的冷源进行空气除湿，则可以在一个月内释放约 3 t 水。此外，像在月球上一样，可以从硅酸盐岩石中获得 O_2。与在月球上类似，有人建议使用原位原材料建造火星结构，包括：①简单的岩石破裂和土壤移动；②火星水泥生产；③采用微波和激光技术生产砖块。

以上提到的事实为在火星上首次登陆和选择前哨站位置提供了以下主要标准：①可从轨道进入；②存在有用的原材料；③低仰角（low elevation）以便于着陆和辐射防护；④与地球可实现通信；⑤太阳能的潜力；⑥具备有吸引力的科学前景。

另一个可能有助于基地选址的标准，是火星长期探索与开发的基地发展潜力。关于这种发展潜力的标准是：①现有科学数据的数量和重要性；②与其他星球或现有基地的关系；③运输；④通信；⑤电源；⑥维护和后勤补给能力；⑦施工因素；⑧在星际任务中的作用；⑨商业潜力。

在这方面应该指出的是，如同在月球上一样，可被用作初始基地地点的熔岩隧道似乎也是初期火星基地令人感兴趣的地点。由于火星上的温度波动非常大：在火星赤道的夏季，夜间最低温度为 −75 ℃，而在正午的温度最高可达 20 ℃，这一点对于热控来说特别令人感兴趣。

9.1 简介

生命保障技术除了在太空探索与定居中发挥作用外,在地面上也具有广泛的应用潜力,因为它们所要解决的一些问题在地面环境中也具有很强的针对性。目前存在的问题是,尚未就许多潜在的应用领域予以明确。特别是,从关于太空生物再生生命保障的研究可获得许多衍生技术。由于多数太空研究投资受到越来越多的批评,因此看来是时候该这样做并证明那些经常被引用的衍生技术可能确实是可被开发。初步来看,从与太空有关的密闭生态系统和生命保障系统的研究中产生的有助于解决实际地面问题的衍生技术,可被分为以下几类。

(1)生态研究和环境保护。

(2)大气、水和废物生物再生方法开发。

(3)植物和微生物高效培养。

(4)基地和研究设施的设计和支持。

本章总结了已经从生命保障研究中获得并在面向应用的发展情况,并列出了在这方面基本上有待实施的有前途的项目。

9.2 基本生态研究

地球一直以来都因其地质和生命史而发生变化。然而,现在不同的是,人类开始对自然变化增加自己的影响，尤其是因为人口数量的增加。目前，大约有 55 亿人生活在地球上。预测显示，到 2025 年这个数字可能会增加到 100 亿左右。每个人都熟悉这些人口及其所谓的技术圈（technosphere）的行动对地面环境的巨大影

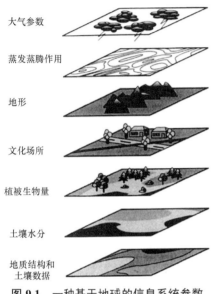

大气参数

蒸发蒸腾作用

地形

文化场所

植被生物量

土壤水分

地质结构和
土壤数据

图 9.1　一种基于地球的信息系统参数

响，而空气和水污染以及自然资源的开采对地面环境的影响尤其巨大。但是，尽管人类已意识到其毁灭性的工作，但还没有一项全面计划来保护我们这个星球上濒临灭绝的生物圈，特别是在居住人口越来越多的情况下。将来，人类可能不得不成为地球飞船（Spaceship Earth）的船长，以设法控制一些自然过程。但是，科学家们必须开始组合模型以试图了解生物圈的生态动力学过程。我们必须了解太阳和云彩在何处起作用，以及海洋、陆地和水分别起什么作用。图 9.1 举例说明了在这样一个"基于地球的信息系统"（geobased information system）中必须被组合在一起的部分参数。

要真正了解地球这一星球的发展进程，就只能通过一项全新的跨学科计划来实现这一目标，该计划既要面对挑战，又会面对创造独特协同效应的机会。因此，在生态学、遥感和生命保障等研究领域将需要进行密切合作。此外，如图 9.2 所示，这种协作思路可能会为所有相关学科的工作带来新的推动并提高公众认知。

对生命保障系统的研究，特别是对密闭生态系统这方面的研究，其对于此类计划的贡献将在很大程度上能够加强对地面缓冲能力的理解和定量评估。在密闭系统中，缓冲器被明确定义为自然产生的吸收剂或储存库，或者作为机械或物理－化学装置。在探索缓冲器的过程中，物种的真正能量需求将变得显而易见，从而阐明生物体与无生命世界之间的关系以及确认生物之间当前模糊的能量关系。其他方面的研究，将包括更好地评估非生物能源捕获（non-biological energy trapping）的重要性。例如，大气中的闪电在为生物目的而在固氮（fixing nitrogen）方面的作用，或大气光化学在消除有机毒素方面的作用。同样，小型物质密闭系统具有较短的养分和大气循环周期，并且可以进行密集监视，从而便于对科学家感兴趣的地球岩石圈（geosphere）和生物圈的演化机制进行详细研究。

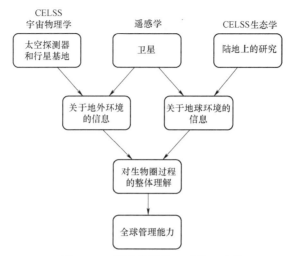

图 9.2　了解生物圈的一种协同途径

在这方面，考虑地球上 1 m² 土地的缓冲能力可能是有趣的。在达到约 1 m 深度的土壤中，除了 1 m² 的土壤含量和动态变化外，还有 2.42 m² 的海洋表面。海洋的平均深度是 3 400 m，因此对应于 1 m² 地面的海水量约为 8 300 m³。在地面和海洋 3.42 m² 之上的大气会延伸至 60 km 或更高，但如果将该大气压缩至标准压力，则它们只会占用约 1 260 m³。除了巨大的体积缓冲外，整个地球生态系统还利用 CO_2 和 O_2 在海洋中的物理溶解度以及化学平衡，来维持地球上 CO_2 与 O_2 的平均浓度。然而，控制海洋吸收 CO_2 能力的化学平衡是复杂的。物理溶解的 CO_2 与碳酸氢盐和碳酸盐离子处于平衡状态。反过来，可溶性离子与不溶性的碳酸钙或碳酸镁处于平衡状态，并且所有的平衡状态都会受到 pH 值的严重影响，并也影响 pH 值。另外，海洋和大气都发挥分配功能。地球的某些区域（即沙漠和极地地区），几乎不会产生 O_2，而热带雨林则会产生大量的 O_2。大气作为一种传播介质，能够使非冷凝气体均质化，因此全球范围内 O_2、N_2 和 CO_2 的浓度变化都非常小。相反，如水蒸气之类的可冷凝气体的分布均匀性会较差。然而，水的分配对于地面生态系统的生存至关重要。

一套密闭生态系统，即对物质输出或输入闭合，但对能量输入开放且能量损失是可控的系统，可以模拟试管环境（test tube environment），并允许对上述生态系统的参数和过程进行研究。密闭系统并非自然系统的这一事实，甚至可以允许采用新方法来评估物种之间的相互作用，研究生物群落的真实代谢和能量需求，研究代谢和行为变化的环境触发因素以及重新审视经典捕食者与猎物竞争的相互作用关系。密闭系统研究的优势主要在于易于建立对照实验，并便于研究特定和受控变量是如何影响系统的。

与这项工作同时进行的是，只有在地球和太空连续监测这些过程本身的相关参数的情况下，才能对地面环境过程进行建模。因此，不仅需要将所需的仪器安装在地面和位于太空的卫星上，而且需要建立具有足够能力的计算中心，以便在世界范围内进行数据处理与评价。此外，所获得的信息一般来说应向公众开放，并用于生态诊断和建立警报系统。一旦建立了这样一套系统，则可对所确定的主要参数总结如下。

（1）地球能源输入和输出的全球分布。

（2）从地面到中间层顶（mesopause）的大气结构、状态变量、组成和动力学。

（3）包括地面和内陆水域生态系统在内的陆地表面的物理和生物结构、状态、组成和动态。

（4）地球的生物地质化学循环（biogeochemical cycle）的速率、重要的源和库（source and sink）、关键组成部分和过程。

（5）环流、地表温度、风应力、海洋状况及海洋生物活动。

（6）在全球冰冻圈（cryosphere）中，冰川、冰盖、雪、海冰以及雪的液体等效物的范围、类型、状态、海拔、粗糙度和动力学。

（7）全球降水的速率、数量和分布情况。

（8）地球整体的动态运动，即地球物理学，包括地壳板块的旋转动力学和运动学。

这些主要参数可作为这一雄心勃勃计划的先决条件，但如果这一计划产生的结果是必须采取特定措施以保护地面生物圈，那么也许还需要更多的先决条件，而且必须建立生态道德与伦理（ecological morality and ethics）原则。要在21世纪生活和行动的新一代，必须认识到地球上的整个生命都需要道德保护，以免遭受技术圈的无穷侵略。因此，有必要"使技术生态化"。

提出这些观点的吉特尔森（I. Gitelson）甚至认为，"人和生物圈的生存需要塑造生态道德、伦理和人与生物圈关系的限制性行为规则。那些对生物圈内物质的周转具有破坏性的技术，则必须宣布它们是反生态的而应被禁止使用，并被生态学意义上可接受的技术所代替。人类社会要为后代制定和选用坚实的道德与伦理原则来处理人与自然的关系"。吉特尔森还指出，人造生物圈可能具有特殊的教育重要性，因为它们可以清楚地证明地球上生命的组织原则及其机制，并有助于培养生态道德。

9.3　大气、水和废物再生

如 9.2 节所述，人工密闭生态系统的过程与地面生物圈的过程之间具有若干相似之处。另外，与 CELSS 研究相关的一些进展可能会在地面领域得到应用。这里，就其中的部分潜力、相似之处和潜在的地面应用等概述如下。

（1）航天器座舱或密闭太空前哨的清洁大气再生问题，类似于通常与相对密闭而节能建筑相关的所谓"病态建筑综合征"。静态空气无法从材料和人体自身释放的气体中去除微量气体，因此最终会导致微量气体的积累和可能的健康问题。

（2）在太空基地中，回收人体废物和再生生活废水/卫生废水所面临的挑战，类似于在全球开发回收系统以防止由城市污水处理导致水质退化的问题。

（3）开发 CELSS 的目的与人道需求相一致，即让人生活在干净而健康的大气中，不产生作为副产品的污染物，并开发技术以有利于发展而不损害我们地球家园的可居住性或生命保障能力。

利用生物反应器来过滤痕量大气有机污染物（trace atmospheric organic contaminants），是从密闭生态系统研究中衍生出技术的一个例子，其可被在开放和密闭环境中使用。这种所谓的土壤床反应器（SBR），其基本结构是使空气在支持植物种群的土壤中流动（图 9.3）。研究结果表明，SBR 对植物的生产力和生物气候学（phenology）没有影响。这意味着功能性土壤可被用于集约化生物量生产和空气净化。

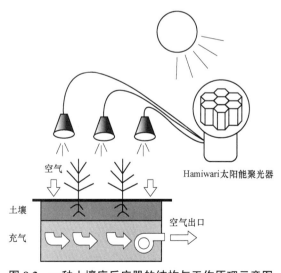

图 9.3　一种土壤床反应器的结构与工作原理示意图

暴露于土壤后，污染物要么被动地被吸附到土壤颗粒的表面，要么在土壤中被化学转化为可被植物或微生物吸收的化合物，或者这些化合物被微生物直接用作代谢能源并被转化为 CO_2 和 H_2O。可被土壤降解的化合物的数量和类型很多。表 9.1 中列出了已知或被怀疑在土壤中可降解的化合物。

表 9.1　已知或被怀疑在土壤中可降解的化合物种类

化合物	参考文献	化合物	参考文献
乙醛	Fuller WF et al., 1983	乙基环己烷	Stirling LA et al., 1977
乙酸	Zavarzin GA et al., 1977	乙烯	DeBont JAM, 1976
3−羟基−2−丁酮	Bohn HL, 1977	4−硝基苯甲酸氟酯（2−）	Horvath RS et al., 1972
乙炔	Smith KA et al., 1973	对氟苯甲酸乙酯（o−）	Horvath RS et al., 1972
丙烯醛	Fuller WF et al., 1983	氟化物	Bohn HL, 1977
烷基苯磺酸盐	Horvath RS et al., 1972	甲醛	Grundig MW et al., 1987
醛类	Fuller WF et al., 1983	甲酸盐	Hou CT, 1980
氨	Hutton WE et al., 1953	十七环己烷	Beam HW et al., 1974
蒽	Dalton H et al., 1982	十六烷	Beam HW et al., 1974
苯	Dalton H et al., 1982	硫化氢	Smith KA et al., 1973
苯甲酸盐	Dalton H et al., 1982	氢	Zavarzin GA et al., 1977
双环己烷	Higgins IJ et al., 1979	异戊二烯	Van Ginkel CG et al., 1987
溴甲烷	Dalton H et al., 1982	异丙基苯	Higgins IJ et al., 1979
丁−2−烯	Higgins IJ et al., 1979	异丙基环己烷	Stirling LA et al., 1977
丁二烯（1，3−）	Van Ginkel CG et al., 1987	异丙基甲苯（p−）	Horvath RS et al., 1972
丁烷	Hou CT, 1980	乳酸	Bohn HL, 1972
丁烯（1−）	Dalton H et al., 1982	柠檬烯	Dalton H et al., 1982
丁烯（顺式−2−）	Dalton H et al., 1982	甲烷	Anthony C, 1982
丁烯（反式−2−）	Dalton H et al., 1982	甲醇	Dalton H et al., 1982
丁基苯（n−）	Horvath RS et al., 1972	甲基硫醇	Fuller W F et al., 1983
丁基环己烷（n−）	Horvath RS et al., 1972	甲基硫	Smith KA et al., 1973
丁酸	Bohn HL, 1972	甲基邻苯二酚（3−）	Horvath RS et al., 1972
卡达维林	Bohn HL, 1977	甲基环己烷	Stirling LA et al., 1977

续表

化合物	参考文献	化合物	参考文献
己内酯	Stirling LA et al., 1977	甲基萘（1-）	Higgins IJ et al., 1979
一氧化碳	Bartholomew et al., 1982	甲基萘（2-）	Higgins IJ et al., 1979
氯苯甲酸酯（m-）	Dalton H et al., 1982	萘	Dalton H et al., 1982
氯氟甲烷	Bohn HL, 1977	一氧化氮	Bohn HL, 1972
氯甲烷	Dalton H et al., 1982	一氧化二氮	Goyke N et al., 1989
氯酚（m-）	Higgins IJ et al., 1979	臭氧	Turner NC, 1973
氯甲苯（m-）	Higgins IJ et al., 1979	十八烷	Perry JJ, 1979
辛尼酮	Horvath RS et al., 1972	有机磷	Bohn HL, 1977
甲酚（m-）	Higgins IJ et al., 1979	五氯苯酚	Lagas P, 1988
甲酚（o-）	Higgins IJ et al., 1979	戊醇（n-）	Higgins IJ et al., 1979
氰化物	Bohn HL, 1977	苯酚	Schmidt SK et al., 1985
环庚烷	Beam HW et al., 1974	苯癸烷（1-）	Higgins IJ et al., 1979
环庚酮	Beam HW et al., 1974	苯壬烷（1-）	Higgins IJ et al., 1979
环己二醇（1，2）	Beam HW et al., 1974	臭氧	Turner NC, 1973
环己二醇（1，3）	Stirling LA et al., 1977	丙烷	Bohn HL et al., 1988
环己二醇（1，4）	Stirling LA et al., 1977	丙烯	Dalton H et al., 1982
环己酮（1，2）	Stirling LA et al., 1977	丙苯（n-）	Horvath RS et al., 1972
环己烷	Stirling LA et al., 1977	丙烯	Hou CT, 1980
环己醇	Beam HW et al., 1974	腐胺	Bohn HL, 1977
环己酮	Beam HW et al., 1974	吡啶	Dalton H et al., 1982
环己烯	Stirling LA et al., 1977	吡咯烷酮	Horvath RS et al., 1972
环己烯氧化物	Stirling LA et al., 1977	甲基吲哚	Bohn HL, 1972
环辛烷	Beam HW et al., 1974	苯乙烯	Higgins IJ et al., 1979
环戊酮	Beam HW et al., 1974	二氧化硫	Smith KA et al., 1973
苏铁（p-）	Dalton H et al., 1982	萜烯	Rasmussen RA, 1972
癸烷（n-）	Higgins IJ et al., 1979	四氯甲烷	Galli R et al., 1989

化合物	参考文献	化合物	参考文献
二烃基硫化物	Fuller WF et al., 1983	十四烷	Perry JJ, 1979
二氯邻苯二酚（3，5−）	Horvath RS et al., 1972	甲苯	Dalton H et al., 1982
二氯二苯甲烷（p，p−）	Horvath RS et al., 1972	甲苯胺（p−）	Higgins IJ et al., 1979
乙醚	Dalton H et al., 1982	十二烷（n−）	Perry JJ, 1979
二甲基二硫	Oremland RS et al., 1989	三乙胺	Fuller WF et al., 1983
二甲醚	Dalton H et al., 1982	三氯苯甲酸（2，3，6−）	Horvath RS et al., 1972
二苯基−2,2,2−三氯乙烷（1，1−）	Horvath RS et al., 1972	三氯乙烷（1，1，1−）	Galli R et al., 1989
十二烷（n−）	Perry JJ, 1979	三氯甲烷	Galli R et al., 1989
十二环己烷	Beam HW et al., 1974	三氯苯氧基乙酸2，4，5	Horvath RS et al., 1972
乙烷	Dalton H et al., 1982	二甲苯（m−）	Higgins IJ et al., 1979
乙醇	Zavarzin GA et al., 1977	二甲苯（o−）	Horvath RS et al., 1972
乙苯	Dalton H et al., 1982	二甲苯（p−）	Horvath RS et al., 1972

人们已经发现，SBR 其行为高度可变。然而，SBR 确实大大降低了密闭系统中有机化合物的浓度。图 9.4 所示为亚利桑那大学环境研究实验室（Environmental Research Laboratory，ERL）获取的实验结果。研究发现，虽然甲烷、乙烷（C_2H_6）和丙烷（C_3H_8）被降低了，但一氧化碳相对不受 SBR 处理的影响，而且乙烯的浓度甚至在处理后比在处理前还更高。尽管如此，但大气中 C_2H_4 和 CO 的浓度却被降低到其初始浓度的 20%以下。

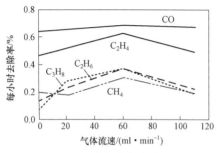

图 9.4 利用 SBR 降低大气中有机化合物浓度时流速与去除率之间的关系

ERL 还研究了小型 SBR 在办公室和

家庭环境中的使用情况。结果表明，SBR 还可以有效减少空气中的生物微粒。此外，ERL 正在研究一种利用 SBR 进行农业生产的方法，以同时减少发电厂的 CO_2、CH_4、SO_2 和其他排放物，并提高农业生产效率。目前，太空生物圈投资有限公司（SBV）正在销售第一款被称为"AIRTRON"的室内空气净化器（indoor air purifier）。

另一个对解决地球环境问题有希望的贡献是，开发了一种利用空气和水污染物作为绿色植物生长营养源的手段，即利用自然来清洁我们的环境。然后，污水可被用作植物生长的营养液，同时植物的根和相关的微生物将污水转化为纯净水。这可能是一种非常经济的污水处理方法，特别是对农村地区和小城市更是如此。沃尔弗顿（Wolverton B）已朝着这个方向开展了研究。尽管工程师们一直将微生物用于处理污水和工业废水，但在完成自然循环过程中使用高等植物是对该过程的新贡献。尽管微生物是废水处理的重要组成部分，但重要的是要使维管束植物生长在这些用于处理的过滤器中，以吸收微生物的代谢副产物并防止死微生物形成黏液层。水生植物的根还可以增加微量氧气，以有助于维持植物–微生物废水处理过滤器中的有氧条件。图 9.5 中给出了由沃尔弗顿开发的人工湿地废水处理系统的一个示例。

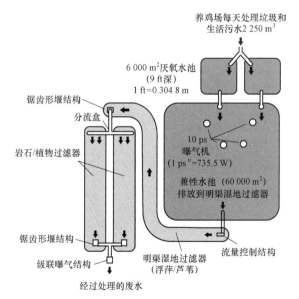

图 9.5　一种人工湿地废水处理系统基本结构与工作原理示意图

迄今为止,已将最大的水生植物岩石过滤系统安装在了美国路易斯安那州的德纳姆斯普林斯市(Denham Springs)。该系统每天处理大约 11 000 m³ 的生活污水。此外,化工厂、造纸厂、纺织厂和动物加工厂也开始使用水生植物废水处理工艺作为处理废水的一种经济及环境安全的方法。表 9.2 中列出了有关这一系统有效性有关的数据。另外,可以通过将空气污染物转化为水污染并利用水生植物微生物湿地滤池净化污水的方法,来解决烟囱和焚化炉等点源产生的空气排放问题。

表 9.2　一种人工湿地处理工业废水的效果/(mg·L⁻¹)

化合物	岩石过滤器中的湿地植物	排入物浓度	排出物浓度①
三氯乙烯	铺地黍 南部芦苇	3.60 9.90	0.000 9 0.05
苯	铺地黍 南部芦苇 芦苇	7.04 12.00 9.33	1.52 5.10 0.05
甲苯	铺地黍 南部芦苇 芦苇	5.62 11.47 6.60	1.37 4.50 0.005
氯苯	铺地黍 南部纸莎草	4.85 10.65	1.54 4.90
苯酚	香蒲 芦苇	101.00 104.00	17.00 7.00
对二甲苯	芦苇	4.07	0.14
五氯酚(PCP)	铺地黍	0.85	0.04
氰化钾	铺地黍	3.00	<0.20
氰化铁钾	铺地黍	12.60	<0.20

注:①24 h 的停留时间。

植物和微生物过滤器生物技术的进一步发展,是将复杂的废水处理与室内空气净化的概念结合到真实的家庭环境中。图 9.6 所示为由沃尔弗顿开发的这种概念的一个示例。在生物再生生命保障系统中基本上增加了一个房间,里面充满了室内植物,这些室内植物可以净化空气,同时从房间中的废水中汲取养分。

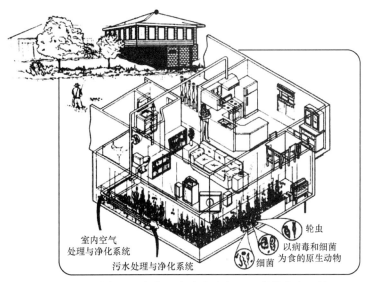

图 9.6　一种真正以生物再生技术为主要组成的家庭环境

　　另一种概念是由 NASA 施廷内斯航天中心（Stinnes Space Center）开发的生物家园（BioHome）。这是一个占地面积为 60 m² 的栖息地，旨在评估生物再生技术在密闭系统中的效率。该结构长 14 m、宽 4.9 m，并具有 30 cm 厚的玻璃纤维绝缘层。生物家园被分为两个区域：生活区和废物处理区。在生活区，包含了植物过滤器以去除脱气产品。废水处理设施本质上是一种小型的人工湿地系统，将其做适应性改造后而纳入生物家园。废水从外部的化粪池流入直径为 20 cm 的一排聚氯乙烯管道，并最后流入 375 L 的水族馆。管道的第 1 段是空的，以便于固体的进一步沉降。管道的第 2 段和第 3 段中大约有 50% 的空间被填满了火山石（lava rock），其作用是促进生物膜（biofilm）的发展。第 4 段和第 5 段也具有植物，但里面的基质是颗粒状活性炭，而第 6 段中大约前 1 米的管道中包含活性炭，然后是沸石。沸石的作用是将氨从系统中除去。生物家园饮用水的来源是从植物中提取的水蒸气。研究发现，水质完全符合基本要求。尽管处理设施中的植物如此之多，以至于它几乎像一个丛林，但每天只能生产 11 L 的水。这还不足以为一人充分提供所需的饮用水、食物制备用水和卫生用水。

▉ 9.4 生物量生产与研究

密闭生态系统的研究成果在地面上的生物量生产与研究领域得到了广泛应用。在此，有效而最佳利用资源和土地面积具有重大意义，特别是考虑到环境所遭遇的逐步破坏和世界人口的不断增长。鉴于此，以下列举了部分特殊并有前瞻性的相关研究课题。

（1）一定植物种类产量优化。

（2）在遭受严重破坏和极端气候的地区植物生产优化。

（3）堆肥方法。

（4）无化学品和毒素的植物保护技术开发。

（5）具有抗性和 N_2 利用能力的遗传工程化植物开发。

（6）诸如基质、控制系统和节能等温室优化技术开发。

（7）植物新种开发。

（8）集约化养鱼方法（intensive methods of pisci-culturing）开发。

（9）生物净化土壤方法开发。

（10）植物培养新方法开发。

（11）无毒性植物生产方法开发。

（12）单细胞食物生产技术开发。

另外，沸石基质培养技术（见 6.4.3 小节）也有希望成为未来的商业衍生技术。沸石基质有可能会被用于多种商业用途，包括：

（1）温室中植物栽培基质。

（2）室内植物盆栽混合基质。

（3）高尔夫球场草坪肥料。

（4）作为铁等缓释肥（slow-release fertilizer）的田间应用载体（或叫填料）。

（5）作为缓释肥被用在近表水沙土或含水层（aquifer）等存在环境问题的地方。

另一个重要方面，是密闭生态系统具有作为生物技术试验平台的潜在用途。在这样一个复杂且密闭受控的生态系统中，可以对遗传工程化的微生物和植物进行实验，然后再将其应用于大田。同样，可以研究除草剂和杀虫剂等化学物质对具有代表性生态系统的全部影响，而不会给已有固定程序的地面生物圈带来风险。当然，除上述总结外，在这一领域还可能具有其他许多用途。

9.5　地面类似物保障

当然，在太空生命保障技术研究领域的任何发展，也可以在地面类似物（terrestric analogs）或类似系统的建造和改进方面得到应用。这些类似物包括：①潜艇和潜艇驻地；②地下驻地；③南极基地。

如同太空基地一样，潜艇是在很大程度上与生物圈一样隔离的相对狭小的舱室。因此，在许多方面，与太空基地基本相同的系统可被用于温度和湿度控制（CH_x）、CO_2 去除（利用 LiOH 或可再生吸附剂）以及火灾监测和灭火。

一种典型的潜艇 ECLSS 的基本运行原理如图 9.7 所示。虽然生命保障的功能基本相同，但在潜艇里保障生命比在太空基地要容易一些。例如，在核动力潜艇上（可能会与水面隔绝 90 d 或更长时间），电力供应并不像在太空基地那样短缺。此外，重力效应提供了自然对流及重力辅助的液体与气体分离，而大气泄漏不是问题，

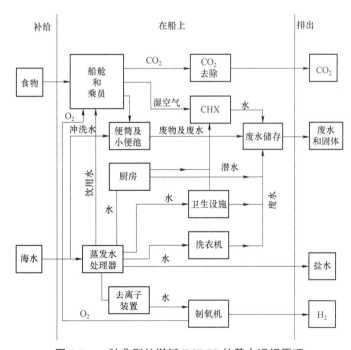

图 9.7　一种典型的潜艇 ECLSS 的基本运行原理

因为周围的静水压力要远远高于内部大气压力。最重要的是，周围有大量海水可作为原位资源用于供水、水电解产氧和处理废物等。此外，安全要求不必像太空基地那样严格，因为潜艇仍有可能会浮出水面。

此外，可以考虑将现有的和计划中的生命保障系统用于地下驻地。然而，由于难以散热，因此地下驻地的权衡标准（trade criteria）与空间站和潜艇应用的要求大不相同。例如，在航天器中可以利用辐射，在潜艇中可以利用对流，而在地下驻地中则必须通过传导将热排到周围岩石或相变装置（phase change device），而实现散热。

南极基地和星球基地的相似之处，主要体现在人类活动的类型、偏远、极端环境、孤立以及与人类在太空和南极地区需要提供补给等方面。具体来说，其相似之处体现在：①缺乏新鲜的食物；②拥挤的环境；③缺乏正常的社交和团队关系；④人工光照；⑤人工净化的空气；⑥出现感官剥夺，即没有气味、面对黑暗、没有湿度和缺乏色彩。在这方面，南极基地可为模拟月球和火星基地，特别是为在极端条件下长期生活的心理模拟方面提供良好的试验平台。和潜艇一样，用于模拟太空基地的南极基地，其主要"缺点"是重力仍然存在，并且大气也不短缺。

目前，在南极大陆上的最大基地是美国位于高纬度地区的麦克默多站（McMurdo Station）——夏季人数可能多达 1 000 人。因此，就南极基地而言，寻找减少补给物资的方法也应当很有吸引力。例如，应用回收系统可以减少废物产量，特别是因为南极基地的工作人员向自然倾倒废物已经引起了公众的批评。

参考文献

［1］ABELE H, LAWSON R. Trace gas contamination management in the Columbus MTFF [Z]. Space Thermal Control and Life Support Systems, ESA SP - 324, 1991: 287 - 294.

［2］AHMED S. An overview of soviet concepts of food and nutrition in spaceflight [C]//International Conference on Life Support and Biospherics, 1992: 401 - 410.

［3］ALLEN J. Biosphere 2 - the Human Experiment [M]. New York: Penguin Press, 1991.

［4］ALLEN J. Business and life in space [C]. Washington: NASA, 1990.

［5］ALLEN J. Historical overview of the Biosphere 2 project [C]. Washington: NASA, 1990.

［6］ALLING A, et al. Biosphere 2 Test Module experimentation program [C]. Washington: NASA, 1990.

［7］ALSTON J. Continued results of the seeds space experiment LDEF - 69 month in space [C]//2ed LDEF Post-Retrieval Symposium. NASA CP - 3194, 1992: 1493 - 1495.

［8］AMMANN K. The catalytic oxidizer-description and first results of a breadboard model for a component of the Columbus ECLSS space thermal control and life support systems [Z]. ESA SP - 288, 1988: 187 - 192.

［9］ ANDRE M, et al. A simplified ecosystem based on higher plants: ECOS I MP, a model of carbon cycle [J]. Acta Astronautica, 1992 (27): 189 - 196.

［10］ ASHIDA A, et al. Mineral recovery in CELSS[C]//International Conference on Life Support and Biospherics, 1992: 275 - 278.

［11］ AVERNER M, et al. Problems associated with the utilization of algae in bioregenerative life support systems [R]. NASA CR - 166615, 1984.

［12］ AVERNER M. Controlled ecological life support system [M]//MING D W, HENNINGER D L. Lunar Base Agriculture: Soils for Plant Growth. Madison: ASA, 1989: 145 - 153.

［13］ BACKHAUS R, et al. Technikfolgenabschtzungzur erdbeobachtung unter umweltstrategis- chen aspekten [J]. DLR-Nachrichten, 1993 (72): 22 - 27.

［14］ BARER A, FILIPENKOV S. Decompression safety of EVA: Soviet protocol [J]. Acta Astronautica, 1994, 32 (1): 73 - 74.

［15］ BARER A, FILIPENKOV S. Suited crewmember productivity [J]. Acta Astronautica, 1994, 32 (1): 51 - 58.

［16］ BARTA D, et al. Development of zeoponic plant growth substrates for the Gravitational Biology Facility internal report [R]. NASA-JSC, 1994.

［17］ BELAVENTSEV J, et al. A system for oxygen generation from water electrolysis aboard the manned space station MIR space thermal control and life support systems [Z]. ESA SP - 324, 1991: 477 - 479.

［18］ BINOT R, PAUL P. BAF-an advanced ecological concept for air quality control [C]//19th International Conference on Environmental Systems, SAE Technical Paper 891535, 1989.

［19］ BIORACK IML - 2 (Handout) [C]//Principal Investigator Meeting, ESTEC, 1990.

［20］ BLMŬ V. Ecosystems on earth and in space [C]//European International Space Year Conference, ESA, ISY - 4, 1992: 393 - 398.

［21］ BLUM V, KREUZBERG K. CEBAS - AQUARACK: second generation hardware and latest scientific results [J]. Acta Astronautica, 1992 (27): 197 - 204.

［22］ BLUM V, KREUZBERG K. German CELSS research with emphasis on the CEBAS project [J]. Acta Astronautica, 1991: (23): 245 - 252.

［23］ BOEKER H, FACIUS R. Radiation problems in manned spaceflight with a view towards the space station [J]. Acta Astronautica, 1988, 17 (2): 243 - 248.

［24］ BORK U, et al. Defective embryogenesis of *Arabidopsis* induced by cosmic HZE-particles [C]//European Symposium on Life Science Research in Space, ESA SP - 307, 1990. 571 - 572.

［25］ BOURDEAUD'HUI J, et al. Radiation protection strategies in HERMES missions [J]. Acta Astronautica, 1991 (23): 233 - 244.

［26］ BRACK A. Exobiology and terrestrial life [C]//European International Space Year Conference, ESA, ISY - 4, 1992: 387 - 391.

［27］ BRACK A. Extraterrestrial organic molecules and the emerge of life on earth [C]//European Symposium on Life Sciences Research in Space, ESA, SP - 307, 1990: 565 - 569.

［28］ BROWN L, et al. State of the world 1992 [M]. London: Earthscan Publications Ltd., 1992.

［29］ BROWN M, SCHENTRUP S. Requirements for extravehicular activities on the lunar and Martian surfaces [C]//20th lnternational Conference on Environmental Systems, SAE Technical Paper 901427, 1990.

［30］ BUGBEE B. Carbon use efficiency in optimal environments [C]//19th International Conference on Environmental Systems, SAE Technical Paper 891572, 1989.

［31］ CHICARRO A, et al. Mission to Mars [R]. ESA SP - 1117, 1990.

［32］ CHU W. Mass analysis for the space station ECLSS using the balance spreadsheet method [C]//19th lnternational Conference on Environmental Systems, SAE Technical Paper 891502, 1989.

［33］ Columbus human factors engineering requirements [Z]. ESA, COL - RQ - ESA - 013, 1989.

［34］ CONGER B, et al. First lunar outpost extravehicular life support system evaluation [C]//23rd lnternational Conference on Environmental Systems, SAE Technical Paper 932188, 1993.

［35］ CORDELL B. Human operations, resources, and bases on Mars [C]//Engineering,

Construction, and Operations in Space II, American Society of Civil Engineers, 1990: 759 - 768.

［36］COUCH H, et al. Advanced regenerative life support for space exploration space thermal control and life support systems [Z]. ESA SP - 324, 1991: 113 - 120.

［37］DAMS R, et al. Air purification systems for submarines [C]//International Conference on Life Support and Biospherics, 1992: 263 - 271.

［38］DAVID K, et al. Plant production as part of a controlled ecological life support system [C]//European Symposium on Life Science Research in Space, ESA SP - 307, 1990: 431 - 434.

［39］DEMPSTER W. Methods for measurement and control of leakage in CELSS and their application and performance in the Biosphere 2 facility [J]. Advances in Space Research, 1994, 14 (11): 331 - 335.

［40］DEMPSTER W. Water systems of Biosphere 2 [C]//International Conference on Life Support and Biospherics, 1992: 331 - 356.

［41］DIAMANT B, HUMPHRIES W. Past and present environmental control and life support systems on manned spacecraft [C]//20th lnternational Conference on Environmental Systems, SAE Technical Paper 901210, 1990.

［42］DOLL S, CASE C. Life support functions and technology analysis for future missions [C]//20th International Conference on Environmental Systems, SAE Technical Paper 901216, 1990.

［43］DUTCHER F. Progress in plant research in space [J]. Advances in Space Research, 1994, 14 (8): 159 - 171.

［44］FAHEY M, et al. Indigenous resource utilization in design of advanced lunar facility [J]. Journal of aerospace engineering, 1992, 5 (2): 230 - 247.

［45］FAIRCHILD K, ROBERTS B. Options for human settlement of the moon and Mars [M]// MING D W, HENNINGER D L. Lunar Base Agriculture: Soils for Plant Growth. Madison: ASA, 1989: 1 - 3.

［46］FRANZEN J, et al. A gas chromatic separator for Columbus trace gas contamination monitoring assembly space thermal control and life support systems [Z]. ESA SP - 324, 1991: 301 - 305.

［47］ From pattern to process: the strategy of the earth observing system [Z]. Washington D.C.: NASA, 1987.

［48］ FRYE R. Soil bed reactor work of the Environmental Research Lab of the University of Arizona in support of the research and development of Biosphere 2 [C]. Washington: NASA, 1990.

［49］ FUHS S, et al. Developrnent of the fire detection system for Space Station Freedom [C]//International Conference on Life Support and Biospherics, 1992: 39 - 50.

［50］ GARLAND J, MACKOWIAK C. Utilization of the water soluble fraction of wheat straw as a plant nutrient source [R]. NASA TM - 103497, 1990.

［51］ GETHMANN C, et al. Bemannte raumfahrt im widerstreit [J]. DLR-Nachrichten, 1992 (68): 10 - 14.

［52］ GITELSON I. Biotechnological life support systems, their role in moulding ecological morality and ethics[C]// International Conference on Life Support and Biospherics, 1992: 445 - 447.

［53］ GLASER P, MABEL J. Nutrition and food technology for a controlled ecological life support system [R]. NASA CR - 167392, 1981.

［54］ GLENN E. Soil bed reactors as endogenous control systems for CELSS [C]//Workshop on Artificial Ecosystems, DARA, 1990: 41 - 56.

［55］ GRANSEUR P. Human factors for permanently manned systems presentation [D]. Munich: Technical University of Munich, 1990.

［56］ GRAVES R, et al. Technical breakthroughs in Bosch carbon dioxide reduction technology [C]//International Conference on Life Support and Biospherics, 1992: 243 - 251.

［57］ GRAVES R, NOBLE L. Vapor compression distillation technology for Space Station Freedom [C]//International Conference on Life Support and Biospherics, 1992: 451 - 460.

［58］ GRIFFIN M, FRENCH J. Space Vehicle Design [M]. Washington, D.C.: American Institute of Aeronautics and Astronautics, 1991.

［59］ HAFKEMEYER H. Trace gas contamination control (TGCC) analysis software for Columbus space thermal control and life support systems [Z]. ESA SP - 324, 1991: 515 - 520.

[60] HALLMANN W, LEY W. Handbuch der Raumfahrttechnik [M]. MOnchen: Carl Hanser Verlag, 1988.

[61] HARRIS P. Living and Working in Space [M]. Chichester: Ellis Horwood Ltd., 1992.

[62] HAUPT S. Electrochemical removal and concentration of CO_2 space thermal control and life support systems [Z]. ESA SP - 288, 1988: 185 - 186.

[63] HEATH R, et al. A generalized photosynthetic model for plant growth within a closed artificial environment [C]//20th International Conference on Environmental Systems, SAE Technical Paper 901331, 1990.

[64] HEITCHUE R. Space Systems Technology [M]. New York: Reinhold Book Corporation, 1968.

[65] HELMKE C. Synopsis of Soviet Manned Spaceflight Radiation Protection Program USAF [Z]. USFA Foreign Technology Bulletin, FTD - 2660 P - 127/105 - 90, 1990.

[66] HENNINGER D. Life support systems research at the Johnson Space Center [M]//MING D W, HENNINGER D L. Lunar Base Agriculture: Soils for Plant Growth. Madison: ASA, 1989: 173 - 191.

[67] HIENERWANDEL K, KRING G. ECLSS for pressurized modules: from Spacelab to Columbus [Z]. Space Thermal Control and Life Support Systems, ESA SP - 288, 1988: 45 - 50.

[68] HOFF J, et al. Nutritional and cultural aspects of plant species selection for a controlled ecological support system [R]. NASA CR - 166324, 1982.

[69] HORNACK G. European activities in exobiological research in space [C]//Proceedings of the 3rd ESA European Symposium on Life Sciences Research in Space, ESA, SP - 271, 1987: 185 - 192.

[70] HORNACK G. Life in and from Space [C]//European International Space Year Conference, ESA, ISY - 4, 1992: 207 - 210.

[71] HUDKINS K. Introduction and overview of the problem [J]. Acta Astronautica,

1994, 32 (1): 71.

[72] HUMPHRIES R, et al. Life support and internal thermal control system design for the Space Station Freedom [Z]. Space Thermal Control and Life Support Systems, ESA SP - 324, 1991: 23 - 37.

[73] HUTTENBACH R, et al. Physico-chemical atmosphere revitalization: the qualitative and quantitative selection of regenerative designs space thermal control and life support systems [Z]. ESA SP - 288, 1988: 57 - 64.

[74] JOHNSON A, et al. Assessment of internal contamination problems associated with bioregenerative air/water purification systems [C]//20th International Conference on Environmental Systems, SAE Technical Paper 901379, 1990.

[75] JOHNSON A. The BioHome: a spinoff of space technology [C]. Washington: NASA, 1990.

[76] KAY R, WOODWARD L. Space Station Freedom carbon dioxide removal assembly [C]//19th International Conference on Environmental Systems, SAE Technical Paper 891449, 1989.

[77] KIEFER J. Potentials, message and challenges of life science research in space [C]//European Symposium on Life Sciences Research in Space, ESA, SP - 307, 1990: 639 - 642.

[78] KLINGELE S, TAN G. Trace gas monitoring strategies for manned space missions [Z]. Space Thermal Control and Life Support Systems, ESA SP - 324, 1991: 323 - 328.

[79] KLISS M, MACELROY R. Salad Machine: a vegetable production unit for long duration space missions [C]//20th International Conference on Environmental Systems, SAE Technical Paper 901280, 1990.

[80] KNOTT B. The CELSS Breadboard Project [C]. Washington NASA, 1990.

[81] KOHLMANN K, WESTGATE P, VELAYUDHAN A, et al. Enzyine conversion of lignoceiiuiosic plant materials for resource recovery in a controlled ecological life support system [J]. Advances in Space Research, 1996, 18 (1-2):251.

[82] KOHLMANN K. Biological-based systems for waste processing [C]//International Confrence on Enviromental Systems. SAE Technical Paper

932251, 1993.

［83］ KOSMO J. Design considerations for future planetary space suits [C]//20th International Conference on Environmental Systems, SAE Technical Paper 901428, 1990.

［84］ KRANZ A. Genetic rise and physiological stress induced by heavy ions [C]//European Symposium on Life Science Research in Space, ESA SP - 307, p. 559 - 563, 1990.

［85］ KRANZ A. Genetic rise and physiological stress induced by heavy ions life sciences research in space [Z]. ESA SP - 307, 1990: 559 - 563.

［86］ KUCHLING H. Physik-formeln und Gesetze [M]. Leipzig: VEB Fachbuchverlag, 1977.

［87］ KUHN P, PETTER F. Condensing heat exchangers for European spacecraft ECLSS space thermal control and life support systems [Z]. ESA SP - 288, 1988: 193 - 197.

［88］ KUZNETZ L. Space suits and life support systems for the exploration of Mars[C]//Space Programs and Technologies Conference, NASA Ames Research Center, 1991.

［89］ LEISEIFER H, et al. Biological life support systems environmental & thermal control systems for space vehicles [Z]. ESA SP - 200, 1983: 281 - 288.

［90］ LEISEIFER H, et al. Biological life support systems environmental and thermal control for space vehicles [Z]. ESA SP - 200, 1983: 289 - 298.

［91］ LINGEN. Grosser Atlas der Erde [M]. Koln: Lingen Verlag, 1975.

［92］ LINGNER S, et al. Lunar oxygen production by soil fluorination-concepts and laboratory simulation [J]. Zeitschrift für Flugwissenschaften und Weltraumforschung, 1993, 17 (4): 245 - 252.

［93］ LORK W. Experiments and appropriate facilities for plant physiology research in Space [J]. Acta Astronautica, 1988, 17 (2): 271 - 275.

［94］ LOSER H. Concepts for the life support subsystem in the EURECA Botany Facility [J]. Zeitschrift fur Flugwissenschaft und Weltraumforschung, 1986 (1): 13 - 21.

［95］ LOVELOCK J. The ages of Gaia [J]. Long Range Planning, 1990, 23 (2): 120.

［96］ LUBCHENCO J, et al. The sustainable biosphere initiative: an ecological research agenda [J]. Ecology, 1991, 72 (2): 371 - 412.

［97］ MACELROY R, AVERNER M. Space ecosynthesis: an approach to the design of closed ecosystems for use in space [R]. NASA TM - 78491, 1978.

［98］ MACELROY R, KLEIN H. The evolution of CELSS for lunar bases [M]//MENDELL W W. Lunar Bases and Space Activities of the 21st Century. Houston: Lunar Planetary Institute, 1985: 623 - 633.

［99］ MACELROY R. The controlled ecological life support systems research program [C]//AIAA Space Programs and Technologies Conference, AIAA - 90 - 3730, 1990.

［100］ MACKOWIAK C, OWENS L, HINKLE C, et al. Continuous hydroponic wheat production using a recirculating system [R]. NASA TM - 102784, 1989.

［101］ MALNIG H. Homes, drink/food water supply assembly [Z] Space Thermal Control and Life Support Systems, ESA SP - 288, 1988: 367.

［102］ MASON D, CARDEN J. Controlled ecological life support system-research and development guidelines [C]//Proceedings of NASA workshop Held at Moffett Field, Calif. 9 - 12, 1979 NASA CP - 2232, 1982.

［103］ MCBARRON J. Past, present and future: the U.S. EVA program [J]. Acta Astronautica, 1994, 32 (1): 5 - 14.

［104］ MCBARRON J. U.S. prebreathe protocol [J]. Acta Astronautica, 1994, 32 (1): 75 - 78.

［105］ MCCORMACK P. Radiation and shielding for the space station [J]. Acta Astronautica, 1988, 17 (2): 231 - 241.

［106］ MENDELL W, et al. Strategies for a permanent lunar base [M]//MING D W, HENNINGER D L. Lunar Base Agriculture: Soils for Plant Growth. Madison: ASA, 1989: 23 - 35.

［107］ MIERNIK J. Closed loop life support mass balance calculations for Space Station Freedom [C]//International Conference on Life Support and Biospherics, 1992: 473 - 484.

［108］MING D, BARTA D, et al. Development of zeoponic plant growth substrates [R]. NASA-JSC, 1994.

［109］MING D. Manufactured soils for plant growth at a lunar base [M]//MING D W, HENNINGER D L. Lunar Base Agriculture: Soils for Plant Growth. Madison: ASA, 1989: 93 - 105.

［110］Morre LB, MACELROY R. Controlled ecological life support system - biological problems [R]. NASA CP - 2233, 1982.

［111］MORGAN P. A preliminary research plan for development of a photosynthetic link in a closed ecological life support system [R]. NASA CR - 160399, 1979.

［112］MORGENTHALER G, et al. An assessment of habitat pressure, oxygen fraction and EVA suit design for space operations [J]. Acta Astronautica, 1994, 32 (1): 39 - 50.

［113］MORROW R, et al. The ASTROCULTURE™ - 1 flight experiment: pressure control of the WCSAR porous tube nutrient delivery system [C]//23rd Interncrtional Conference on Enviromental Systems. SAE Technical Paper 932282, 1993.

［114］NACHTWEY D, YANG T. Radiological health rises for exploratory class missions in space [J]. Acta Astronautica, 1991 (23): 227 - 231.

［115］NASA. Workshop on long-duration life support system test with humans - minutes NASA [C]. Johnson Space Center, 1994.

［116］NEALY J, et al. Deep-space radiation exposure analysis for solar cycle XXI (1975 - 1986) [C]//20th International Conference on Environmental Systems, SAE Technical Paper 901347, 1990.

［117］NELSON M, DEMPSTER W. Biosphere 2 - a new approach to experimental ecology [J]. Journal of Environmental Conservation, 1993, 20 (1): 74 - 75.

［118］NELSON M, et al. Atmospheric dynamics and bio-regenerative technologies in a soil-based ecological life support system: initial results from Biosphere 2 [J]. Advances in Space Research, 1994, 14 (11): 417 - 426.

［119］NELSON M, et al. Biosphere 2 and the study of human/ecosystems dynamics [C]// Proceedings roceedings for Humans as Components of Ecosystems, 1991.

［120］ NELSON M, et al. Using a closed ecological system to study earth's biosphere [J]. BioScience, 1993, 43 (4): 225 - 236.

［121］ NELSON M, SILVERSTONE S, POYNTER J. Biosphere 2 agriculture: test bed for intensive, sustainable, non-polluting farming systems [J]. Outlook on Agriculture, 1993, 22 (3): 167 - 174.

［122］ NELSON M. Bio-regenerative life support for space habitation and extended planetary missions [M]//CHURCHILL S. Space Life Sciences. Malabar: Orbit Books, 1993.

［123］ NELSON M. Commencement of second closure experiment in Biosphere 2. [J]. Life Support & Biospheric Science, 1994, 1 (2): 103 - 104.

［124］ NEWMAN D. Life sciences considerations for extravehicular activity (EVA) [Z]. International Space University, 1992.

［125］ NEWMAN D. Life support and performance issues for extravehicular activity (EVA) [Z]. International Space University, 1992.

［126］ NGUYEN V, et al. New experimental approach in quality factor and dose equivalent determination during a long term manned space mission[C]//European Symposium on Life Science Research in Space, ESA SP - 307, 1990: 555 - 558.

［127］ NGUYEN V, et al. Real time quality factor and dose equivalent meter CIRCE and its use on-board the Soviet Orbital Station MIR [J]. Acta Astronautica, 1991, (23): 217 - 226.

［128］ NITTA K, OHYA H. Lunar base extension program and closed loop life support systems [J]. Acta Astronautica, 1991 (23): 253 - 262.

［129］ NITTA K. Material flow estimation in CELSS [J]. Acta Astronautica, 1992 (27): 205 - 210.

［130］ NOVARA M. Life support on moon and Mars—the inital exploitation of extraterrestrial resources [Z]. ESA, 1989: 32 - 39.

［131］ OCKELS W. Why life in space? The step to go beyond [C]//European Symposium on life Sciences Research in Space, ESA, SP - 271, 1987: 315 - 316.

［132］ ODUM E P. Ecology and Our Endangered Life Support Systems [M].

Sunderland: Sinauer Associates Inc., 1990.

［133］ OLESON M, OLSON R. Controlled ecological life support systems (CELSS) conceptual design option study [R]. NASA CR - 177421, 1986.

［134］ OLSON R, et al. CELSS for advanced manned mission [J]. HortScience, 1988, 23 (2): 275 - 286.

［135］ PERCHURKIN N. Biospherics: a new science [J]. Life Support & Biosphere Science, 1994, 1 (2): 85 - 87.

［136］ PETERSEN J, et al. The making of Biosphere 2 [J]. Restoration & Management Notes, 1992, 10(2): 158 - 168.

［137］ PETROV V. Principle and realization of the instrument used for the CIRCE experiment on board the Space Station MIR [C]//European Symposium on Life Science Research in Space, ESA SP - 307, 1990. 577 - 580.

［138］ PISSARENKO N. Radiation environment due to galactic and solar cosmic rays during manned missions to Mars in the periods between maximum and minimum solar activity cycles [J]. Advances in Space Research, 1994, 14 (10): 771 - 778.

［139］ PREIβ H. European life support systems for space applications [Z]. Space Thermal Control and Life Support Systems, ESA SP - 288, 1988: 39 - 44.

［140］ PREIβ H, FUNKE H. Regenerative CO_2 - control [Z]. Space Thermal Control and Life Support Systems, ESA SP - 288, 1988: 177 - 183.

［141］ PRINCE R, KNOTT W. CELSS Breadboard Project at the Kennedy Space Center [M]//MING D W, HENNINGER D L. Lunar Base Agriculture: Soils for Plant Growth. Madison: ASA, 1989: 155 - 163.

［142］ RADMER R, et al. Algal culture studies related to a closed ecological life support system (CELSS) [R]. NASA CR - 177322, 1982.

［143］ REDOR J, et al. CES-HabLab: a closed ecological system and habitability test facility [J]. ESA, 1992, 2 (2): 1 - 3.

［144］ REITZ G, et al. Radiation biology [C]//European Symposium on Life Sciences Research in Space, ESA SP - 11 05, 1989: 65 - 79.

［145］ ROSS J. EVA design: lessons learned [J]. Acta Astronautica, 1994, 32 (1): 1 - 4.

［146］ ROTHERAM M, et al. Space Station Freedom trace contaminant monitor

[C]//International Conference on Life Support and Biospherics, 1992: 139 - 148.

[147] RUPPE H O. Introduction to Astronautics: Vol.I[M]. New York: Academic Press, 1966.

[148] SALISBURY F, BUGBEE B. Plant productivity in controlled environments [J]. HortScience, 1988, 23 (2): 293 - 299.

[149] SALISBURY F, BUGBEE B. Wheat farming in a lunar base [M]//MENDELL W W. Lunar Bases and Space Activities of the 21st Century. Houston: Lunar Planetary Institute, 1985: 635 - 645.

[150] SALISBURY F. Bioregenerative life support system: farming on the moon [J]. Acta Astronautica, 1991 (23): 263 - 270.

[151] SALISBURY F. Some challenges in designing a lunar, Martian, or microgravity CELSS [J]. Acta Astronautica, 1992 (27): 211 - 217.

[152] SAMSONOV N, et al. Hygiene water recovery aboard the space station [Z]. Space Thermal Control and Life Support Systems, ESA SP - 324, 1991: 649 - 651.

[153] SAMSONOV N, et al. Water reclamation from urine aboard the space station [Z]. Space Thermal Control and Life Support Systems, ESA SP - 324, 1991: 629 - 631.

[154] SAMSONOV N, et al. Water recovery from condensate of crew respiration products aboard the space station [Z]. Space Thermal Control and Life Support Systems, ESA SP - 324, 1991: 625 - 627.

[155] SAUER R. Metabolic support for a lunar base [M]//MENDELL W W. Lunar Bases and Space Activities of the 21st Century. Houston: Lunar Planetary Institute, 1985: 647 - 651.

[156] SAUGIER B, et al. Modelling dynamics of simplified ecological systems based on higher plants [C]// Workshop on Artificial Ecosystems, DARA, 1990: 191 - 202.

[157] SCHWARTZKOPF S, et al. Conceptual design of a closed loop nutrient solution delivery system for CELSS implementation in a microgravity environment [C]//19th International Conference on Environmental Systems, SAE Technical

Paper 891586, 1989.

[158] SCHWARTZKOPF S. Design of a controlled ecological life support system [J]. BioScience, 1992, 42 (7): 526 - 534.

[159] SCHWARTZKOPF S. Lunar base controlled ecological life support system (LCELSS): preliminary conceptual design study [R]. Lockheed Missile & Space Company, NASA Contract NAS 9 - 18069, 1990.

[160] SCHWARTZKOPF S. Lunar base controlled ecological life support system (LCELSS) [Z]. Lockheed Missiles & Space Company, LMSC/F369717, 1990.

[161] SCOTT C, et al. Life support research and development, a department of energy program for the space exploration initiative [C]//International Conference on Life Support and Biospherics, 1992: 83 - 91.

[162] SEBOLDT W, et al. Sauer stoff gewinnun aus mondgestein-Schlussel technologie fuer die bemannteWeltraumerkundung? [J]. DLR-Nachrichten, 1993 (71): 15 - 20.

[163] SEVERIN G. Design to safety: experience and plans of the Russian space suit programme [J]. Acta astronautica, 1994, 32 (1): 15 - 24.

[164] SHEPELEV Y. Biological Life Support Systems [M]. Moscow: Academy of Sciences, 1972.

[165] SILBERBERG R, et al. Radiation transport of cosmic ray nuclei in lunar material and radiation doses [M]//MENDELL W W. Lunar Bases and Space Activities of the 21st Century. Houston: Lunar Planetary Institute, 1985: 663 - 669.

[166] SIMONSEN L, et al. Ionizing radiation environment at the Mars surface [C]//Proceedings of SPACE 90, American Institute of Civil Engineers, 1990.

[167] SIMONSEN L, NEALY J. Radiation protection for human missions to the moon and Mars [R]. NASA Technical Paper 3079, 1991.

[168] SKOOG A, BROSE H. The complementary role of existing and advanced environmental, thermal control and life support technology for space station [Z]. Environmental & Thermal Control Systems for Space Vehicles, ESA SP - 200,

1983: 281 - 288.

[169] SKOOG I, et al. Life support systems for man [Z]. Life-sciences Research in Space, ESA SP - 1105, 1989: 97 - 108.

[170] SKOOG I. The EVA space suit development in Europe [J]. Acta Astronautica, 1994, 32 (1): 25 - 38.

[171] Smith R E, West G S Space station needs, attributes, and architectural options study [R]. Volume 4: Mission Implementation Concepts. Boeing Aerospace Company, D180 - 27477 - 4, 1983.

[172] Space Station Freedom Man-systems integration standards. NASA STD - 3000, Volume IV[S]. 1989.

[173] SPARKER K, TAN G. Carbon dioxide reduction system as part of an air revitalization system [Z]. Space Thermal Control and Life Support Systems, ESA SP - 324, 1991: 469 - 472.

[174] SRIBNIK F. Life support system for an underground habitat-relation to submarines and space station LSS [C]//International Conference on Life Support and Biospherics, 1992: 509 - 525.

[175] STAFFORD T. America at the Threshold: Report of the Synthesis Group on America's Space Exploration Initiative [M]. Washington D.C.: United States Government Printing, 1991.

[176] SULLIVAN T, MCKAY D. Using space resources [R]. NASA Johnson Space Center, 1991.

[177] TAMPONNET C, BINOT R. Microbial and higher plant biomass selection for closed ecological systems [J]. Acta Astronautica, 1992 (27): 219 - 230.

[178] TAMPONNET C, et al. Implementation of biological elements in life support systems: rationale and development milestones [J]. ESA Bulletin. European Space Agency, 1993 (74): 71 - 82.

[179] TAMPONNET C, et al. Man in space-A European challenge in biological life support [J]. ESA Bulletin, 1991 (67): 38 - 49.

[180] TAMPONNET C,et al. Implementation of biological elements in life support systems: rationale and development milestones [J]. ESA Bulletin. Bulletin

ASE．European Space Agency, 1993 (74): 71 - 82.

[181] TASCIONE T. Introduction to the Space Environment [M]. Malabar, Florida: Orbit Book Company, 1988.

[182] THEWS G, VAUPEL P. Vegetative Physiologie [M]. Berlin: Springer-Verlag, 1990.

[183] THOMPSON B. Controlled ecological life support systems (CELSS) in high pressure environments [J]. Acta Astronautica, 1989, 19 (5): 463 - 465.

[184] TIBBITS T, ALFODB D. Controlled ecological life support system-use of higher plants [R]. NASA CP - 2231, 1982.

[185] TOWNSEND L, et al. Radiation protection effectiveness of a proposed magnetic shielding concept for manned Mars missions [C]//20th lnternational Conference on Environmental Systems, SAE Technical Paper 901343, 1990.

[186] TREMBLAY P. EVA safety design guidelines [J]. Acta Astronautica, 1994, 32(1): 59 - 68.

[187] TRI T, HENNINGER D. Controlled ecological life support systems human-rated test facility: an overview [C]//International Conference on Environmental System, SAE Technical Paper 932241, 1993.

[188] VANA N, et al. Dosimir - Radiation measurements inside the Soviet space station—first results [C]//International Space Year Conference, ESA ISY - 4, 1992: 193 - 197.

[189] VESTER F. Neuland des Denkens [M]. München: Deutscher Taschenbuch Verlag, 1984.

[190] VOITKEVICH G. Origin and Development of Life on Earth [M]. Moscow: Mir Publishers, 1990.

[191] VON PUTTKAMER J. Der Mensch im Weltraum-eine Notwendigkeit [M]. Frankfurt: Umschau Verlag, 1987.

[192] WALFORD R, et al. The calorically restricted low-fat nutrient-dense diet in Biosphere 2 significantly lowers blood glucose, total leukocyte count, chosesterol, and blood pressure in humans [J]. Proceedings of the National

Academy of Sciences (USA), 1992, 89: 11533 - 11537.

［193］WERTZ J, LARSON W. Space Mission Analysis and Design [M]. Dordrecht: Kluwer Academic Publishers, 1991.

［194］WESTGATE P. Bioprocessing in space [J]. Enzyme Microbiology Technology, 1992 (14): 76 - 79.

［195］WHEELER R, TIBBITS T. Controlled ecological life support system higher plant flight experiments [R]. NASA CR - 177323, 1984.

［196］WIELAND P. Designing for human presence in space [R]. NASA RP - 1324, 1994.

［197］WIELAND P. Designing for human presence in space: an introduction to environmental control and life support systems [R]. NASA RP - 1324, 1994.

［198］WILKINS M. Plant biology [Z]. Life-Sciences Research in Space, ESA SP - 1105, 1989: 37 - 47.

［199］WITTMANN K, HALLMANN W, LEY W. Handbuch der Raumfahrttechnik [M]. München: Carl Hanser Verlag, 1988.

［200］WOLVERTON B, WOLVERTON J. Bioregenerative life support systems for energy- efficient buildings [C]//International Conference on Life Support and Biospherics, 1992: 117 - 126.

［201］WOOD M. Oxygen generation by static feedwater electrolysis for Space Station Freedom [C]//International Conference on Life Support and Biospherics, 1992: 127 - 137.

［202］WYDEVEN T. A Survey of some regenerative physico-chemical life support technology [R]. NASA TM - 101004, 1988.

索 引

A ～ B

（王彦祥、毋栋、张若舒　编制）